电力系统继电保护丛书

电力系统继电保护
端子排标准化设计

国网湖南省电力有限公司　组编

中国电力出版社
CHINA ELECTRIC POWER PRESS

内 容 提 要

为提高继电保护从业人员的专业水平和技能，国网湖南省电力有限公司组织编写了《电力系统继电保护丛书》，包括《电力系统继电保护整定计算原则》《电力系统继电保护培训题库》《电力系统继电保护端子排标准化设计》《电力系统继电保护技术入门与实践》4 个分册。

本书为《电力系统继电保护端子排标准化设计》分册，包括标准化端子排图应用方法、典型二次回路编号、500kV 常规保护端子排、220kV 常规保护端子排、110kV 常规保护端子排、220kV 智能站光纤配线架图、110kV 智能站光纤配线架图，详细介绍了继电保护标准化端子排的工程应用，主要包括典型二次回路编号、110 ～ 500kV 电压等级的主变压器、线路、母线、高压电抗器、断路器、母联（分段）保护、备自投装置、电压并列装置的标准化端子排设计等内容。

本套丛书实用性强，覆盖面广，适用于广大从事继电保护整定、设计、检测、运行、检修专业的技术或管理人员。

图书在版编目（CIP）数据

电力系统继电保护端子排标准化设计 / 国网湖南省电力有限公司组编 . —北京：中国电力出版社，2022.4

（电力系统继电保护丛书）

ISBN 978-7-5198-6491-0

Ⅰ . ①电…　Ⅱ . ①国…　Ⅲ . ①电力系统 - 继电保护 - 接线端子 - 设计标准　Ⅳ . ① TM77-65

中国版本图书馆 CIP 数据核字（2022）第 017485 号

出版发行：中国电力出版社
地　　址：北京市东城区北京站西街 19 号（邮政编码 100005）
网　　址：http://www.cepp.sgcc.com.cn
责任编辑：王　南（010-63412876）
责任校对：黄　蓓　朱丽芳
装帧设计：张俊霞
责任印制：石　雷

印　　刷：三河市万龙印装有限公司
版　　次：2022 年 4 月第一版
印　　次：2022 年 4 月北京第一次印刷
开　　本：787 毫米 ×1092 毫米　16 开本
印　　张：21.25
字　　数：392 千字
印　　数：0001—2000 册
定　　价：108.00 元

电力系统继电保护丛书 | 电力系统继电保护端子排标准化设计　　前言

电力系统的不断发展和安全稳定运行给国民经济和社会发展带来了巨大的动力和效益。但是，国内外经验表明，电力系统一旦发生自然或人为故障，若不能及时有效控制，电网就有可能会失去稳定运行，造成大面积停电，给社会带来灾难性后果。继电保护就是保障电网和电力设备安全，防止及限制电力系统大面积停电的最基本、最重要、最有效的技术手段。

近年来，随着以新能源大规模并网、特高压电网快速发展、新型用能设备广泛应用为特征的能源转型战略深入推进，电力系统的功能结构、系统特性发生了深刻变化，我国电网已成为世界上装机规模最大、电压等级最高的电网。随着电网规模的不断扩大，继电保护设备数量快速增长，特高压交直流混联、智能变电站、储能、分布式电源等新技术形态的大量应用，继电保护面临保障电网安全稳定运行和助力电网清洁低碳转型的双重挑战，各级电力企业对继电保护从业人员提出了更高的要求。面对电网发展的新形势，为提高继电保护从业人员的专业水平和技能，国网湖南省电力有限公司紧跟继电保护技术发展现状，组织编写了《电力系统继电保护丛书》，包括《电力系统继电保护整定计算原则》《电力系统继电保护培训题库》《电力系统继电保护端子排标准化设计》《电力系统继电保护技术入门与实践》4 个分册。

本书为《电力系统继电保护端子排标准化设计》分册，包括标准化端子排图应用方法、典型二次回路编号、500kV 常规保护端子排、220kV 常规保护端子排、110kV 常规保护端子排、220kV 智能站光纤配线架图、110kV 智能站光纤配线架图，详细介绍了继电保护标准化端子排的工程应用，主要包括典型二次回路编号、110～500kV 电压等级的主变压器、线路、母线、高压电抗器、断路器、母联（分段）保护、备自投装置、电压并列装置的标准化端子排设计等内容。

本丛书实用性强，覆盖面广，适用于广大从事继电保护整定、设计、检测、运行、检修专业的技术或管理人员。

本丛书在编写过程中得到了国网华中分部调度控制中心、南京南瑞继保工程技术有限公司、国电南瑞南京控制系统有限公司、许继电气股份有限公司、国电南自自动化有限公司、北京四方继保工程技术有限公司、长园深瑞继保自动化有限公司等单位的大力支持，在此表示由衷的感谢！

由于编者水平有限，书中难免有疏漏、不妥或错误之处，恳请广大读者给予批评指正。

编者

2021 年 8 月

电力系统继电保护丛书｜电力系统继电保护端子排标准化设计

目 录

第一章 标准化端子图应用

第一节 典型配置方案

典型配置方案见表 1-1。

表 1-1 典 型 配 置 方 案

序号	保护类型	电压等级（kV）	一次接线形式	二次组屏方案
1	主变压器保护	500	高压侧：3/2 接线； 中压侧：双母单分段或双母线； 低压侧：单母	3 面屏
2	线路保护	500		光纤差动保护
3	母线保护	500		
4	高抗保护	500		电量保护分屏布置或电量非电量共屏布置
5	断路器保护	500	3/2 接线	
6	主变压器保护	220	高压侧、中压侧：双母线；低压侧：单母分段	3 面屏
7	线路保护	220	双母线	单套组屏，光纤差动保护
8	母联（分段）保护	220	双母线、双母分段、双母双分段	单套组屏，含操作箱功能
9	母线保护	220	双母双分段，主变压器间隔 2 个，母联间隔 1 个，分段间隔 2 个，线路间隔 10 个	单套组屏
10	母线保护	220	双母单分段，主变压器间隔 4 个，母联间隔 2 个，分段间隔 1 个，线路间隔 12 个	单套组屏
11	母线保护	220	双母线，主变压器间隔 4 个，母联间隔 1 个，线路间隔 12 个	单套组屏
12	主变压器保护	110	三绕组变压器，三侧均为单母分段、单分支	主备一体双套配置，组一面屏

序号	保护类型	电压等级（kV）	一次接线形式	二次组屏方案
13	线路保护	110	双母线、单母分段、单母线、内桥接线	单套或两套组屏，光线差动保护
14	母联（分段）保护	110	双母线、单母分段	单套组屏，含操作箱功能
15	母线保护	110	单母分段，主变压器间隔 4 个，分段间隔 1 个，线路间隔 8 个	单套组屏
16	母线保护	110	双母线，主变压器间隔 4 个，母联间隔 1 个，线路间隔 8 个	单套组屏
17	备自投装置	110	单母线分段	可与其他装置共屏
18	电压并列装置	220	双母线	单独组屏
19	电压并列装置	110、35、10	双母线、单母分段	可两个电压等级共屏

第二节 装 置 编 号 原 则

装置编号原则见表 1-2。

表 1-2   装 置 编 号 原 则

序号	装置类型	装置编号	屏（柜）端子编号
1	线路保护、变压器保护、母线保护、接地变压器保护、站用变压器保护、电容器保护、电抗器保护	1n	1D
2	断路器保护（带重合闸）	3n	3D
3	操作箱、智能终端、合并单元和智能终端一体化装置	4n	4D
4	变压器非电量保护、本体智能终端	5n	5D
5	交流电压切换箱、电压并列箱	7n	7D
6	母联（分段）保护	8n	8D
7	过电压及远方跳闸保护	9n	9D
8	短引线保护	10n	10D
9	远方信号传输装置、收发信机	11n	11D
10	合并单元	13n	13D
11	继电保护通信接口装置	24n	24D
12	备自投装置	31n	31D

注 1. 采用保护、操作回路一体化的装置时，装置编号为 1n，屏（柜）保护相关端子编号为 1UD、1ID 等，操作回路相关端子为 4D、4P 等，双重化保护时，用出现的第二个数字标识套数，如 4C2D 为操作箱第二组出口，4P1D 为与第 1 套线路保护配合。

2. 三相变压器各侧操作回路共用一个操作箱时，装置编号为 4n，屏（柜）高压侧操作回路相关端子为 1-4D，中压侧操作回路相关端子为 2-4D，低压 1 分支操作回路相关端子为 3-4D，低压 2 分支操作回路相关端子为 4-4D。

3. 当同一面屏（柜）内布置两台及以上同类型装置时，以 1-＊n、2-＊n 等表示，"＊"代表装置编号。例如：两台电容器保护安装在同一面屏（柜）时，装置编号分别为用 1-1n、2-1n。

第三节　端子排使用说明

（1）端子排短接说明：D 或 E 列填充为"黑色"处表示为等电位短接，为防止将"相邻两处短接"误解为"一处短接"，特设置 D、E 两列用于填充。

（2）红色边框的端子表示该端子使用试验端子，绿色端子分段标记板（终端堵头）表示为单层端子，蓝色子终端堵头表示为双层端子。

（3）本原则中直通端子采用厚度 6.2mm、额定截面积 4mm^2 的菲尼克斯或成都瑞联端子；试验端子采用厚度 8.2mm、额定截面积 6mm^2 的菲尼克斯或成都瑞联端子；终端堵头采用厚度 10～12mm 进行测算端子长度。

（4）除特殊情况（如端子安排非常紧张）外，正负电源之间隔 2 个端子，出口回路正、负之间隔 1 个端子，无法隔离的需按要求增加隔片。

（5）公用的 JD（交流电源）、TD（网络通信）均采用同样的布置方式，按每屏布置。

（6）要求跳合闸出口及失灵相关压板为红色，功能压板为黄色，底座及其他压板为驼色。

（7）本规范图规定的直流电源、一次系统电流、一次系统电压输入及跳合闸回路位置在端子排的接取位置，各厂家应严格遵守。

（8）母线保护在内部接线在满足功能的前提下，允许各厂家根据实际装置配置和编号情况自行变更拟盘及扩展装置。

（9）由于各厂家的实现方式不同而导致的部分差异，可在端子排注明"（可选）"处进行差异布置。如 110kV 线路和母联操作箱无法保动护作启动录波的接线为推荐方案；信号复归可选强电或弱电端子排，弱电回路由厂家自行在备用端子处布置。

（10）个别厂家的特殊布置，已在端子排"备注"栏说明。

第二章　典型二次回路编号原则

第一节　导线标记数字标号

各回路数字标号见表 2-1。

表 2-1　　　　　　　　　各回路数字标号

序号	回路名称	数字标号	备注
一	直流回路		
1	保护装置正负电源（空开后）	01、02	
	保护装置正负电源（空开前）	+BM、−BM	
2	控制回路正负电源（主变压器间隔）	101～102、201～202、301～302、401～402	采用双套保护时分为 101（1）、101（2）
	控制回路正负电源（单线路间隔）	1～2	采用双套保护时分为 1（1）、1（2）
3	保护回路	01～099	
4	合闸回路	3、103、203、303、403	
5	合闸监视回路	5、105、205、305、405	
6	合位指示灯回路	36、136、236、336、436	
7	合闸线圈回路	7、107、207、307、407	
8	跳闸回路	33、133、233、333、433	
9	跳闸监视回路	35、135、235、335、435	
10	跳位指示灯回路	6、106、206、306、406	
11	跳闸线圈回路	37、137、237、337、437	采用双套保护时分为 3（1）、3（2）
12	遥信公共端	Jcom	
13	遥信回路	J01～J70	当用于主变压器时：高压侧为 J01A、中压侧为 J01B、低压侧 J01C、非电量侧为 J01F
14	隔离开关操作闭锁	BS1/1G、BS1/1GD	
15	故障录波	Lcom、L01～L99	

续表

序号	回路名称	数字标号	备注
16	主变压器非电量开入回路	01F～029F	由设备部确定。跳闸、信号回路需分开
17	母差位置开入	01M、171、173 02M、271、273	
18	电压切换	101Q、161、162、163、164、102Q 201Q、261、262、263、264、202Q	
19	备自投位置开入	801、803、805、807	
20	有载调压闭锁回路	27、28	
21	有载调压升、降、停回路	N+1、N-1、N0	
22	遥控回路	1G01、1G03、1G33；2G01、2G03、2G33；3G01、3G03、3G33；1GD01、1GD03、1GD33；2GD01、2GD03、2GD33、3GD01、3GD03、3GD33	
二	交流回路		
1	切换前母线电压	A601～A608、B601～B608、C601～C608、N600Ⅰ、N600Ⅱ、N600J、L601、L602、Sa601、N600L	见本表注1
2	切换后第一组母线电压	A630、B630、C630、L630、N600	见本表注2
3	切换后第二组母线电压	A640、B640、C640、L640、N600	
4	切换后第三组母线电压	A650、B650、C650、L650、N600	
5	切换后第四组母线电压	A660、B660、C660、L660、N600	
6	本间隔切换后母线电压	A710、B710、C710、L710、N600	110kV
7	本间隔切换后母线电压	A720、B720、C720、L720、N600	220kV
8	线路电压	A609、B609、C609、N600	计量回路A609J
9	电流回路	A411～A491、A4111～A4191、B411～B491、B4111～B4191、C411～C491、C4111～C4191、N411～N491、N4111～N4191、LL411～LL491、LN411～LN491、LJ411～LJ491、NJ411～NJ491	见本表注3 当用于主变压器间隔时，用A4111表示高压侧、A4211表示中压侧、A4311表示低压侧

表 2-1 说明如下：

1. 切换前母线电压标号

是指母线电压互感器本体至端子箱空开后，再由电缆送至 TV 公用切换装置的电压回路标号。所有电压等级母线电压互感器均可采用此方式标号，采取标号递增的方式：

（1）Ⅰ母电压互感器第一个绕组（保护 1）：从互感器绕组极性端编 A601 经空开后编 A602，再电缆送至切换装置，切换后编 A630Ⅰ（根据电压等级加相应编号），绕组尾端编 N600Ⅰ。

（2）Ⅰ母电压互感器第二个绕组（保护 2）：从互感器绕组极性端编 A603 经空开后编 A604，再电缆送至切换装置，切换后编 A630Ⅱ（根据电压等级加相应编号），绕组尾端编 N600Ⅱ。

（3）Ⅰ母电压互感器第三个绕组（计量）：从互感器绕组极性端编 A605 经空开后编 A606，再电缆送至切换装置，切换后编 A630J（根据电压等级加相应编号），绕组尾端编 N600J。

（4）Ⅰ母电压互感器开口三角回路：采用 C 头 A 尾接线方式，C 头-L601、A 尾-N600L，编号方式为 L601（C 相）、L602（C 相）、L602（B 相）、Sa601（B 相）、Sa601（A 相）、N600L（A 相），相同编号在端子箱内短接，形成（5）开口三角回路电缆送至切换装置，切换后编 L630（根据电压等级加相应编号），绕组尾端编 N600L。

（5）无双保护绕组可不加后缀Ⅰ、Ⅱ。

2. 切换后母线电压

（1）是指经 TV 公用切换装置切换后电压。变电站有几级电压的小母线时，可用以下标志区分：

1）220kV 系统为 A630E、B630E、C630E、L630E、N600E；保护电压双重化配置，可用以下标志区分：A630 EⅠ、B630EⅠ、C630EⅠ、L630E、N600EⅠ；A630 EⅡ、B630EⅡ、C630E Ⅱ、N600EⅡ；

2）110kV 系统为 A630Y、B630Y、C630Y、L630Y、N600Y；

3）35kV 系统为 A630U、B630U、C630U、L630U、N600U；

4）10kV 系统为 A630S、B630S、C630S、L630S、N600S。

（2）对于计量电压，可用电压回路标号后加 J 的方式区分：

1）220kV 系统为 A630EJ、B630EJ、C630EJ、L630EJ、N600EJ；

2）110kV 系统为 A630YJ、B630YJ、C630YJ、L630YJ、N600YJ；

3）35kV 系统为 A630UJ、B630UJ、C630UJ、L630UJ、N600UJ；

4）10kV 系统为 A630SJ、B630SJ、C630SJ、L630SJ、N600SJ。

3. 保护电流规定

（1）310～360 回路标号按如下原则适用于母差电流回路：310 为 110kV 母差、320 为 220kVⅠ套母差、330 为 220kVⅡ套母差。

（2）其他电流编号原则：按照先保护后测量再计量的原则编号，如 411 为第一套保护、421 为第二套保护、431 为测量、441 为计量；主变压器从高压侧向下编号。

第二节 控制电缆数字序号

电缆途径数字序号见表 2-2。

表 2-2　　　　　　　　　　　　　　　　电 缆 途 径 数 字 序 号

序号	电缆途径	数字序号	备注
1	二次设备屏至配电装置电缆	101～129	
2	二次设备室屏间联络电缆	130～149、230～249、330～349	
3	隔离开关、接地刀闸机构电缆	170～179（高压侧）、270～279（中压侧）、370～379（低压侧）、470～479（主变压器本体）	
4	断路器至端子箱电缆	160～169、260～269、360～369	
5	TA、TV 至端子箱电缆	180～189、280～289、380～389	
6	主变压器压器处联络电缆（TA）	480～489	
7	主变压器压器处联络电缆（刀闸）	490～499	
8	直流馈线	101～199、201～299	Ⅰ段用 101 字段；Ⅱ段用 201 字段
9	交流馈线	101～199、201～299	Ⅰ段用 101 字段；Ⅱ段用 201 字段

注　建议单间隔电缆编号首先从 101 字段开始，主变压器间隔涉及多电压等级，建议按照高、中、低压侧及本体用分别用 101～401 字段区分。

第三章　500kV常规保护端子排

本章描述的是《国网湖南电力公司110~500kV系统标准化设计》中使用的500kV系统保护的外部回路接口。端子段命名、布置原则等按国家电网有限公司500kV系统保护相关技术规范要求执行。

第一节　500kV 线路保护

1. 适用范围

本规范中500kV线路保护为常规保护线路保护，主接线形式为3/2接线，通道形式为光纤通道，双重化配置。重合闸和操作箱均在断路器保护中配置。

2. 保护屏（柜）背面端子排设计原则

（1）左侧端子排，自上而下依次排列如下：

1）直流电源段（ZD）：本屏（柜）所有装置直流电源均取自该段；

2）强电开入段（1QD）：接收跳、合闸等开入信号；

3）出口正段（1CD）：保护跳闸、启动失灵等正端；

4）出口负段（1KD）：保护跳闸、启动失灵等负端；

5）集中备用段（1BD）。

（2）右侧端子排，自上而下依次排列如下：

1）交流电压段（UD）：外部输入电压（空开前）；

2）交流电压段（1UD）：保护装置输入电压（空开后）；

3）交流电流段（1ID）：保护装置输入电流；

4）信号段（1XD）：保护动作、运行异常、装置故障告警等信号；

5）遥信段（1YD）：保护动作、运行异常、装置故障告警、通道告警等信号；

6）录波段（1LD）：保护动作、通道告警等信号；

7）网络通信段（TD）：网络通信、打印接线和 IRIG-B（DC）时码对时；

8）交流电源（JD）；

9）集中备用段（2BD）。

3. 端子排图

（1）左侧端子排见表 3-1。

表 3-1　　　　　　　　　　　　　　　　左 侧 端 子 排

左侧端子排						
接入回路定义	外部接线	端子号			内部接线	备注
直流电源		ZD				空开前直流
装置电源＋	＋BM	1			1DK-*	
		2				
		3				
		4				
装置电源－	－BM	5			1DK-*	
		6				
保护装置开入		1QD				强电开入
空开后正电	1DK-*	1			1n	
	011	2			1n	边断路器跳位开入"＋"
	013	3			1n	中断路器跳位开入"＋"
复归"＋"	YF＋	4			1FA	
		5			1LKP1-1	采纳深瑞厂家意见，强电开入端子段1QD5增加内部接线"1KLP1-1"
		6			1QK-1	采纳许继厂家意见，强电开入端子段1QD6增加转换把手内部配线
		7				采纳纳南瑞继保厂家意见，增加1QD公共端子数量，便于并断路器位置重动继电器电源
		8				
		9				
		10				
		11				
		12				
		13				
		14			1n（或 ZJ）	重动继电器接点（边断路器 A 相跳位）

左侧端子排						
		15	■		1QK	
		16		■	1n（或 ZJ）	重动继电器接点（中断路器 A 相跳位）
		17	■		1QK	
		18		■	1n（或 ZJ）	重动继电器接点（边断路器 B 相跳位）
		19	■		1QK	
		20		■	1n（或 ZJ）	重动继电器接点（中断路器 B 相跳位）
		21	■		1QK	
		22		■	1n（或 ZJ）	重动继电器接点（边断路器 C 相跳位）
		23	■		1QK	
		24		■	1n（或 ZJ）	重动继电器接点（中断路器 C 相跳位）
		25		■	1QK	
		26				
	011A	27			1n	重动继电器线圈接边断路器 A 相跳位
	011B	28			1n	重动继电器线圈接边断路器 B 相跳位
	011C	29			1n	重动继电器线圈接边断路器 C 相跳位
	013A	30			1n	重动继电器线圈接中断路器 A 相跳位
	013B	31			1n	重动继电器线圈接中断路器 B 相跳位
	013C	32			1n	重动继电器线圈接中断路器 C 相跳位
		33				
远传 1	015	34	■		1n	
		35				
		36				
		37				
		38	■			
远传 2	017	39	■		1n	
		40	■			
		41				
其他保护远跳开入	019	42	■		1n	
		43				
打印（可选）		44				
		45				
复归	YF—	46	■		1n	
		47	■			
		48				
空开后负电	1DK	49	■		1n	
开入公共端一		50	■		1n	

续表

左侧端子排					
		51	■		
保护出口＋		1C1D	■		出口
跳边断路器公共端	101Ⅰ	1	■	1n	试验端子
		2	■		试验端子
		3			试验端子
启动边断路器失灵公共端	031	4		1n	试验端子
		5			试验端子
闭锁边断路器重合闸公共端		6		1C1LP8-1	试验端子
		7			试验端子
启动稳控公共端	051	8	■	1C1LP9-1	试验端子
		9	■		试验端子
		10			试验端子
远传1		11	■	1n	试验端子
		12	■		试验端子
		13			试验端子
收远传2出口＋		14		1n	试验端子
		15			试验端子
		16			试验端子
保护出口－		1K1D			出口
跳边断路器A相－	137AⅠ	1		1C1LP1-1	试验端子
跳边断路器B相－	137BⅠ	2		1C1LP2-1	试验端子
跳边断路器C相－	137CⅠ	3		1C1LP3-1	试验端子
		4			试验端子
启动边断路器A相失灵－	031A	5		1C1LP5-1	试验端子
启动边断路器B相失灵－	031B	6		1C1LP6-1	试验端子
启动边断路器C相失灵－	031C	7		1C1LP7-1	试验端子
		8			试验端子
闭锁边断路器重合闸－	035	9		1n	试验端子
		10			试验端子
		11			试验端子
A相跳闸启动稳控	051A	12		1n	试验端子
B相跳闸启动稳控	051B	13		1n	试验端子
C相跳闸启动稳控	051C	14		1n	试验端子
		15			试验端子
收远传－		16		1n	试验端子
		18			试验端子

续表

左侧端子排					
收远传 2 出口－		19		1C1LP4-1	试验端子
		20			试验端子
保护出口＋		1C2D			出口
跳中断路器公共端	101Ⅰ	1	■	1n	试验端子
		2	■		试验端子
		3			试验端子
启动中断路器失灵公共端	041	4		1n	试验端子
		5			试验端子
闭锁中断路器重合闸公共端		6		1C2LP8-1	试验端子
		7			试验端子
跳闸备用＋		8		1C2LP9-1	试验端子
		9			试验端子
保护出口－		1K2D			出口
跳中断路器 A 相－	137AⅠ	1		1C2LP1-1	试验端子
跳中断路器 B 相－	137BⅠ	2		1C2LP2-1	试验端子
跳中断路器 C 相－	137CⅠ	3		1C2LP3-1	试验端子
		4			试验端子
启动中断路器 A 相失灵－	041A	5		1C2LP5-1	试验端子
启动中断路器 B 相失灵－	041B	6		1C2LP6-1	试验端子
启动中断路器 C 相失灵－	041C	7		1C2LP7-1	试验端子
		8			试验端子
闭锁中断路器重合闸－	045	9		1n	试验端子
		10			试验端子
		11			试验端子
A 相跳闸（备用）		12		1n	试验端子
B 相跳闸（备用）		13		1n	试验端子
C 相跳闸（备用）		14		1n	试验端子
		15			试验端子
		16			试验端子
		17			试验端子
集中备用		1BD			
		1			
		2			
		3			
		4			
		3			

续表

左侧端子排			
	4		
	5		
	6		
	7		
	8		
	9		
	10		

直通端子采用厚度为 6.2mm、额定截面积为 4mm² 的菲尼克斯或成都瑞联端子；

试验端子采用厚度为 8.2mm、额定截面积为 6mm² 的菲尼克斯或成都瑞联端子；

终端堵头采用厚度为 10～12mm；

本侧端子排共有直通端子 51 个、试验端子 0 个、终端堵头 7 个；

总体长度约为 983.6mm，满足要求

注　除南瑞继保采用魏德米勒端子外（直通端子厚度为 6.1mm、试验端子厚度为 7.9mm、终端堵头厚度为 10～12mm），其他厂家均按上述要求执行。

（2）右侧端子排见表 3-2。

表 3-2　　　　　　　　　　　　右 侧 端 子 排

右侧端子排						
接入回路定义	内部接线			端子号	外部接线	备注
空开前电压				UD		交流电压
试验端子	1ZKK1	■		1	A714	至线路 TV 端子箱 A 相电压
试验端子		■		2	A714	至稳控 A 相电压
试验端子		■		3	A714	至故障录波 A 相电压
试验端子				4		
试验端子				5		
试验端子	1ZKK3	■		6	B714	至线路 TV 端子箱 B 相电压
试验端子		■		7	B714	至稳控 B 相电压
试验端子		■		8	B714	至故障录波 B 相电压
试验端子				9		
试验端子				10		
试验端子	1ZKK5	■		11	C714	至线路 TV 端子箱 C 相电压
试验端子		■		12	C714	至稳控 C 相电压
试验端子		■		13	C714	至故障录波 C 相电压
试验端子				14		
试验端子				15		
试验端子	1UD10	■		16	N600	至线路 TV 端子箱 N 相电压

续表

接入回路定义	内部接线			端子号	外部接线	备注
右侧端子排						
试验端子		■		17	N600	至稳控 N 相电压
试验端子		■		18	N600	至故障录波 N 相电压
试验端子		■		19		
试验端子				20		
试验端子				21		
空开后电压及线路电压				1UD		交流电压
试验端子	1n	■		1	1ZKK2	UA
试验端子		■		2		
试验端子				3		
试验端子	1n	■		4	1ZKK4	UB
试验端子		■		5		
试验端子				6		
试验端子	1n	■		7	1ZKK6	UC
试验端子		■		8		
试验端子				9		
试验端子	1n	■		10	UD16	UN
试验端子		■		11		
试验端子				12		
试验端子				13		
保护用电流				1ID		交流电流
试验端子	1n			1	A4111	边 TA A 相电流 IA
试验端子	1n			2	B4111	边 TA B 相电流 IB
试验端子	1n			3	C4111	边 TA C 相电流 IC
试验端子	1n			4	N4111	边 TA N 相电流 IN
试验端子				5		
试验端子		■		6	A4112	
试验端子		■		7	B4112	
试验端子		■		8	C4112	
试验端子		■		9	N4112	
试验端子				10		
试验端子	1n			11	A4211	中 TA A 相电流 IA
试验端子	1n			12	B4211	中 TA B 相电流 IB
试验端子	1n			13	C4211	中 TA C 相电流 IC
试验端子	1n			14	N4211	中 TA N 相电流 IN
试验端子				15		

续表

右侧端子排					
接入回路定义	内部接线		端子号	外部接线	备注
试验端子	1n		16	A4212	边 TA A 相电流 IA′
试验端子	1n		17		中 TA A 相电流 IA′
试验端子	1n		18	B4212	边 TA B 相电流 IB′
试验端子	1n		19		中 TA B 相电流 IB′
试验端子	1n		20	C4212	边 TA C 相电流 IC′
试验端子	1n		21		中 TA C 相电流 IC′
试验端子	1n		22	N4212	边 TA N 相电流 IN′
试验端子	1n		23		中 TA N 相电流 IN′
试验端子			24		
保持信号			1XD		保护信号
	1n		1		
	1n		2		
	1n		3		
			4		
	1n		5		保护跳闸
			6		保护跳闸 2（南瑞科技保留）
			7		保护跳闸 3（南瑞科技保留）
	1n		8		装置异常（含 TA、TV 断线告警）
	1n		9		装置故障（闭锁）
			10		装置故障 2（闭锁 2，四方专用）
	1n		11		失电（电源，可选）
			12		
非保持信号			1YD		保护信号
	1n		1	JCOM	信号公共端
	1n		2		
	1n		3		
	1n		4		
			5		
	1n		6	J01	保护跳闸
			7		保护跳闸 2（南瑞科技保留）
			8		保护跳闸 3（南瑞科技保留）
	1n		9	J02	通道一告警
	1n		10	J03	通道二告警
	1n		11	J04	装置异常（含 TA、TV 断线告警）
	1n		12	J05	装置故障（闭锁）

续表

接入回路定义	内部接线			端子号	外部接线	备注
					右侧端子排	
			■	13		装置故障2（闭锁2，四方专用）
	1n			14	J06	失电（电源，可选）
				15		
启动录波				1LD		录波
	1n		■	1	LCOM	录波公共端
			■	2		
				3		
	1n			4	L01	A 相保护动作
	1n			5	L02	B 相保护动作
	1n			6	L03	C 相保护动作
	1n			7	L04	远传二
	1n			8	L05	通道一告警
	1n			9	L06	通道二告警
				10		
				11		
				12		
				TD		网络通信
	1n			1	对时＋	对时＋
				2		
	1n			3	对时一	对时一
				4		
				5		
				6		
				7		
				8		
				9		
				10		
				11		
				12		
				13		
				14		
				15		
				16		
				17		
				18		

续表

右侧端子排						
接入回路定义	内部接线			端子号	外部接线	备注
				19		
				20		
				21		
				22		
				JD		交流电源
打印电源（可选）	PP-L	■		1	L	交流电源火线
照明空开	AK-1	■		2	L	
插座电源（可选）	CZ-L	■		3	L	
				4		
打印电源（可选）	PP-N	■		5	N	交流电源零线
照明	LAMP-2	■		6	N	
插座电源（可选）	CZ-N	■		7	N	
				8		
打印电源地	PP-E	■		9		接地
铜排	接地	■		10		
集中备用				2BD		
				1		
				2		
				3		
				4		
				5		
				6		
				7		
				8		
				9		
				10		

直通端子采用厚度为 6.2mm、额定截面积为 4mm² 的菲尼克斯或成都瑞联端子；
试验端子采用厚度为 8.2mm、额定截面积为 6mm² 的菲尼克斯或成都瑞联端子；
终端堵头采用厚度为 10～12mm；
本侧端子排共有直通端子 79 个、试验端子 58 个、终端堵头 9 个；
总体长度约为 1064.4mm，满足要求

注　除南瑞继保采用魏德米勒端子外（直通端子厚度为 6.1mm、试验端子厚度为 7.9mm、终端堵头厚度为 10～12mm），其他厂家均按上述要求执行。

（3）压板布置方案见表3-3。

表 3-3 压 板 布 置 方 案

压板布置方案								
1C1LP1	1C1LP2	1C1LP3	1C1LP4	1C1LP5	1C1LP6	1C1LP7	1C1LP8	1C1LP9
边断路器A相跳闸出口	边断路器B相跳闸出口	边断路器C相跳闸出口	收远传2出口（备用）	A相失灵启动边断路器	B相失灵启动边断路器	C相失灵启动边断路器	至边断路器重合闸	启动稳控A
1C2LP1	1C2P2	1C2LP3	1C2LP4	1C2LP5	1C2LP6	1C2LP7	1C2LP8	1C2LP9
中断路器A相跳闸出口	中断路器B相跳闸出口	中断路器C相跳闸出口	备用	A相失灵启动中断路器	B相失灵启动中断路器	C相失灵启动中断路器	至中断路器重合闸	备用
1KLP1	1KLP2	1KLP3	1KLP4	1KLP5	1KLP6	1KLP7	1KLP8	1KLP9
光纤差动通道一投退	光纤差动通道二投退	距离保护投退	零序过流保护投退	过电压保护投退	远方跳闸保护投退	备用	远方操作投退	检修状态投退

第二节　500kV 变压器保护

1. 适用范围

本规范中500kV变压器保护为常规高中低三侧的变压器保护，主接线形式为高压侧3/2接线，中压侧双母线单分段或双母线接线，低压侧单母线，双重化配置。

2. 保护屏（柜）背面端子排设计原则

（1）组屏（柜）方案。

1）变压器保护1屏（A屏）：变压器保护1＋中压侧电压切换箱1；

2）变压器保护2屏（B屏）：变压器保护2＋中压侧电压切换箱2；

3）变压器辅助屏（C屏）：非电量保护＋中压侧操作箱＋低压操作箱。

（2）变压器保护1屏（A屏）、2屏（B屏）端子排设计原则。

1）屏（柜）背面右侧端子排，自上而下依次排列如下：

a）直流电源段（ZD）：本屏（柜）所有装置直流电源均取自该段；

b）强电开入段（2-7QD）：用于中压侧电压切换；

c）强电开入段（1QD）：变压器高压侧断路器失灵保护开入、中压侧断路器失灵保护开入；

d）出口正段（1CD）：保护出口回路正端；

e）出口负段（1KD）：保护出口回路负端；

f）信号段（2-7XD）：中压侧电压切换信号；

g）信号段（1XD）：保护动作、过负荷、运行异常、装置故障告警等信号；

h）遥信段（1YD）：保护动作、过负荷、运行异常、装置故障告警等信号；

i）录波段（1LD）：保护动作信号；

j）网络通信段（TD）：网络通信、打印接线和 IRIG-B（DC）时码对时；

k）集中备用段（1BD）。

2）背面右侧端子排，自上而下依次排列如下：

a）交流电压段（U1D）：高压侧外部输入电压（空开前）；

b）交流电压段（2-7UD）：中压侧外部输入电压及切换后电压；

c）交流电压段（U3D）：低压侧外部输入电压；

d）交流电压段（1U1D）：保护装置高压侧输入电压（空开后）；

e）交流电压段（1U2D）：保护装置中压侧输入电压（空开后）；

f）交流电压段（1U3D）：保护装置低压侧输入电压（空开后）；

g）交流电流段（1I1D）：按高压侧边开关 Ih1a、Ih1b、Ih1c、Ih1n，中开关 Ih1a、Ih1b、Ih1c、Ih1n 排列；

h）交流电流段（1I2D）：按中压侧 Ima、Imb、Imc、Imn 排列；

i）交流电流段（1I3D）：按低压电流 Ila、Ilb、Ilc、Iln 排列；

j）交流电流段（1I4D）：按低压三角内部套管（绕组）Ilwa、Ilwb、Ilwc、Ilwn 排列；

k）交流电流段（1I5D）：按公共绕组 Icwa、Icwb、Icwc、Icwn，零序电流排列；

l）交流电源段（JD）；

m）集中备用段（2BD）。

（3）变压器保护3屏（C屏）端子排设计原则。

1）背面左侧端子排，自上而下依次排列如下：

a）直流电源段（ZD）：本屏（柜）所有装置直流电源均取自该段；

b）强电开入段（2-4QD）：中压侧接收保护跳闸、合闸、断路器压力闭锁等开入信号；

c）出口段（2-4CD）：至中压侧断路器跳、合闸线圈；

d）强电开入段（3-4QD）：低压侧接收保护跳闸，合闸等开入信号；

e）出口段（3-4CD）：至低压1分支断路器跳、合闸线圈；

f）信号段（2-4XD）：中压侧控制回路断线、保护跳闸、事故音响等；

g）信号段（3-4XD）：低压侧控制回路断线、保护跳闸、事故音响等；

h）录波段（4LD）：中、低压侧操作箱动作信号；

i）集中备用段（1BD）。

2）背面右侧端子排，自上而下依次排列如下：

a）强电开入段（5QD）：非电量保护装置直流电源；

b）强电开入段（5FD）：非电量保护强电开入；

c）出口正段（5CD）：非电量保护出口回路正端；

d）出口负段（5KD）：非电量保护出口回路负端；

e）信号段（5XD）：非电量保护动作、非电量运行异常、非电量装置故障告警等信号；

f）遥信段（5YD）：非电量保护动作、非电量运行异常、非电量装置故障告警等信号；

g）录波段（5LD）：作用于跳闸的非电量保护信号；

h）网络通信段（TD）：网络通信、打印接线和 IRIG-B（DC）时码对时；

i）交流电源段（JD）；

j）集中备用段（2BD）。

3. 端子排图

各厂家差异说明详见端子排图。

（1）变压器保护 A/B 屏。

1）左侧端子排见表 3-4。

表 3-4　　　　　　　　　　　　　　　　左 侧 端 子 排

左侧端子排					
接入回路定义	外部接线	端子号		内部接线	备注
直流电源		ZD			本屏（柜）所有装置直流电源
装置电源＋	＋BM	1		1DK	空开前
		2			
		3			
		4			
装置电源－	－BM	5		1DK	空开前
		6			
		7			
强电开入		2-7QD			用于中压侧电压切换

续表

左侧端子排						
接入回路定义	外部接线	端子号			内部接线	备注
切换公共端	101QA	1			7n	
		2			1QD2	
		3				
中压侧Ⅰ母刀闸常开	161A	4			7n	
至计量Ⅰ母切换		5				
		6				
中压侧Ⅱ母刀闸常开	163A	7			7n	
至计量Ⅱ母切换		8				
		9				
切换负电源端	102QA	10			7n	
		11			1QD20	
强电开入		**1QD**				**开入**
开入公共端		1			1n	
		2			2-7QD2	
		3			1DK-＊	
复归"＋"	YF＋	4			1FA＋	
复归"＋"2（南瑞继保专用）	YF2＋	5			2FA＋	
打印（厂家自选）		6			1YA	
		7				
高压侧失灵联跳		8			1n	
		9				
		10				
		11				
中压侧失灵联跳		12			1n	
		13				
		14				
		15				
复归	YF－	16			1n	
复归2（南瑞继保专用）		17			1n	
		18				
开入电源负端		19			1n	
		20			2-7QD11	
		21			1DK-＊	
		22				
出口正段		**1CD**				**保护出口回路正端**

续表

左侧端子排					
接入回路定义	外部接线	端子号		内部接线	备注
跳高压侧断路器1出口1＋		1		1n	试验端子
跳高压侧断路器2出口1＋		2		1n	试验端子
跳中压侧断路器出口＋		3		1n	试验端子
跳中压侧母联（分段）出口1＋		4		1n	试验端子
跳中压侧母联（分段）出口2＋		5		1n	试验端子
跳中压侧母联（分段）出口3＋		6		1n	试验端子
跳低压侧断路器出口＋		7		1n	试验端子
		8			试验端子
		9			试验端子
		10			试验端子
启动高压1侧断路器失灵出口＋		11		1n	试验端子
启动高压2侧断路器失灵出口＋		12		1n	试验端子
启动中压侧失灵＋		13		1n	试验端子
解除中压侧复压闭锁＋		14		1n	试验端子
跳中压侧断路器出口（备用）＋		15		1n	试验端子
跳低压侧断路器出口（备用）＋		16		1n	试验端子
		17			试验端子
		18			试验端子
出口负段		**1KD**			**保护出口回路负端**
跳高压侧断路器1出口1－		1		1C1LP1	试验端子
跳高压侧断路器2出口1－		2		1C1LP3	试验端子
跳中压侧断路器出口－		3		1C2LP1	试验端子
跳中压侧母联（分段）出口1－		4		1C2LP4	试验端子
跳中压侧母联（分段）出口2－		5		1C2LP5	试验端子
跳中压侧母联（分段）出口3－		6		1C2LP6	试验端子
跳低压侧断路器出口－		7		1C3LP1	试验端子
		8			试验端子
		9			试验端子
		10			试验端子
启动高压1侧断路器失灵出口－		11		1C1LP2	试验端子
启动高压2侧断路器失灵出口－		12		1C1LP4	试验端子
启动中压侧失灵－		13		1C2LP2	试验端子
解除中压侧复压闭锁－		14		1C2LP3	试验端子
跳中压侧断路器出口（备用）－		15		1B2LP7	试验端子
跳低压侧断路器出口（备用）－		16		1B2LP8	试验端子

续表

左侧端子排						
接入回路定义	外部接线	端子号			内部接线	备注
		17				试验端子
		18				试验端子
切换遥信		2-7XD				中压侧切换箱信号
遥信公共端		1			7n	
		2			7n	
		3				
		4				
		5				
切换继电器同时动作		6			7n	
切换继电器电源消失		7			7n	
		8				
装置遥信		1XD				中央信号
遥信公共端	JCOM	1			1n	
		2				
		3				
保护动作		4			1n	
过负荷告警		5			1n	
装置运行异常 （含 TA 断线、TV 断线等）		6			1n	
装置故障告警		7			1n	
		8				
		9				
		10				
装置遥信		1YD				遥信信号
遥信公共端	JCOM	1			1n	
		2				
		3				
		4				
		5				
保护动作		6			1n	
过负荷告警		7			1n	
装置运行异常 （含 TA 断线、TV 断线等）		8			1n	
装置故障告警		9			1n	
装置失电		10			1n	

接入回路定义	外部接线	端子号			内部接线	备注
				左侧端子排		
		11				
		12				
		13				
电量保护录波		**1LD**				**录波**
录波公共端	LCOM	1	███		1n	
		2	███			
		3				
		4				
		5				
保护动作		6			1n	
过负荷（可选）		7			1n	
		8				
		9				
		10				
		TD				**用于对时**
对时＋		1			1n	
		2				
对时－		3			1n	
		4				
		5				
		6				
		7				
		8				
		9				
		10				
		11				
		12				
		13				
		14				
		15				
		16				
		17				
		18				
		19				
		20				

续表

左侧端子排					
接入回路定义	外部接线	端子号		内部接线	备注
		21			
		22			
集中备用		1BD			
		1			
		2			
		3			
		4			
		5			
		6			
		7			
		8			
		9			
		10			

直通端子采用厚度为 6.2mm、额定截面积为 4mm² 的菲尼克斯或成都瑞联端子；
试验端子采用厚度为 8.2mm、额定截面积为 6mm² 的菲尼克斯或成都瑞联端子；
终端堵头采用厚度为 10～12mm；
本侧端子排共有直通端子 113 个、试验端子 54 个、终端堵头 11 个；
总体长度约 1264.4mm，满足要求

注　除南瑞继保采用魏德米勒端子外（直通端子厚度为 6.1mm、试验端子厚度为 7.9mm、终端堵头厚度为 10～12mm），其他厂家均按上述要求执行。

2）右侧端子排见表 3-5。

表 3-5　　　　　　　　　　　右 侧 端 子 排

右侧端子排					
备注	内部接线			端子号	外部接线	接入回路定义
				U1D		高压侧电压
试验端子	1ZKK1-1	■		1	A714	空开前 A 相电压 UA
试验端子		■		2		
试验端子		■		3		录波电压
试验端子				4		
试验端子	1ZKK1-3		■	5	B714	空开前 B 相电压 UB
试验端子			■	6		
试验端子			■	7		录波电压
试验端子				8		
试验端子	1ZKK1-5	■		9	C714	空开前 C 相电压 UC

25

续表

备注	内部接线			端子号	外部接线	接入回路定义
右侧端子排						
试验端子		■		10		
试验端子		■		11		录波电压
试验端子				12		
试验端子	1U1D5		■	13	N600	电压中性点 UN
试验端子			■	14		
试验端子			■	15		
中压侧电压切换				2-7UD		中压侧电压切换
试验端子	7n			1	A630 EⅠ	220kVⅠ母 A 相电压
试验端子	7n			2	B630 EⅠ	220kVⅠ母 B 相电压
试验端子	7n			3	C630 EⅠ	220kVⅠ母 C 相电压
试验端子				4		
试验端子	7n			5	A640 EⅠ	220kVⅡ母 A 相电压
试验端子	7n			6	B640 EⅠ	220kVⅡ母 B 相电压
试验端子	7n			7	C640 EⅠ	220kVⅡ母 C 相电压
试验端子				8		
试验端子	7n	■		9	A720 EⅠ	空开前 UA（切换后）测控
试验端子	1ZKK2-1			10		
试验端子				11		
试验端子	7n		■	12	B720 EⅠ	空开前 UB（切换后）测控
试验端子	1ZKK2-3			13		
试验端子				14		
试验端子	7n	■		15	C720 EⅠ	空开前 UC（切换后）测控
试验端子	1ZKK2-5			16		
试验端子				17		
试验端子	1U2D5		■	18	N600EⅠ	至 TV 测控屏 N600Ⅰ
试验端子				19		至主变压器中压侧测控 N600
试验端子				20		
低压侧电压				U3D		低压侧电压
试验端子	1ZKK3-1	■		1		空开前 A 相电压 UA
试验端子		■		2		
试验端子	1ZKK3-3		■	3		空开前 B 相电压 UB
试验端子			■	4		
试验端子	1ZKK3-5	■		5		空开前 C 相电压 UC
试验端子		■		6		
试验端子				7		

备注	内部接线			端子号	外部接线	接入回路定义
			右侧端子排			
试验端子	1U3D10	■		8		电压中性点 UN
试验端子				9		
高压侧电压				1U1D		高压侧电压
试验端子	1ZKK1-2			1		空开后 A 相电压 UA
试验端子	1ZKK1-4			2		空开后 B 相电压 UB
试验端子	1ZKK1-6			3		空开后 C 相电压 UC
试验端子				4		
试验端子	U1D10	■		5		电压中性点 UN
试验端子				6		
中压侧电压				1U2D		中压侧电压
试验端子	1ZKK2-2			1		空开后 A 相电压 UA
试验端子	1ZKK2-4			2		空开后 B 相电压 UB
试验端子	1ZKK2-6			3		空开后 C 相电压 UC
试验端子				4		
试验端子	2-7QD23	■		5		电压中性点 UN
试验端子				6		
低压侧电压				1U3D		低压侧电压
试验端子	1ZKK3-2			1		空开后 A 相电压 UA
试验端子	1ZKK3-4			2		空开后 B 相电压 UB
试验端子	1ZKK3-6			3		空开后 C 相电压 UC
试验端子				4		
试验端子	U3D5	■		5		电压中性点 UN
试验端子				6		
高压侧电流				1I1D		高压侧电流
试验端子	1n			1	A4111	边开关 A 相 TA 保护电流 Iha
试验端子	1n			2	B4111	边开关 B 相 TA 保护电流 Ihb
试验端子	1n			3	C4111	边开关 C 相 TA 保护电流 Ihc
试验端子	1n			4	N4111	边开关保护电流中性线 Ihn
试验端子				5		
试验端子		■		6	A4112	
试验端子				7	B4112	
试验端子				8	C4112	
试验端子		■		9	N4112	
				10		
试验端子				11		

续表

备注	内部接线			端子号	外部接线	接入回路定义
右侧端子排						
试验端子	1n			12	A4211	中开关 A 相 TA 保护电流 Iha
试验端子	1n			13	B4211	中开关 B 相 TA 保护电流 Ihb
试验端子	1n			14	C4211	中开关 C 相 TA 保护电流 Ihc
试验端子	1n			15	N4211	中开关保护电流中性线 Ihn
				16		
试验端子				17		
试验端子	1n	■		18	A4212	
试验端子	1n	■		19		
试验端子	1n	■		20	B4212	
试验端子	1n	■		21		
试验端子	1n	■		22	C4212	
试验端子	1n	■		23		
试验端子	1n	■		24	N4212	
试验端子	1n	■		25		
中压侧电流				1I2D		中压侧电流
试验端子	1n			1		A 相 TA 保护电流 Ima
试验端子	1n			2		B 相 TA 保护电流 Imb
试验端子	1n			3		C 相 TA 保护电流 Imc
试验端子		■		4		保护电流中性线 Imn
试验端子				5		
试验端子	1n			6		
试验端子	1n			7		
试验端子	1n	■		8		
低压侧电流				1I3D		低压侧电流
试验端子	1n			1		A 相 TA 保护电流 Ila
试验端子	1n			2		B 相 TA 保护电流 Ilb
试验端子	1n			3		C 相 TA 保护电流 Ilc
试验端子		■		4		保护电流中性线 Iln
试验端子		■		5		
试验端子	1n			6		
试验端子	1n			7		
试验端子	1n	■		8		
低压侧绕组				1I4D		低压侧三角内部套管（绕组）电流
试验端子	1n			1		A 相 TA 保护电流 Ilwa
试验端子	1n			2		B 相 TA 保护电流 Ilwb

续表

右侧端子排					
备注	内部接线			端子号	外部接线	接入回路定义
试验端子	1n			3		C 相 TA 保护电流 Ilwc
试验端子		■		4		保护电流中性线 Ilwn
试验端子				5		
试验端子	1n			6		
试验端子	1n			7		
试验端子	1n			8		
公共绕组电流				1I5D		公共绕组电流
试验端子	1n			1		A 相 TA 保护电流 Icwa
试验端子	1n			2		B 相 TA 保护电流 Icwb
试验端子	1n			3		C 相 TA 保护电流 Icwc
试验端子		■		4		保护电流中性线 Icwn
试验端子				5		
试验端子	1n			6		
试验端子	1n			7		
试验端子	1n			8		
试验端子				9		
试验端子	1n			10		公共绕组零序电流
试验端子	1n			11		公共绕组零序电流
照明打印电源				JD		交流电源
打印电源（可选）	PP-L	■		1	L	交流电源火线
照明空开	AK-1			2	L	
插座电源（可选）	CZ-L			3	L	
		■		4		
打印电源（可选）	PP-N	■		5	N	交流电源零线
照明	LAMP-2			6	N	
插座电源（可选）	CZ-N			7	N	
		■		8		
打印电源地	PP-E	■		9		接地
铜排	接地	■		10		
备用				2BD		备用端子
直通端子				1		
直通端子				2		
直通端子				3		
直通端子				4		
直通端子				5		

续表

右侧端子排				
备注	内部接线	端子号	外部接线	接入回路定义
直通端子		6		
直通端子		7		
直通端子		8		
直通端子		9		
直通端子		10		

直通端子采用厚度为 6.2mm、额定截面积为 4mm² 的菲尼克斯或成都瑞联端子；
试验端子采用厚度为 8.2mm、额定截面积为 6mm² 的菲尼克斯或成都瑞联端子；
终端堵头采用厚度为 10～12mm；
本侧端子排共有直通端子 20 个、试验端子 128 个、终端堵头 13 个；
总体长度约为 1270.6mm，满足要求

注 除南瑞继保采用魏德米勒端子外（直通端子厚度为 6.1mm、试验端子厚度为 7.9mm、终端堵头厚度为 10～12mm），其他厂家均按上述要求执行。

3）压板布置见表 3-6。

表 3-6 　　　　　　　　　　　　　　　压 板 布 置

1C1LP1	1C1LP2	1C1LP3	1C1LP4	1B1LP5	1B1LP6	1B1LP7	1B1LP8	1B1LP9
高压侧开关1跳闸出口1	启动高压1侧断路器失灵出口	高压侧开关2跳闸出口1	启动高压2侧断路器失灵出口	备用1	备用2	备用3	备用4	备用5
1C2LP1	1C2LP2	1C2LP3	1C2LP4	1C2LP5	1C2LP6	1B2LP7	1B2LP8	1B2LP9
中压侧跳闸出口	启动中压侧失灵	解除中压侧失灵电压闭锁	中压侧母联（分段）一出口	中压侧母联（分段）二出口	中压侧母联（分段）三出口	备用6	备用7	备用8
1C3LP1	1B3LP2	1B3LP3	1B3LP4	1B3LP5	1B3LP6	1B3LP7	1B3LP8	1B3LP9
低压侧跳闸出口1	备用9	备用10	备用11	备用12	备用13	备用14	备用15	备用16
1KLP1	1KLP2	1KLP3	1KLP4	1KLP5	1KLP6	1KLP7	1KLP8	1KLP9
主保护投退	高后备保护投退	高压侧电压投退	中后备保护投退	中压侧电压投退	低压绕组后备保护投退	低后备保护投退	低压侧电压投退	公共绕组后备保护投退
1KLP10	1KLP11	2BLP3	2BLP4	2BLP5	2BLP6	2BLP7	2BLP8	2BLP9
远方操作投退	检修状态投退	备用17	备用18	备用19	备用20	备用21	备用22	备用23

（2）变压器保护C屏。

1）左侧端子排见表3-7。

表3-7　　　　　　　　　　　　左侧端子排

左侧端子排						
接入回路定义	外部接线	端子号			内部接线	备注
直流电源		ZD				本屏所有装置直流电源
非电量保护装置电源＋	＋BM	1			5DK＊	空开前
中压侧第一组控制电源＋	＋KM1	2			2-4DK1	空开前
中压侧第二组控制电源＋	＋KM2	3			2-4DK2	空开前
低压侧第一组控制电源＋	＋KM3	4			3-4DK＊	空开前
低压侧第二组控制电源＋	＋KM4	5			3-4DK＊	空开前
		6				
		7				正负电源隔2个端子
非电量保护装置电源－	－BM	8			5DK＊	空开前
中压侧第一组控制电源－	－KM1	9			2-4DK1	空开前
中压侧第二组控制电源－	－KM2	10			2-4DK2	空开前
低压侧第一组控制电源－	－KM3	11			3-4DK＊	空开前
低压侧第二组控制电源－	－KM4	12			3-4DK＊	空开前
		13				
		2-4Q1D				**中压侧操作回路1**
		1			2-4DK＊	控制电源正端短9个端子
		2			2-4FA-＊	
		3			2-4n	
		4			2-4n	
至主变压器保护C屏非电量跳闸开入＋	201Ⅰ	5			2-4n	
至断路器机构控制电源＋	201Ⅰ	6			5CD5	
至本间隔测控屏控制电源公共端＋	201Ⅰ	7			2-4n	
至母线保护A屏跳闸开入＋	201Ⅰ	8				
至主变压器保护A屏跳闸开入＋	201Ⅰ	9				
		10				
主变压器保护A屏三跳开入－	R233Ⅰ	11			2-4n	第一组TJR
母线保护A屏TJR三跳开入－	R233Ⅰ	12				
		13				
		14				
		15			2-4n	15-16之间加隔片或端子
		16			5KD5	第一组TJF
		17			2-4n	

接入回路定义	外部接线	端子号			内部接线	备注
		18	■		2-4n	
		19	■			
		20	■			
		21				
手动合闸	221	22	■		2-4n	
		23	■		2-4n	
		24	■			
		25	■			
手动分闸	241	26	■		2-4n	
		27	■		2-4n	
		28	■			
复归		29	■		2-4n	
复归2（南瑞专用）		30	■			
		31				
压力降低禁止操作		32	■		2-4n	
		33				
压力降低禁止分闸		34	■		2-4n	
压力降低禁止合闸		35	■		2-4n	
		36				
		37	■			控制电源负端短5个端子
操作电源负	202Ⅰ	38	■		2-4DK *	
		39	■		2-4n	
		40	■		2-4n	
		41	■			
		42	■			
经操作箱防跳（四方厂家单独用）		43			2-4n	41与42之间加隔片
		2-4Q2D	■			**中压侧操作回路2**
至断路器机构控制电源＋	201Ⅱ	1	■		2-4DK *	控制电源正端短9个端子
至主变压器保护B屏跳闸开入＋	201Ⅱ	2	■		2-4FA- *	
至母线保护B屏跳闸开入＋	201Ⅱ	3	■		2-4n	
		4	■		2-4n	
		5	■		2-4n	
至主变压器保护C屏非电量跳闸开入＋	201Ⅱ	6	■		5CD6	
		7	■		2-4n	
		8	■			

左侧端子排

续表

接入回路定义	外部接线	端子号			内部接线	备注
左侧端子排						
		9				
		10			2-4n	
主变压器保护B屏三跳开入—	R233Ⅱ	11				第二组TJR
母线保护B屏TJR三跳开入—	R233Ⅱ	12				
		13				
		14				
		15				15-16之间加隔片或端子
		16			5KD6	第二组TJF
		17			2-4n	
		18			2-4n	
		19				
		20				
		21				
复归		22			2-4n	
复归2（南瑞专用）		23				
		24				
操作电源负	202Ⅱ	25			2-4n	控制电源负端短5个端子
		26			2-4DK*	
		27			2-4n	
		28			2-4n	
		29				
中压侧出口1		2-4C1D				跳合中压侧断路器
合位监视		1			2-4n	红色试验端子
跳闸回路	237Ⅰ	2			2-4n	红色试验端子
		3				红色试验端子
跳位监视	205	4			2-4n	红色试验端子
合闸回路	207	5			2-4n	红色试验端子
取消防跳短接用（可选）		6			2-4n	红色试验端子
中压侧出口2		2-4C2D				跳合中压侧断路器
合位监视		1			2-4n	红色试验端子
跳闸回路	237Ⅱ	2			2-4n	红色试验端子
		3				红色试验端子
低压侧		3-4Q1D				低压侧操作回路1
至断路器机构控制电源＋	301Ⅰ	1			3-4DK*	控制电源正端短5个端子
至本间隔测控屏控制电源公共端＋	301Ⅰ	2				

续表

左侧端子排						
接入回路定义	外部接线	端子号			内部接线	备注
至主变压器保护 A 屏跳闸开入＋	301 I	3			3-4n	
		4			3-4n	
至主变压器保护 C 屏非电量跳闸开入I＋	301 I	5			5CD7	
		6				
至主变压器保护 A 屏跳闸开入－	R333 I	7			3-4n	保护跳闸
至主变压器保护 C 屏非电量跳闸开入I＋		8			5KD7	
		9				
		10				
		11				
手动合闸	321	12			3-4n	
		13			3-4n	
		14				
手动分闸	341	15			3-4n	
		16				
		17				
		18				
		19				控制电源负端短 4 个端子
		20			3-4n	
		21			3-4n	
		22			3-4n	
经操作箱防跳（四方厂家单独用）		23			3-4n	22-23 之间加隔片
		24			3-4n	
3-4Q2D						低压侧操作回路 2
至断路器机构控制电源＋	301 II	1			3-4DK＊	控制电源正端短 5 个端子
		2				
		3			3-4n	
至主变压器保护 B 屏跳闸开入＋	301 II	4			3-4n	
至主变压器保护 C 屏非电量跳闸开入II＋	401	5			5CD8	
		6				
至主变压器保护 B 屏跳闸开入－	R333 II	7			3-4n	保护跳闸
至主变压器保护 C 屏非电量跳闸开入II＋		8			5KD8	
		9				
		10				
		11				
		12				

续表

左侧端子排						
接入回路定义	外部接线	端子号			内部接线	备注
		13				控制电源负端短4个端子
		14			3-4n	
		15			3-4n	
		16			3-4n	
经操作箱防跳（四方厂家单独用）		17			3-4n	16-17之间加隔片
		18			3-4n	
低压侧出口1		3-4C1D				跳合低压侧断路器
合位监视		1			2-4n	红色试验端子
跳闸回路	337	2			2-4n	红色试验端子
		3				红色试验端子
跳位监视	305	4			2-4n	红色试验端子
不经操作箱防跳合闸	307	5			2-4n	红色试验端子
取消防跳短接用（可选）		6			2-4n	红色试验端子
中压侧出口2		3-4C2D				跳合中压侧断路器
合位监视		1			2-4n	红色试验端子
跳闸回路	337Ⅱ	2			2-4n	红色试验端子
		3				红色试验端子
中央信号		2-4XD				中压侧操作回路中央信号
信号公共端	JCOM	1			2-4n	信号公共端
		2			2-4n	
		3				
		4				
第一组控制回路断线	J19	5			2-4n	
第二组控制回路断线	J20	6			2-4n	
第一组电源失电	J21	7			2-4n	
第二组电源失电	J22	8			2-4n	
第一组出口跳闸	J23	9			2-4n	
第二组出口跳闸	J24	10			2-4n	
中压侧事故总		11			2-4n	
		12				
压力降低禁止跳闸		13			2-4n	
		14				
压力降低禁止合闸		15			2-4n	
压力降低禁止操作		16			2-4n	
		17				

接入回路定义	外部接线	端子号			内部接线	备注
			左侧端子排			
		18				
合位	236	19			2-4n	位置信号用于 KK 红绿灯
跳位	206	20			2-4n	位置信号用于 KK 红绿灯
		21				
位置公共负	202 Ⅰ	22	■		2-4n	位置信号用于 KK 红绿灯
		23			2-4n	
		24				
断路器跳位＋		25			2-4n	
断路器跳位－		26			2-4n	
		27				
断路器合位＋		28			2-4n	
断路器合位－		29			2-4n	
中央信号		3-4XD				低压侧操作回路中央信号
信号公共端	JCOM	1	■		3-4n	
		2			3-4n	
		3				
		4				
第一组控制回路断线	J25	5			3-4n	
第二组控制回路断线	J26	6			3-4n	
第一组电源失电	J27	7			3-4n	
第二组电源失电	J28	8			3-4n	
第一组出口跳闸	J29	9			3-4n	
第二组出口跳闸	J30	10			3-4n	
低压侧事故总		11			3-4n	
		12				
		13				
合位	336	14			1-4n	位置信号用于 KK 红绿灯
跳位	306	15			1-4n	
		16				
位置公共负	302	17	■		1-4n	位置信号用于 KK 红绿灯
		18			1-4n	
录波		4LD				中、低压侧操作箱录波
录波公共端	LCOM	1	■		2-4n	
		2			3-4n	
		3				

续表

左侧端子排						
接入回路定义	外部接线	端子号			内部接线	备注
		4	■			
		5				
中压侧第一组跳闸	L17	6	■		2-4n	跳闸
		7	■		2-4n	TJF（可选，四方专设）
中压侧第二组跳闸	L18	8		■	2-4n	跳闸
		9		■	2-4n	TJF（可选，四方专设）
低压侧第一组跳闸	L19	10			3-4n	可选
低压侧第二组跳闸	L20	11			3-4n	可选
		12				
集中备用		1BD				
		1				
		2				
		3				
		4				
		5				
		6				
		7				
		8				
		9				
		10				

直通端子采用厚度 6.2mm、额定截面积 4mm^2 的菲尼克斯或成都瑞联端子；

试验端子采用厚度 8.2mm、额定截面积 6mm^2 的菲尼克斯或成都瑞联端子；

终端堵头采用厚度 10～12mm；

本侧端子排共有直通端子 194 个、试验端子 18 个、终端堵头 13 个；

总体长度约 1493.4mm，满足要求。

注 除南瑞继保采用魏德米勒端子外（直通端子厚度 6.1mm、试验端子厚度 7.9mm、终端堵头厚度 10～12mm），其他厂家均按上述要求执行。

2）右侧端子排见表 3-8。

表 3-8 　　　　　　　　　　　　　右 侧 端 子 排

右侧端子排					
备注	内部接线		端子号	外部接线	接入回路定义
开入回路			5QD		强电开入
开入电源正	5n	■	1	5DK	
	5n	■	2	5FD2	

续表

备注	内部接线			端子号	外部接线	接入回路定义
				右侧端子排		
	5n			3	5FA	
	5n			4		
	5n			5		
	5n			6	5n	
				7		
				8		
	5KLP*			9	5n	启动跳闸重动开入
				10	5n	
复归	YF—			11	5n	
				12	5n	
				13		
开入电源负	5n			14	5DK	
	5n			15		
	5n			16	5n	
非电量开入回路				5FD		强电开入
非电量开入电源正	5n			1		
	5QD2			2		
				3		
				4		
				5		
				6		
				7		
	5n			8		A 相本体重瓦斯跳闸
	5n			9		B 相本体重瓦斯跳闸
	5n			10		C 相本体重瓦斯跳闸
	5n			11		A 相有载重瓦斯跳闸
	5n			12		B 相有载重瓦斯跳闸
	5n			13		C 相有载重瓦斯跳闸
	5n			14		A 相本体压力释放（压力释放）跳闸
	5n			15		B 相本体压力释放（压力释放）跳闸
	5n			16		C 相本体压力释放（压力释放）跳闸
	5n			17		A 相有载压力释放（非电量 2 延时）跳闸
	5n			18		B 相有载压力释放（非电量 2 延时）跳闸
	5n			19		C 相有载压力释放（非电量 2 延时）跳闸
	5n			20		A 相压力突变跳闸

续表

右侧端子排					
备注	内部接线			端子号	外部接线	接入回路定义
	5n			21		B相压力突变跳闸
	5n			22		C相压力突变跳闸
	5n			23		A相油温高（非电量3延时）跳闸
	5n			24		B相油温高（非电量3延时）跳闸
	5n			25		C相油温高（非电量3延时）跳闸
	5n			26		A相绕组过温跳闸
	5n			27		B相绕组过温跳闸
	5n			28		C相绕组过温跳闸
	5n			29		A相冷控失电延时跳闸
	5n			30		B相冷控失电延时跳闸
	5n			31		C相冷控失电延时跳闸
	5n			32		A相本体轻瓦斯
	5n			33		B相本体轻瓦斯
	5n			34		C相本体轻瓦斯
	5n			35		A相有载轻瓦斯
	5n			36		B相有载轻瓦斯
	5n			37		C相有载轻瓦斯
	5n			38		A相本体油位异常
	5n			39		B相本体油位异常
	5n			40		C相本体油位异常
	5n			41		A相有载油位异常
	5n			42		B相有载油位异常
	5n			43		C相有载油位异常
	5n			44		A相油温高
	5n			45		B相油温高
	5n			46		C相油温高
	5n			47		A相绕组温高
	5n			48		B相绕组温高
	5n			49		C相绕组温高
				50		
				51		
				52		
	5n			53		A相非电量16信号
	5n			54		B相非电量16信号
	5n			55		C相非电量16信号

续表

右侧端子排					
备注	内部接线			端子号	外部接线	接入回路定义

备注	内部接线		端子号	外部接线	接入回路定义
			56		
	5n		57		取消延时用（南瑞科技用）
	5n		58		取消延时用（南瑞科技用）
开出回路			5CD		开出回路
试验端子	5n		1	101Ⅰ	高压侧边开关跳闸出口1＋
试验端子	5n		2	101Ⅱ	高压侧边开关跳闸出口2＋
试验端子	5n		3	101Ⅰ	高压侧中开关跳闸出口1＋
试验端子	5n		4	101Ⅱ	高压侧中开关跳闸出口2＋
试验端子	5n		5	2-4Q1D6	中压侧跳闸出口1＋
试验端子	5n		6	2-4Q2D6	中压侧跳闸出口2＋
试验端子	5n		7	3-4Q1D5	低压侧跳闸出口1＋
试验端子	5n		8	3-4Q2D5	低压侧跳闸出口2＋
试验端子	5n		9		跳闸备用＋
试验端子	5n		10		跳闸备用＋
试验端子	5n		11		跳闸备用＋
试验端子	5n		12		跳闸备用＋
试验端子			13		
开出回路			5KD		开出回路
试验端子	5CLP1		1	R33Ⅰ	高压侧边开关跳闸出口1－
试验端子	5CLP2		2	R33Ⅱ	高压侧边开关跳闸出口2－
试验端子	5CLP3		3	R33Ⅰ	高压侧中开关跳闸出口1－
试验端子	5CLP4		4	R33Ⅱ	高压侧中开关跳闸出口2－
试验端子	5CLP5		5	2-4Q1D16	中压侧跳闸出口1－
试验端子	5CLP6		6	2-4Q2D16	中压侧跳闸出口2－
试验端子	5CLP7		7	3-4Q1D7	低压侧跳闸出口1－
试验端子	5CLP8		8	3-4Q2D7	低压侧跳闸出口2－
试验端子	5CLP9		9		跳闸备用－
试验端子	5CLP10		10		跳闸备用－
试验端子	5CLP11		11		跳闸备用－
试验端子	5CLP12		12		跳闸备用－
试验端子			13		
中央信号回路			5XD		中央信号回路
	5n		1		中央信号公共端
	5n		2		
	5n		3		

备注	内部接线			端子号	外部接线	接入回路定义
	5n	■		4		
				5		
	5n			6		本体重瓦斯跳闸
	5n			7		有载重瓦斯跳闸
	5n			8		本体压力释放（压力释放）跳闸
	5n			9		有载压力释放（非电量2延时）跳闸
	5n			10		压力突变跳闸
	5n			11		油温高（非电量3延时）跳闸
	5n			12		绕组过温跳闸
	5n			13		冷控失电延时跳闸
	5n			14		本体轻瓦斯告警
	5n			15		有载轻瓦斯
	5n			16		本体油位异常
	5n			17		有载油位异常
	5n			18		油温高
	5n			19		绕组温高
				20		
	5n			21		非电量16信号（可选）
	5n			22		跳闸信号
				23		
	5n			24		装置告警（可选）
	5n			25		非电量电源监视（失电）
	5n			26		装置闭锁
遥信信号回路				5YD		遥信信号回路
	5n	■		1	JCOM	遥信信号公共端
	5n			2		
	5n			3		
	5n			4		
				5		
	5n			6	J01	本体重瓦斯跳闸
	5n			7	J02	有载重瓦斯跳闸
	5n			8	J03	本体压力释放（压力释放）跳闸
	5n			9	J04	有载压力释放（非电量2延时）跳闸
	5n			10	J05	压力突变跳闸
	5n			11	J06	油温高（非电量3延时）跳闸

续表

备注	内部接线			端子号	外部接线	接入回路定义
					右侧端子排	
	5n			12	J07	绕组过温跳闸
	5n			13	J08	冷控失电延时跳闸
	5n			14	J09	本体轻瓦斯告警
	5n			15	J10	有载轻瓦斯
	5n			16	J11	本体油位异常
	5n			17	J12	有载油位异常
	5n			18	J13	油温高
	5n			19	J14	绕组温高
				20		
	5n			21	J15	非电量16信号（可选）
	5n			22	J16	跳闸信号
				23		
	5n			24	J17	装置告警（可选）
	5n			25	J18	非电量电源监视（失电）
	5n			26		装置闭锁
录波回路				5LD		录波回路
	5n			1	LCOM	录波回路公共端
				2		
				3		
	5n			4		
				5		
	5n			6	L01	本体重瓦斯跳闸
	5n			7	L02	有载重瓦斯跳闸
	5n			8	L03	本体压力释放（压力释放）跳闸
	5n			9	L04	有载压力释放（非电量2延时）跳闸
	5n			10	L05	压力突变跳闸
	5n			11	L06	油温高（非电量3延时）跳闸
	5n			12	L07	绕组过温跳闸
	5n			13	L08	冷控失电延时跳闸
	5n			14	L09	本体轻瓦斯告警
	5n			15	L10	有载轻瓦斯
	5n			16	L11	本体油位异常
	5n			17	L12	有载油位异常
	5n			18	L13	油温高
	5n			19	L14	绕组温高

备注	内部接线			端子号	外部接线	接入回路定义
			右侧端子排			
				20		
	5n			21	L15	非电量 16 信号（可选）
	5n			22	L16	跳闸信号
				23		
对时通信				TD		
对时＋	1n			1	对时＋	
				2		
对时－	1n			3	对时－	
				4		
				5		
				6		
				7		
				8		
				9		
				10		
				11		
				12		
				13		
				14		
				15		
				16		
				17		
				18		
				19		
				20		
				21		
				22		
交流				JD		交流电源
打印电源（可选）	PP-L	■		1	L	交流电源火线
照明空开	AK-1	■		2	L	
插座电源（可选）	CZ-L	■		3	L	
				4		
打印电源（可选）	PP-N	■		5	N	交流电源零线
照明	LAMP-2	■		6	N	
插座电源（可选）	CZ-N	■		7	N	

右侧端子排					
备注	内部接线		端子号	外部接线	接入回路定义
			8		
打印电源地	PP-E		9		接地
铜排	接地		10		
备用			2BD		备用端子
			1		
			2		
			3		
			4		
			5		
			6		
			7		
			8		
			9		
			10		

直通端子采用厚度为 6.2mm、额定截面积为 4mm² 的菲尼克斯或成都瑞联端子；
试验端子采用厚度为 8.2mm、额定截面积为 6mm² 的菲尼克斯或成都瑞联端子；
终端堵头采用厚度为 10~12mm；
本侧端子排共有直通端子 190 个、试验端子 26 个、终端堵头 10 个；
总体长度约 1501.2mm，满足要求。

注 除南瑞继保采用魏德米勒端子外（直通端子厚度 6.1mm、试验端子厚度 7.9mm、终端堵头厚度 10~12mm），其他厂家均按上述要求执行。

3）压板布置见表 3-9。

表 3-9　　　　　　　　　　**压　板　布　置**

5CLP1	5CLP2	5CLP3	5CLP4	5CLP5	5CLP6	5CLP7	5CLP8	5CLP9
高压侧边开关跳闸出口1	高压侧边开关跳闸出口2	高压侧中开关跳闸出口1	高压侧中开关跳闸出口2	中压侧跳闸出口1	中压侧跳闸出口2	低压侧跳闸出口1	低压侧跳闸出口2	跳闸备用
5CLP10	5CLP11	5CLP12	1B2LP4	1B2LP5	1B2LP6	1B2LP7	1B2LP8	1B2LP9
跳闸备用	跳闸备用	跳闸备用	备用	备用	备用	备用	备用	备用
5KLP1	5KLP2	5KLP3	5KLP4	5KLP5	5KLP6	5KLP7	5KLP8	5KLP9
本体重瓦斯启动跳闸投退	有载重瓦斯启动跳闸投退	本体压力释放启动跳闸投退	有载压力释放启动跳闸投退	压力突变启动跳闸投退	油温高跳闸启动跳闸投退	绕组过温启动跳闸投退	冷控失电启动跳闸投退	非电量延时保护投退（可选无此压板厂家改为备用，压板颜色改为驼色）

续表

5KLP10	5KL11	1B4LP3	1B4LP4	1B4LP5	1B4LP6	1B4LP7	1B4LP8	1B4LP9
远方操作投退（可选无此压板厂家改为备用，压板颜色改为驼色）	检修状态投退	备用	备用	备用	备用	备用	备用	备用

第三节　500kV母线保护

1. 适用范围

本规范中 500kV 母线保护为常规站母线保护，主接线形式为 3/2 接线，双重化配置，各自单独组屏。

2. 保护屏（柜）背面端子排设计原则

（1）保护屏（柜）背面左侧端子排，自上而下依次排列如下：

1）直流电源段（ZD）：本屏（柜）所有装置直流电源均取自该段；

2）强电开入段（1QD）：失灵开入信号；

3）出口段（1C1D～1C9D）：跳闸出口等；

4）集中备用段（1BD）。

（2）保护屏（柜）背面右侧端子排，自上而下依次排列如下：

1）交流电流段（1I1D～1I9D）：支路 1～支路 10 交流电流输入；

2）信号段（1XD）：差动动作、失灵动作、装置故障告警等信号；

3）遥信段（1YD）：差动动作、失灵动作、装置故障告警等信号；

4）录波段（1LD）：差动动作、失灵动作信号；

5）网络通信段（TD）：网络通信、打印接线和 IRIG-B（DC）时码对时；

6）交流电源（JD）；

7）集中备用段（2BD）。

3. 端子排图

各厂家差异说明详见各端子排表。

（1）左侧端子排见表 3-10。

表 3-10 左 侧 端 子 排

左侧端子排					
接入回路定义	外部接线	端子号		内部接线	备注
直流电源		ZD			装置电源
直流电源＋	＋BM	1		1DK-＊	空开前
		2			
		3			
		4			
直流电源－	－BM	5		1DK-＊	空开前
		6			
强电开入		1QD			母差保护开入
装置电源正		1		1DK-＊	
失灵开入公共端 1		2			
失灵开入公共端 2		3			
		4		1n	
		5		1n	
		6		1n	
复归		7		FA	
打印（可选）		8		YA（可选）	
		9			
失灵开入 1		10		1n（1ZJ）	
		11		分支路开入则需断开连片	南自、许继、长园深瑞分支路接入
		12			
		13			
		14			
		15			
		16			
		17			
		18			
		19			
		20			
		21			
失灵开入 2		22		1n（1ZJ）	
		23		分支路开入则需断开连片	南自、许继、长园深瑞分支路接入
		24			
		25			

续表

左侧端子排					
接入回路定义	外部接线	端子号		内部接线	备注
		26			
		27			
		28			
		29			
		30			
		31			
		32			
		33			
		34			
		35			
装置电源负		36		1DK-*	
		37		1n	
出口		1C1D			
支路1跳闸	101 I	1		1n	试验端子
		2			试验端子
支路1跳闸备用		3		1n	试验端子
		4			试验端子
支路1跳闸	R33 I	5		1C1LP1-1	试验端子
		6			试验端子
支路1跳闸备用		7		1C1LP2-1	试验端子
		8			试验端子
出口		1C2D			
支路2跳闸	101 I	1		1n	试验端子
		2			试验端子
支路2跳闸备用		3		1n	试验端子
		4			试验端子
支路2跳闸	R33 I	5		1C2LP1-1	试验端子
		6			试验端子
支路2跳闸备用		7		1C2LP2-1	试验端子
		8			试验端子
出口		1C3D			
支路3跳闸	101 I	1		1n	试验端子
		2			试验端子
支路3跳闸备用		3		1n	试验端子
		4			试验端子

续表

接入回路定义	外部接线	端子号			内部接线	备注
左侧端子排						
支路 3 跳闸	R33 I	5			1C3LP1-1	试验端子
		6				试验端子
支路 3 跳闸备用		7			1C3LP2-1	试验端子
		8				试验端子
出口		1C4D				
支路 4 跳闸	101 I	1			1n	试验端子
		2				试验端子
支路 4 跳闸备用		3			1n	试验端子
		4				试验端子
支路 4 跳闸	R33 I	5			1C4LP1-1	试验端子
		6				试验端子
支路 4 跳闸备用		7			1C4LP2-1	试验端子
		8				试验端子
出口		1C5D				
支路 5 跳闸	101 I	1			1n	试验端子
		2				试验端子
支路 5 跳闸备用		3			1n	试验端子
		4				试验端子
支路 5 跳闸	R33 I	5			1C5LP1-1	试验端子
		6				试验端子
支路 5 跳闸备用		7			1C5LP2-1	试验端子
		8				试验端子
出口		1C6D				
支路 6 跳闸	101 I	1			1n	试验端子
		2				试验端子
支路 6 跳闸备用		3			1n	试验端子
		4				试验端子
支路 6 跳闸	R33 I	5			1C6LP1-1	试验端子
		6				试验端子
支路 6 跳闸备用		7			1C6LP2-1	试验端子
		8				试验端子
出口		1C7D				
支路 7 跳闸	101 I	1			1n	试验端子
		2				试验端子
支路 7 跳闸备用		3			1n	试验端子

续表

左侧端子排					
接入回路定义	外部接线	端子号		内部接线	备注
		4			试验端子
支路 7 跳闸	R33 I	5		1C7LP1-1	试验端子
		6			试验端子
支路 7 跳闸备用		7		1C7LP2-1	试验端子
		8			试验端子
出口		1C8D			
支路 8 跳闸	101 I	1		1n	试验端子
		2			试验端子
支路 8 跳闸备用		3		1n	试验端子
		4			试验端子
支路 8 跳闸	R33 I	5		1C8LP1-1	试验端子
		6			试验端子
支路 8 跳闸备用		7		1C8LP2-1	试验端子
		8			试验端子
出口		1C9D			
支路 9 跳闸	101 I	1		1n	试验端子
		2			试验端子
支路 9 跳闸备用		3		1n	试验端子
		4			试验端子
支路 9 跳闸	R33 I	5		1C9LP1-1	试验端子
		6			试验端子
支路 9 跳闸备用		7		1C9LP2-1	试验端子
		8			试验端子
集中备用		1BD			
		1			
		2			
		3			
		4			
		5			
		6			
		7			
		8			
		9			
		10			

直通端子采用厚度 6.2mm、额定截面积 4mm² 的菲尼克斯或成都瑞联端子；
试验端子采用厚度 8.2mm、额定截面积 6mm² 的菲尼克斯或成都瑞联端子；
终端堵头采用厚度 10～12mm；
本侧端子排共有直通端子 53 个、试验端子 72 个、终端堵头 12 个；
总体长度约 1051mm

注　除南瑞继保采用魏德米勒端子外（直通端子厚度 6.1mm、试验端子厚度 7.9mm、终端堵头厚度 10～12mm），其他厂家均按上述要求执行。

（2）右侧端子排见表 3-11。

表 3-11　　　　　　　　　　　　　右 侧 端 子 排

左侧端子排					
备注	内部接线		端子号	外部接线	接入回路定义
支路 1 交流电流			1I1D		交流电流
试验端子	1n		1	A4141	支路 1A 相电流
试验端子	1n		2	B4141	支路 1B 相电流
试验端子	1n		3	C4141	支路 1C 相电流
试验端子	1n	■	4	N4141	支路 1N 相电流
试验端子	1n		5		支路 1N 相电流
试验端子	1n		6		支路 1N 相电流
支路 2 交流电流			1I2D		交流电流
试验端子	1n		1	A4241	支路 2A 相电流
试验端子	1n		2	B4241	支路 2B 相电流
试验端子	1n		3	C4241	支路 2C 相电流
试验端子	1n	■	4	N4241	支路 2N 相电流
试验端子	1n		5		支路 2N 相电流
试验端子	1n		6		支路 2N 相电流
支路 3 交流电流			1I3D		交流电流
试验端子	1n		1	A4341	支路 3A 相电流
试验端子	1n		2	B4341	支路 3B 相电流
试验端子	1n		3	C4341	支路 3C 相电流
试验端子	1n	■	4	N4341	支路 3N 相电流
试验端子	1n		5		支路 3N 相电流
试验端子	1n		6		支路 3N 相电流
支路 4 交流电流			1I4D		交流电流
试验端子	1n		1	A4441	支路 4A 相电流
试验端子	1n		2	B4441	支路 4B 相电流
试验端子	1n		3	C4441	支路 4C 相电流
试验端子	1n	■	4	N4441	支路 4N 相电流
试验端子	1n	■	5		支路 4N 相电流
试验端子	1n		6		支路 4N 相电流
支路 5 交流电流			1I5D		交流电流
试验端子	1n		1	A4541	支路 5A 相电流
试验端子	1n		2	B4541	支路 5B 相电流
试验端子	1n		3	C4541	支路 5C 相电流

续表

				左侧端子排		
备注	内部接线			端子号	外部接线	接入回路定义
试验端子	1n			4	N4541	支路 5N 相电流
试验端子	1n			5		支路 5N 相电流
试验端子	1n			6		支路 5N 相电流
支路 6 交流电流				1I6D		交流电流
试验端子	1n			1	A4641	支路 6A 相电流
试验端子	1n			2	B4641	支路 6B 相电流
试验端子	1n			3	C4641	支路 6C 相电流
试验端子	1n			4	N4641	支路 6N 相电流
试验端子	1n			5		支路 6N 相电流
试验端子	1n			6		支路 6N 相电流
支路 7 交流电流				1I7D		交流电流
试验端子	1n			1	A4741	支路 7A 相电流
试验端子	1n			2	B4741	支路 7B 相电流
试验端子	1n			3	C4741	支路 7C 相电流
试验端子	1n			4	N4741	支路 7N 相电流
试验端子	1n			5		支路 7N 相电流
试验端子	1n			6		支路 7N 相电流
支路 8 交流电流				1I8D		交流电流
试验端子	1n			1	A4841	支路 8A 相电流
试验端子	1n			2	B4841	支路 8B 相电流
试验端子	1n			3	C4841	支路 8C 相电流
试验端子	1n			4	N4841	支路 8N 相电流
试验端子	1n			5		支路 8N 相电流
试验端子	1n			6		支路 8N 相电流
支路 9 交流电流				1I9D		交流电流
试验端子	1n			1	A4941	支路 9A 相电流
试验端子	1n			2	B4941	支路 9B 相电流
试验端子	1n			3	C4941	支路 9C 相电流
试验端子	1n			4	N4941	支路 9N 相电流
试验端子	1n			5		支路 9N 相电流
试验端子	1n			6		支路 9N 相电流
中央信号				1XD		信号
	1n			1		遥信公共端
				2		
				3		

续表

备注	内部接线			端子号	外部接线	接入回路定义
			左侧端子排			
				4		
	1n			5		差动动作
	1n			6		失灵动作
	1n			7		装置异常（运行异常）
	1n			8		装置故障（闭锁）
	1n			9		装置故障（闭锁2，四方厂家专用）
	1n			10		失电（电源）
	1n			11		失电（电源2，四方厂家专用）
远动遥信				1YD		遥信
	1n	■		1	JCOM	遥信公共端
				2		
				3		
				4		
	1n			5	J01	差动动作
	1n			6	J02	失灵动作
	1n			7	J03	装置异常（运行异常）
	1n	■		8	J04	装置故障（闭锁）
	1n			9		装置故障（闭锁2，四方厂家专用）
				10		失电（电源）
				11		失电（电源2，四方厂家专用）
录波信号				1LD		录波
	1n	■		1	LCOM	录波公共端
				2		
				3		
				4		
	1n			5	L01	差动动作
	1n			6	L02	失灵动作
				7		
				8		
用于对时、网络通信				TD		网络通信
	1n			1	对时＋	B码对时＋
				2		
	1n			3	对时－	B码对时－
				4		
				5		

续表

左侧端子排						
备注	内部接线			端子号	外部接线	接入回路定义
				6		
				7		
				8		
				9		
				10		
				11		
				12		
				13		
				14		
				15		
				16		
				17		
				18		
				19		
				20		
				21		
				22		
照明打印电源				JD		交流电源
打印电源（可选）	PP-L			1	L	交流电源火线
照明空开	AK-1			2	L	
插座电源（可选）	CZ-L			3	L	
				4		
打印电源（可选）	PP-N			5	N	交流电源零线
照明	LAMP-2			6	N	
插座电源（可选）	CZ-N			7	N	
				8		
打印电源地	PP-E			9		接地
铜排	接地			10		
				2BD		集中备用
				1		
				2		
				3		
				4		
				5		
				6		

左侧端子排				
备注	内部接线	端子号	外部接线	接入回路定义
		7		
		8		
		9		
		10		

直通端子采用厚度 6.2mm、额定截面积 4mm² 的菲尼克斯或成都瑞联端子；
试验端子采用厚度 8.2mm、额定截面积 6mm² 的菲尼克斯或成都瑞联端子；
终端堵头采用厚度 10～12mm；
本侧端子排共有直通端子 70 个、试验端子 54 个、终端堵头 15 个；
总体长度约 1041.8mm，满足要求

注 除南瑞继保采用魏德米勒端子外（直通端子厚度 6.1mm、试验端子厚度 7.9mm、终端堵头厚度 10～12mm），其他厂家均按上述要求执行。

（3）压板布置见表 3-12。

表 3-12 　　　　　　　　　　　　　　　　压 板 布 置

1CLP1	1C2LP1	1C3LP1	1C4LP1	1C5LP1	1C6LP1	1C7LP1	1C8LP1	1C9LP1
支路 1 跳闸出口	支路 2 跳闸出口	支路 3 跳闸出口	支路 4 跳闸出口	支路 5 跳闸出口	支路 6 跳闸出口	支路 7 跳闸出口	支路 8 跳闸出口	支路 9 跳闸出口
1CLP2	1C2LP2	1C3LP2	1C4LP2	1C5LP2	1C6LP2	1C7LP2	1C8LP2	1C9LP2
支路 1 备用跳闸出口	支路 2 备用跳闸出口	支路 3 备用跳闸出口	支路 4 备用跳闸出口	支路 5 备用跳闸出口	支路 6 备用跳闸出口	支路 7 备用跳闸出口	支路 8 备用跳闸出口	支路 9 备用跳闸出口
1KLP1	1KLP2	1B1LP3	1B1LP4	1B1LP5	1B1LP6	1B1LP7	1KLP8	1KLP9
差动保护投退	失灵保护投退	备用	备用	备用	备用	备用	远方操作投退	装置检修投退

第四节　500kV 高压电抗器保护

1. 适用范围

本规范中 500kV 高压电抗器为常规站保护，双重化配置，组屏可选电量保护分屏布置或者单屏布置。

2. 保护屏（柜）背面端子排设计原则

（1）保护屏（柜）背面左侧端子排，自上而下依次排列如下。

1）直流电源段（ZD）：本屏（柜）所有装置直流电源均取自该段；

2）强电开入段（5QD）：非电量强电开入信号；

3）强电开入段（5FD）：非电量保护强电开入；

4）出口正段（5CD）：保护出口回路正端；

5）出口负段（5KD）：保护出口回路负端；

6）信号段（5XD）：非电量保护动作、非电量运行异常、非电量装置故障告警等信号；

7）遥信段（5YD）：非电量保护动作、非电量运行异常、非电量装置故障告警等信号；

8）录波段（5LD）：非电量保护信号；

9）网络通信段（TD）（分屏布置无）：网络通信、打印接线和 IRIG-B（DC）时码对时；

10）集中备用段（1BD）。

（2）保护屏（柜）背面右侧端子排，自上而下依次排列如下。

1）电量保护分屏布置式右侧端子排。

a）交流电电压段（UD）：外部输入交流电压；

b）交流电电压段（1UD）：装置输入交流电压；

c）交流电流段（1ID）：输入交流电流；

d）强电开入段（1QD）：电量保护强电开入信号；

e）出口正段（1CD）：保护出口回路正端；

f）出口负段（1KD）：保护出口回路负端；

g）信号段（1XD）：保护动作、装置故障告警等信号；

h）遥信段（1YD）：保护动作、装置故障告警等信号；

i）录波段（1LD）：保护动作信号；

j）网络通信段（TD）：网络通信、打印接线和 IRIG-B（DC）时码对时；

k）交流电源（JD）；

l）集中备用段（2BD）。

2）电量保护单屏布置时右侧端子排。

a）交流电电压段（1-UD）：外部输入交流电压1；

b）交流电电压段（1-1UD）：装置输入交流电压1；

c）交流电电压段（2-UD）：外部输入交流电压2；

d）交流电电压段（2-1UD）：装置输入交流电压2；

e）交流电流段（1-1ID）：输入交流电流 1；

f）强电开入段（1-1QD）：电量保护 1 强电开入信号；

g）强电开入段（2-1QD）：电量保护 2 强电开入信号；

h）出口正段（1-1CD）：保护出口 1 回路正端；

i）出口负段（1-1KD）：保护出口 1 回路负端；

j）出口正段（2-1CD）：保护出口 2 回路正端；

k）出口负段（2-1KD）：保护出口 2 回路负端；

l）遥信段（1-1YD）：电量保护 1 保护动作、装置故障告警等信号；

m）遥信段（2-1YD）：电量保护 2 保护动作、装置故障告警等信号；

n）录波段（1-1LD）：电量保护 1 保护动作信号；

o）录波段（2-1LD）：电量保护 2 保护动作信号；

p）信号段（1-1XD）：电量保护 1 保护动作、装置故障告警等信号；

q）信号段（2-1XD）：电量保护 2 保护动作、装置故障告警等信号。

（3）电量保护单屏布置时保护屏（柜）背面横担，自左而右依次排列如下。

1）交流电源（JD）；

2）集中备用段（2BD）。

3. 各厂家差异说明

见端子排图。

（1）电量保护分屏布置时。

1）左侧端子排见表 3-13。

表 3-13 　　　　　　　　　　　　　　　　　　**左 侧 端 子 排**

左侧端子排						
接入回路定义	外部接线	端子号			内部接线	备注
直流电源		ZD				**本屏所有装置直流电源**
电量保护装置电源＋	＋BM1	1			1DK-＊	电量保护空开前
非电量保护装置电源＋	＋BM2	2			5DK-＊	非电量电量保护空开前
		3				
		4				
		5				
电量保护装置电源－	－BM1	6			1DK-＊	电量保护空开前

续表

左侧端子排						
接入回路定义	外部接线	端子号			内部接线	备注
非电量保护装置电源－	－BM2	7			5DK-＊	非电量电量保护空开前
		8				
		9				
		10				
强电开入		5QD				非电量装置强电开入回路
		1			5DK-＊	非电量电源正端短6个端子
		2			5FD2	
		3			5KLP-＊	
		4			5n	
		5			5n	
		6			5n	
		7			5n	
		8				
5KLP1-＊		9			5n	起动跳闸重动
		10			5n	起动跳闸重动
		11			5n	起动跳闸重动
		12			5n	起动跳闸重动
		13				
		14				
		15			5DK-＊	
		16			5n	
		17			5n	
接非电量回路		5FD				非电量开入回路
		1			5n	非电量开入公共端
		2			5QD2	
		3				
		4				
		5			5n	A相主抗重瓦斯跳闸
		6			5n	B相主抗重瓦斯跳闸
		7			5n	C相主抗重瓦斯跳闸
		8			5n	A相主抗压力释放跳闸
		9			5n	B相主抗压力释放跳闸
		10			5n	C相主抗压力释放跳闸
		11			5n	A相主抗油温高（非电量3A延时）跳闸
		12			5n	B相主抗油温高（非电量3A延时）跳闸

续表

接入回路定义	外部接线	端子号			内部接线	备注
			左侧端子排			
		13			5n	C相主抗油温高（非电量3A延时）跳闸
		14			5n	A相主抗绕组过温高跳闸
		15			5n	B相主抗绕组过温高跳闸
		16			5n	C相主抗绕组过温高跳闸
		17			5n	A相主抗轻瓦斯信号
		18			5n	B相主抗轻瓦斯信号
		19			5n	C相主抗轻瓦斯信号
		20			5n	A相主抗油位异常信号
		21			5n	B相主抗油位异常信号
		22			5n	C相主抗油位异常信号
		23			5n	A相主抗油温高信号
		24			5n	B相主抗油温高信号
		25			5n	C相主抗油温高信号
		26			5n	A相主抗绕组温高信号
		27			5n	B相主抗绕组温高信号
		28			5n	C相主抗绕组温高信号
		29			5n	A相主抗非电量开入1（可选）
		30			5n	B相主抗非电量开入1（可选）
		31			5n	C相主抗非电量开入1（可选）
		32			5n	A相主抗非电量开入2（可选）
		33			5n	B相主抗非电量开入2（可选）
		34			5n	C相主抗非电量开入2（可选）
		35				
		36			5n	小抗重瓦斯跳闸
		37			5n	小抗压力释放（非电量2A延时）跳闸
		38			5n	小抗油温高跳闸
		39			5n	小抗绕组过温跳闸（非电量4延时）跳闸
		40			5n	小抗轻瓦斯信号
		41			5n	小抗油位异常信号
		42			5n	小抗油温高信号
		43			5n	小抗绕组温高信号
		44			5n	小抗非电量开入1（可选）
出口正段		5CD				非电量跳闸正
	101Ⅰ	1			5n	非电量保护跳边开关第一组跳圈＋
	101Ⅱ	2			5n	非电量保护跳边开关第二组跳圈＋

续表

左侧端子排					
接入回路定义	外部接线	端子号		内部接线	备注
	101Ⅰ	3		5n	非电量保护跳中开关第一组跳圈＋
	101Ⅱ	4		5n	非电量保护跳中开关第二组跳圈＋
	YT＋	5		5n	非电量保护起动远跳一＋
	YT＋	6		5n	非电量保护起动远跳二＋
		7		5n	非电量保护跳闸备用＋
		8			
出口负段		5KD			非电量跳闸负
	F33Ⅰ	1		5CLP1-1	非电量保护跳边开关第一组跳圈－
	F33Ⅱ	2		5CLP2-1	非电量保护跳边开关第二组跳圈－
	F33Ⅰ	3		5CLP3-1	非电量保护跳中开关第一组跳圈－
	F33Ⅱ	4		5CLP4-1	非电量保护跳中开关第二组跳圈－
	YT－	5		5CLP5-1	非电量保护起动远跳一－
	YT－	6		5CLP6-1	非电量保护起动远跳二－
		7		5CLP7-1	非电量保护跳闸备用－
		8			
中央信号		5XD			非电量保护装置中央信号
		1		5n	信号公共端
		2		5n	
		3		5n	
		4		5n	
		5			
		6		5n	主抗重瓦斯跳闸
		7		5n	主抗压力释放跳闸
		8		5n	主抗油温高（非电量3延时）跳闸
		9		5n	主抗绕组过温跳闸
		10		5n	主抗轻瓦斯信号
		11		5n	主抗油位异常信号
		12		5n	主抗油温高信号
		13		5n	主抗绕组温高信号
		14		5n	主抗非电量开入1（可选）
		15		5n	主抗非电量开入2（可选）
		16		5n	小抗重瓦斯跳闸
		17		5n	小抗压力释放（非电量2延时）跳闸
		18		5n	小抗油温高跳闸
		19		5n	小抗绕组过温（非电量4延时）跳闸

续表

接入回路定义	外部接线	端子号		内部接线	备注
左侧端子排					
		20		5n	小抗轻瓦斯信号
		21		5n	小抗油位异常信号
		22		5n	小抗油温高信号
		23		5n	小抗绕组温高信号
		24		5n	小抗非电量开入 1（可选）
		25		5n	跳闸信号
		26			
		27		5n	装置报警
		28	■	5n	非电量保护装置失电
		29	■	5n	装置闭锁
远动信号		5YD			非电量保护装置遥信
信号公共端	JCOM	1	■	5n	信号公共端
		2		5n	
		3		5n	
		4	■	5n	
		5			
	J05	6		5n	主抗重瓦斯跳闸
	J06	7		5n	主抗压力释放跳闸
	J07	8		5n	主抗油温高（非电量 3 延时）跳闸
	J08	9		5n	主抗绕组过温跳闸
	J09	10		5n	主抗轻瓦斯信号
	J10	11		5n	主抗油位异常信号
	J11	12		5n	主抗油温高信号
	J12	13		5n	主抗绕组温高信号
				5n	主抗非电量开入 1（可选）
				5n	主抗非电量开入 2（可选）
	J13	14		5n	小抗重瓦斯跳闸
	J14	15		5n	小抗压力释放（非电量 2 延时）跳闸
	J15	16		5n	小抗油温高跳闸
	J16	17		5n	小抗绕组过温（非电量 4 延时）跳闸
	J17	18		5n	小抗轻瓦斯信号
	J18	19		5n	小抗油位异常信号
	J19	20		5n	小抗油温高信号
	J20	21		5n	小抗绕组温高信号
				5n	小抗非电量开入 1（可选）

续表

接入回路定义	外部接线	端子号			内部接线	备注
			左侧端子排			
	J21	22			5n	跳闸信号
		23				
	J22	24			5n	装置报警
	J23	25			5n	非电量保护装置失电
	J24	26			5n	装置闭锁
录波		**5LD**				**高压侧操作箱录波**
录波公共端	LCOM	1	■		5n	录波公共端
		2	■			
		3	■			
		4	■			
		5				
	L02	6			5n	主抗重瓦斯跳闸
	L03	7			5n	主抗压力释放跳闸
	L04	8			5n	主抗油温高（非电量3延时）跳闸
	L05	9			5n	主抗绕组过温跳闸
	L06	10			5n	主抗轻瓦斯信号
	L07	11			5n	主抗油位异常信号
	L08	12			5n	主抗油温高信号
	L09	13			5n	主抗绕组温高信号
		14			5n	主抗非电量开入1（可选）
		15			5n	主抗非电量开入2（可选）
	L10	16			5n	小抗重瓦斯跳闸
	L11	17			5n	小抗压力释放（非电量2延时）跳闸
	L12	18			5n	小抗油温高跳闸
	L13	19			5n	小抗绕组过温（非电量4延时）跳闸
	L14	20			5n	小抗轻瓦斯信号
	L15	21			5n	小抗油位异常信号
	L16	22			5n	小抗油温高信号
	L17	23			5n	小抗绕组温高信号
		24			5n	小抗非电量开入1（可选）
	L18	25			5n	跳闸出口信号
		26				
		27				
		28				
集中备用		**1BD**				

左侧端子排					
接入回路定义	外部接线	端子号		内部接线	备注
		1			
		2			
		3			
		4			
		5			
		6			
		7			
		8			
		9			
		10			

直通端子采用厚度 6.2mm、额定截面积 4mm² 的菲尼克斯或成都瑞联端子；
试验端子采用厚度 8.2mm、额定截面积 6mm² 的菲尼克斯或成都瑞联端子；
终端堵头采用厚度 10～12mm；
本侧端子排共有直通端子 155 个、试验端子 16 个、终端堵头 10 个；
总体长度约 1300mm，满足要求。

注：除南瑞继保采用魏德米勒端子外（直通端子厚度 6.1mm、试验端子厚度 7.9mm、终端堵头厚度 10～12mm），其他厂家均按上述要求执行。

2）右侧端子排见表 3-14。

表 3-14   **右 侧 端 子 排**

右侧端子排					
备注	内部接线			端子号	外部接线	接入回路定义
电压回路				**UD**		
A 相电压	1ZKK-＊			1	A713	实验端子
B 相电压	1ZKK-＊			2	B713	实验端子
C 相电压	1ZKK-＊			3	C713	实验端子
				4		
N 相电压	1UD4			5	N600	实验端子
电压回路				**1UD**		
UA	1ZKK-＊	■		1		实验端子
	1n		■	2		实验端子
UB	1ZKK-＊		■	3		实验端子
	1n	■		4		实验端子
UC	1ZKK-＊	■		5		实验端子
	1n	■		6		实验端子

续表

右侧端子排					
备注	内部接线		端子号	外部接线	接入回路定义
UN	UD5	■	7		实验端子
	1n	■	8		实验端子
电流回路			1ID		
首段三相电流 A 相	1n		1	A411	实验端子
首段三相电流 B 相	1n		2	B411	实验端子
首段三相电流 C 相	1n		3	C411	实验端子
			4	N411	实验端子
		■			
	1n	■	5		实验端子
	1n	■	6		实验端子
	1n	■	7		实验端子
			8		实验端子
末段三相电流 A 相	1n		9	A461	实验端子
末段三相电流 B 相	1n		10	B461	实验端子
末段三相电流 C 相	1n		11	C461	实验端子
			12	N461	实验端子
		■	13	N461	实验端子
	1n		14		实验端子
	1n		15		实验端子
	1n		16		实验端子
电量保护强电端子			1QD		
正电位	1n	■	1	1DK-*	
		■	2	1FA-1	
		■	3	1KLP-*	
			4		
	1n	■	5	1FA-*	复归
		■	6		
			7		
			8		
负电位	1n	■	9	1DK-*	
			10		
电量保护出口回路正端			1CD		出口正端
电量保护跳边开关第一组跳圈＋	1n	■	1	101Ⅰ	实验端子
		■	2		实验端子
电量保护跳中开关第一组跳圈＋	1n	■	3	101Ⅰ	实验端子

续表

右侧端子排					
备注	内部接线			端子号	外部接线	接入回路定义
				4		实验端子
电量保护起动边开关失灵＋	1n			5	01	实验端子
				6		实验端子
电量保护起动中开关失灵＋	1n			7	01	实验端子
				8		实验端子
电量保护起动远跳一＋	1n			9	YT＋	实验端子
				10		实验端子
电量保护闸备用＋	1n			11		实验端子
				12		实验端子
电量保护出口回路负端				1KD		出口负端
电量保护跳边开关第一组跳圈一	1CLP1-1			1	R33Ⅰ	实验端子
				2		实验端子
电量保护跳中开关第一组跳圈一	1CLP2-1			3	R33Ⅰ	实验端子
				4		实验端子
电量保护起动边开关失灵一	1CLP3-1			5	QS	实验端子
				6		实验端子
电量保护起动中开关失灵一	1CLP4-1			7	QS	实验端子
				8		实验端子
电量保护起动远跳一一	1CLP5-1			9	YT一	实验端子
				10		实验端子
电量保护跳闸备用一	1CLP6-1			11		实验端子
				12		实验端子
电量保护中央信号				1XD		中央信号
信号公共端	1n			1		
				2		
				3		
				4		
装置闭锁	1n			5		
				6		
运行异常	1n			7		
保护动作	1n			8		
过负荷	1n			9		
电量保护遥信				1YD		遥信
信号公共端	1n			1	JCOM	
				2		

续表

备注	内部接线			端子号	外部接线	接入回路定义
				3		
				4		
装置闭锁	1n			5	J01	
运行异常	1n			6	J02	
保护动作	1n			7	J03	
过负荷	1n			8	J04	
电量录波信号				1LD		
	1n			1	LCOM	
				2		
				3		
	1n			4	L01	保护动作
				5		
用于对时、网络通信				TD		
	1n			1	对时＋	对时＋
				2		
	1n			3	对时－	对时－
				4		
				5		
				6		
				7		
				8		
				9		
				10		
				11		
				12		
				13		
				14		
				15		
				16		
				17		
				18		
				19		
				20		
照明打印电源				JD		交流电源
打印电源（可选）	PP-L			1	L	交流电源火线

备注	内部接线			端子号	外部接线	接入回路定义
			右侧端子排			
照明空开	AK-1	█		2	L	
插座电源（可选）	CZ-L			3	L	
				4		
打印电源（可选）	PP-N			5	N	交流电源零线
照明	LAMP-2			6	N	
插座电源（可选）	CZ-N			7	N	
				8		
打印电源地	PP-E	█		9		接地
铜排	接地	█		10		
				2BD		集中备用
				1		
				2		
				3		
				4		
				5		
				6		
				7		
				8		
				9		
				10		
				11		
				12		
				13		
				14		
				15		
				16		
				17		
				18		
				19		
				20		

直通端子采用厚度 6.2mm、额定截面积 4mm^2 的菲尼克斯或成都瑞联端子；
试验端子采用厚度 8.2mm、额定截面积 6mm^2 的菲尼克斯或成都瑞联端子；
终端堵头采用厚度 10～12mm；
本侧端子排共有直通端子 83 个、试验端子 53 个、终端堵头 12 个；
总体长度约 1081.2mm，满足要求

注 除南瑞继保采用魏德米勒端子外（直通端子厚度 6.1mm、试验端子厚度 7.9mm、终端堵头厚度 10～12mm），其他厂家均按上述要求执行。

3）压板布置见表 3-15。

表 3-15　　　　　　　　　　　　　　压 板 布 置

1CLP1	1CLP2	1CLP3	1CLP4	1CLP5	1CLP6	1KLP1	1KLP2	1KLP3
跳边开关第一组跳圈	跳中开关第一组跳圈	启动边开关失灵	启动中开关失灵	电量跳闸启动远跳一	电量跳闸备用	电抗器保护投退	远方操作投退	检修状态投退
5CLP1	5CLP2	5CLP3	5CLP4	5CLP5	5CLP6	1B2LP7	1B2LP8	1B2LP9
跳边开关第一组跳圈	跳边开关第二组跳圈	跳中开关第一组跳圈	跳中开关第二组跳圈	非电量跳闸启动远跳一	非电量跳闸启动远跳二	备用	备用	备用
5KLP1	5KLP2	5KLP3	5KLP4	5KLP5	5KLP6	5KLP7	5KLP8	5KLP9
远方操作投退	检修状态投退	非电量延时保护投退（选，无此压板厂家改为备用，压板颜色改为驼色）	主抗重瓦斯启动跳闸	主抗压力释放启动跳闸	主抗油温高启动跳闸	主抗绕组过温启动跳闸	小电抗重瓦斯启动跳闸	小电抗压力释放启动跳闸
5KLP10	5KLP11	1B4LP3	1B4LP4	1B4LP5	1B4LP6	1B4LP7	1B4LP8	1B4LP9
小电抗油温高启动跳闸	小电抗绕组过温启动跳闸（选，无此压板厂家改为备用，压板颜色改为驼色）	备用	备用	备用	备用	备用	备用	备用

（2）电量保护单屏布置时。

1）左侧端子排见表 3-16。

表 3-16　　　　　　　　　　　　　　左 侧 端 子 排

左侧端子排						
接入回路定义	外部接线	端子号			内部接线	备注
直流电源		ZD				本屏所有装置直流电源
电量保护 1 装置电源＋	＋BM1	1			1-1DK-*	电量保护 1 空开前
电量保护 2 装置电源＋	＋BM2	2			2-1DK-*	电量保护 2 空开前
非电量保护装置电源＋	＋BM3	3			5DK-*	非电量电量保护空开前
		4				
		5				
电量保护 1 装置电源－	－BM1	6			1-1DK-*	电量保护 1 空开前

续表

接入回路定义	外部接线	端子号			内部接线	备注
左侧端子排						
电量保护 2 装置电源—	—BM2	7			2-2DK-*	电量保护 2 空开前
非电量保护装置电源—	+BM3	8			5DK-*	非电量电量保护空开前
		9				
		10				
强电开入		5QD				非电量装置强电开入回路
		1			5DK-*	非电量电源正端短 7 个端子
		2			5FD2	
		3			5KLP-*	
		4			5n	
		5			5n	
		6			5n	
		7			5n	
		8				
5KLP-*		9			5n	起动跳闸重动
		10			5n	起动跳闸重动
		11			5n	起动跳闸重动
		12			5n	起动跳闸重动
		13				
		14				
		15			5DK-*	
		16			5n	
		17			5n	
接非电量回路		5FD				非电量开入回路
		1			5n	非电量开入公共端
		2			5QD2	
		3				
		4				
		5			5n	A 相主抗重瓦斯跳闸
		6			5n	B 相主抗重瓦斯跳闸
		7			5n	C 相主抗重瓦斯跳闸
		8			5n	A 相主抗压力释放跳闸
		9			5n	B 相主抗压力释放跳闸
		10			5n	C 相主抗压力释放跳闸
		11			5n	A 相主抗油温高（非电量 3 延时）跳闸
		12			5n	B 相主抗油温高（非电量 3 延时）跳闸

续表

接入回路定义	外部接线	端子号			内部接线	备注
		13			5n	C相主抗油温高（非电量3延时）跳闸
		14			5n	A相主抗绕组过温高跳闸
		15			5n	B相主抗绕组过温高跳闸
		16			5n	C相主抗绕组过温高跳闸
		17			5n	A相主抗轻瓦斯信号
		18			5n	B相主抗轻瓦斯信号
		19			5n	C相主抗轻瓦斯信号
		20			5n	A相主抗油位异常信号
		21			5n	B相主抗油位异常信号
		22			5n	C相主抗油位异常信号
		23			5n	A相主抗油温高信号
		24			5n	B相主抗油温高信号
		25			5n	C相主抗油温高信号
		26			5n	A相主抗绕组温高信号
		27			5n	B相主抗绕组温高信号
		28			5n	C相主抗绕组温高信号
		29			5n	A相主抗非电量开入1（可选）
		30			5n	B相主抗非电量开入1（可选）
		31			5n	C相主抗非电量开入1（可选）
		32			5n	A相主抗非电量开入2（可选）
		33			5n	B相主抗非电量开入2（可选）
		34			5n	C相主抗非电量开入2（可选）
		35				
		36			5n	小抗重瓦斯跳闸
		37			5n	小抗压力释放（非电量2A延时）跳闸
		38			5n	小抗油温高跳闸
		39			5n	小抗绕组过温跳闸（非电量4延时）跳闸
		40			5n	小抗轻瓦斯信号
		41			5n	小抗油位异常信号
		42			5n	小抗油温高信号
		43			5n	小抗绕组温高信号
		44			5n	小抗非电量开入1（可选）
出口正段		**5CD**				**非电量跳闸正**
实验端子	101 I	1			5n	非电量保护跳边开关第一组跳圈＋
实验端子	101 II	2			5n	非电量保护跳边开关第二组跳圈＋

接入回路定义	外部接线	端子号			内部接线	备注
左侧端子排						
实验端子	101Ⅰ	3			5n	非电量保护跳中开关第一组跳圈＋
实验端子	101Ⅱ	4			5n	非电量保护跳中开关第二组跳圈＋
实验端子	YT＋	5			5n	非电量保护起动远跳一＋
实验端子	YT＋	6			5n	非电量保护起动远跳二＋
实验端子		7			5n	非电量保护跳闸备用＋
实验端子		8				
出口负段		5KD				非电量跳闸负
实验端子	F33Ⅰ	1			5CLP1-1	非电量保护跳边开关第一组跳圈－
实验端子	F33Ⅱ	2			5CLP2-1	非电量保护跳边开关第二组跳圈－
实验端子	F33Ⅰ	3			5CLP3-1	非电量保护跳中开关第一组跳圈－
实验端子	F33Ⅱ	4			5CLP4-1	非电量保护跳中开关第二组跳圈－
实验端子	YT－	5			5CLP5-1	非电量保护起动远跳一－
实验端子	YT－	6			5CLP6-1	非电量保护起动远跳二－
实验端子		7			5CLP7-1	非电量保护跳闸备用－
实验端子		8				
中央信号		5XD				非电量保护装置中央信号
		1	■		5n	信号公共端
		2	■		5n	
		3	■		5n	
		4	■		5n	
		5				
		6			5n	主抗重瓦斯跳闸
		7			5n	主抗压力释放跳闸
		8			5n	主抗油温高（非电量 3 延时）跳闸
		9			5n	主抗绕组过温跳闸
		10			5n	主抗轻瓦斯信号
		11			5n	主抗油位异常信号
		12			5n	主抗油温高信号
		13			5n	主抗绕组温高信号
		14			5n	主抗非电量开入 1（可选）
		15			5n	主抗非电量开入 2（可选）
		16			5n	小抗重瓦斯跳闸
		17			5n	小抗压力释放（非电量 2 延时）跳闸
		18			5n	小抗油温高跳闸
		19			5n	小抗绕组过温（非电量 4 延时）跳闸

续表

接入回路定义	外部接线	端子号			内部接线	备注
			左侧端子排			
		20			5n	小抗轻瓦斯信号
		21			5n	小抗油位异常信号
		22			5n	小抗油温高信号
		23			5n	小抗绕组温高信号
		24			5n	小抗非电量开入1（可选）
		25			5n	跳闸信号
		26				
		27			5n	装置报警（运行异常，可选）
		28	■		5n	非电量保护装置失电（可选）
		29			5n	装置闭锁（装置故障）
远动信号		5YD				非电量保护装置通信
信号公共端	JCOM	1	■		5n	信号公共端
		2			5n	
		3			5n	
		4			5n	
		5				
	J05	6			5n	主抗重瓦斯跳闸
	J06	7			5n	主抗压力释放跳闸
	J07	8			5n	主抗油温高（非电量3延时）跳闸
	J08	9			5n	主抗绕组过温跳闸
	J09	10			5n	主抗轻瓦斯信号
	J10	11			5n	主抗油位异常信号
	J11	12			5n	主抗油温高信号
	J12	13			5n	主抗绕组温高信号
		14			5n	主抗非电量开入1（可选）
		15			5n	主抗非电量开入2（可选）
	J13	16			5n	小抗重瓦斯跳闸
	J14	17			5n	小抗压力释放（非电量2延时）跳闸
	J15	18			5n	小抗油温高跳闸
	J16	19			5n	小抗绕组过温（非电量4延时）跳闸
	J17	20			5n	小抗轻瓦斯信号
	J18	21			5n	小抗油位异常信号
	J19	22			5n	小抗油温高信号
	J20	23			5n	小抗绕组温高信号
		24			5n	小抗非电量开入1（可选）

71

接入回路定义	外部接线	端子号			内部接线	备注
						左侧端子排
	J21	25			5n	跳闸信号
		26				
	J26	27			5n	装置报警
	J27	28	■		5n	非电量保护装置失电
		29			5n	装置闭锁
录波		**5LD**				**高压侧操作箱录波**
录波公共端	LCOM	1			5n	录波公共端
		2				
		3	■			
		4				
		5				
	L02	6			5n	主抗重瓦斯跳闸
	L03	7			5n	主抗压力释放跳闸
	L04	8			5n	主抗油温高（非电量 3 延时）跳闸
	L05	9			5n	主抗绕组过温跳闸
	L06	10			5n	主抗轻瓦斯信号
	L07	11			5n	主抗油位异常信号
	L08	12			5n	主抗油温高信号
	L09	13			5n	主抗绕组温高信号
		14			5n	主抗非电量开入 1（可选）
		15			5n	主抗非电量开入 2（可选）
	L10	16			5n	小抗重瓦斯跳闸
	L11	17			5n	小抗压力释放（非电量 2 延时）跳闸
	L12	18			5n	小抗油温高跳闸
	L13	19			5n	小抗绕组过温（非电量 4 延时）跳闸
	L14	20			5n	小抗轻瓦斯信号
	L15	21			5n	小抗油位异常信号
	L16	22			5n	小抗油温高信号
	L17	23			5n	小抗绕组温高信号
		24			5n	小抗非电量开入 1（可选）
	L18	25			5n	跳闸出口信号
		26				
		27				
		28				
用于对时、网络通信		**TD**				

接入回路定义	外部接线	端子号			内部接线	备注
	对时＋	1	■		1-1n	对时＋
		2	■		2-1n	
		3	■		5n	
		4				
	对时－	5		■	1-1n	对时－
		6		■	2-1n	
		7		■	5n	
		8				
	＋	9			1-1n	串口1
	－	10			1-1n	
	地	11			1-1n	
		12				
	＋	13			1-1n	串口2
	－	14			1-1n	
	地	15			1-1n	
		16				
	＋	17			2-1n	串口1
	－	18			2-1n	
	地	19			2-1n	
		20				
	＋	21			2-1n	串口2
	－	22			2-1n	
	地	23			2-1n	
		24				
	＋	25			5n	串口1
	－	26			5n	
	地	27			5n	
		28				
	＋	29			5n	串口2
	－	30			5n	
	地	31			5n	
		32				
		1BD				集中备用
		1				
		2				

73

续表

左侧端子排					
接入回路定义	外部接线	端子号		内部接线	备注
		3			
		4			
		5			
		6			
		7			
		8			
		9			
		10			

直通端子采用厚度 6.2mm、额定截面积 4mm² 的菲尼克斯或成都瑞联端子；

试验端子采用厚度 8.2mm、额定截面积 6mm² 的菲尼克斯或成都瑞联端子；

终端堵头采用厚度 10~12mm；

本侧端子排共有直通端子 199 个、试验端子 16 个、终端堵头 10 个；

总体长度约 1475mm，满足要求

注 除南瑞继保采用魏德米勒端子外（直通端子厚度 6.1mm、试验端子厚度 7.9mm、终端堵头厚度 10~12mm），其他厂家均按上述要求执行。

2）右侧端子排见表 3-17。

表 3-17 右 侧 端 子 排

右侧端子排					
备注	内部接线		端子号	外部接线	接入回路定义
保护 1 电压输入			1-UD		
UA	1-1ZKK-*		1	A713	实验端子
UB	1-1ZKK-*		2	B713	实验端子
UC	1-1ZKK-*		3	C713	实验端子
			4		实验端子
UN	1-1UD7		5	N600	实验端子
保护 1 电压输入装置			1-1UD		
UA	1-1ZKK-*	■	1		实验端子
	1-1n		2		实验端子
UB	1-1ZKK-*	■	3		实验端子
	1-1n		4		实验端子
UC	1-1ZKK-*	■	5		实验端子
	1-1n		6		实验端子
UN	1-UD5	■	7		实验端子
	1-1n	■	8		实验端子

续表

右侧端子排					
备注	内部接线			端子号	外部接线	接入回路定义
保护2电压输入				2-UD		
UA	2-1ZKK-*			1	A714	实验端子
UB	2-1ZKK-*			2	B714	实验端子
UC	2-1ZKK-*			3	C714	实验端子
				4		实验端子
UN	2-1UD7			5	N600	实验端子
保护2电压输入装置				2-1UD		
UA	2-1ZKK-*	■		1		实验端子
	2-1n			2		实验端子
UB	2-1ZKK-*		■	3		实验端子
	2-1n		■	4		实验端子
UC	2-1ZKK-*		■	5		实验端子
	2-1n		■	6		实验端子
UN	2-UD5		■	7		实验端子
	2-1n		■	8		实验端子
保护1电流输入				1-1ID		
首段三相电流A相	1-1n			1	A411	实验端子
首段三相电流B相	1-1n			2	B411	实验端子
首段三相电流C相	1-1n			3	C411	实验端子
				4	N411	实验端子
		■		5		实验端子
	1-1n	■		6		实验端子
	1-1n	■		7		实验端子
	1-1n	■		8		实验端子
				9		实验端子
末段三相电流A相	1-1n			10	A461	实验端子
末段三相电流B相	1-1n			11	B461	实验端子
末段三相电流C相	1-1n			12	C461	实验端子
				13	N461	实验端子
		■		14		实验端子
	1-1n	■		15		实验端子
	1-1n	■		16		实验端子
	1-1n	■		17		实验端子
保护2电流输入				2-1ID		
首段三相电流A相	2-1n			1	A4211	实验端子

75

续表

备注	内部接线			端子号	外部接线	接入回路定义
首段三相电流 B 相	2-1n			2	B4211	实验端子
首段三相电流 C 相	2-1n			3	C4211	实验端子
		■		4	N4211	实验端子
	2-1n	■		5		实验端子
	2-1n	■		6		实验端子
	2-1n	■		7		实验端子
				8		实验端子
末段三相电流 A 相	2-1n			9	A4221	实验端子
末段三相电流 B 相	2-1n			10	B4221	实验端子
末段三相电流 C 相	2-1n			11	C4221	实验端子
		■		12	N4221	实验端子
	2-1n	■		13		实验端子
	2-1n	■		14		实验端子
	2-1n	■		15		实验端子
				16		实验端子
电量保护 1 强电输入				**1-1QD**		
正电位	1-1n	■		1	1-1DK-*	
		■		2	1-1FA-*	
		■		3	1-1KLP-*	
				4		
	1-1n		■	5	1-1FA-*	复归
			■	6		
			■	7		
			■	8		
负电位	1-1n	■		9	1-1DK-*	
		■		10	1n	
电量保护 2 强电输入				**2-1QD**		
正电位	2-1n	■		1	2-1DK-*	
		■		2	2-1FA-*	
		■		3	2-1KLP-*	
				4		
	2-1n		■	5	2-1FA-*	复归
			■	6		
			■	7		
			■	8		

续表

右侧端子排						
备注	内部接线			端子号	外部接线	接入回路定义
负电位	2-1n			9	2-1DK-*	
				10		
电量保护1出口回路正端				1-1CD		出口正端
电量保护1跳边开关第一组跳圈＋	1-1n			1	101 I	实验端子
				2		实验端子
电量保护1跳中开关第一组跳圈＋	1-1n			3	101 I	实验端子
				4		实验端子
电量保护1起动边开关失灵＋	1-1n			5	01 I	实验端子
				6		实验端子
电量保护1起动中开关失灵＋	1-1n			7	01 I	实验端子
				8		实验端子
电量保护1起动远跳一＋	1-1n			9	YT1＋	实验端子
				10		实验端子
电量保护1跳闸备用＋	1-1n			11		实验端子
				12		实验端子
电量保护出口回路负端				1-1KD		出口负端
电量保护1跳边开关第一组跳圈一	1-1CLP1-1			1	R33 I	实验端子
				2		实验端子
电量保护1跳中开关第一组跳圈一	1-1CLP2-1			3	R33 I	实验端子
				4		实验端子
电量保护1起动边开关失灵一	1-1CLP3-1			5	QS I	实验端子
				6		实验端子
电量保护1起动中开关失灵一	1-1CLP4-1			7	QS I	实验端子
				8		实验端子
电量保护1起动远跳一一	1-1CLP5-1			9	YT I 一	实验端子
				10		实验端子
电量保护1跳闸备用一	1-1CLP6-1			11		实验端子
				12		实验端子
电量保护2出口回路正端				2-1CD		出口正端
电量保护2跳边开关第二组跳圈＋	2-1n			1	101 II	实验端子
				2		实验端子
电量保护2跳中开关第二组跳圈＋	2-1n			3	101 II	实验端子
				4		实验端子
电量保护2起动边开关失灵＋	2-1n			5	01 II	实验端子
				6		实验端子

续表

备注	内部接线			端子号	外部接线	接入回路定义
			右侧端子排			
电量保护2起动中开关失灵＋	2-1n			7	01Ⅱ	实验端子
				8		实验端子
电量保护2起动远跳二＋	2-1n			9	YTⅡ＋	实验端子
				10		实验端子
电量保护2跳闸备用＋	2-1n			11		实验端子
				12		实验端子
电量保护出口回路负端				2-1KD		出口负端
电量保护2跳边开关第二组跳圈－	2-1CLP1-1			1	R33Ⅱ	实验端子
				2		实验端子
电量保护2跳中开关第二组跳圈－	2-1CLP2-1			3	R33Ⅱ	实验端子
				4		实验端子
电量保护2起动边开关失灵－	2-1CLP3-1			5	QSⅡ	实验端子
				6		实验端子
电量保护2起动中开关失灵－	2-1CLP4-1			7	QSⅡ	实验端子
				8		实验端子
电量保护2起动远跳一－	2-1CLP5-1			9	YTⅡ－	实验端子
				10		实验端子
电量保护2跳闸备用－	2-1CLP6-1			11		实验端子
				12		实验端子
电量保护遥信				1-1YD		遥信
信号公共端	1n			1	Jcom	
				2		
				3		
				4		
装置闭锁	1n			5	J01	
	1n			6		
运行异常	1n			7	J02	
保护动作	1n			8	J03	
过负荷	1n			9	J04	
电量保护遥信				2-1YD		遥信
信号公共端	1n			1	Jcom	
				2		
				3		
				4		
装置闭锁	1n			5	J01	

备注	内部接线			端子号	外部接线	接入回路定义
右侧端子排						
	1n			6		
运行异常	1n			7	J02	
保护动作	1n			8	J03	
过负荷	1n			9	J04	
电量录波信号				1-1LD		
	1n			1	Lcom	
				2		
				3		
	1n			4	L01	保护动作
				5		
电量录波信号				2-1LD		
	1n			1	Lcom	
				2		
				3		
	1n			4	L01	保护动作
				5		
电量保护中央信号				1-1XD		中央信号
信号公共端	1n			1		
				2		
				3		
				4		
装置闭锁	1n			5		
				6		
运行异常	1n			7		
保护动作	1n			8		
过负荷	1n			9		
电量保护中央信号				2-1XD		中央信号
信号公共端	1n			1		
				2		
				3		
				4		
装置闭锁	1n			5		
	1n			6		
运行异常	1n			7		
保护动作	1n			8		

续表

右侧端子排				
备注	内部接线		端子号	外部接线	接入回路定义
过负荷	1n		9		

直通端子采用厚度为 6.2mm、额定截面积为 4mm² 的菲尼克斯或成都瑞联端子；
试验端子采用厚度为 8.2mm、额定截面积为 6mm² 的菲尼克斯或成都瑞联端子；
终端堵头厚度为 10～12mm；
本侧端子排共有直通端子 48 个、试验端子 106 个、终端堵头 20 个；
总体长度约 1343mm

注 除南瑞继保采用魏德米勒端子外（直通端子厚度 6.1mm、试验端子厚度 7.9mm、终端堵头厚度 10～12mm），其他厂家均按上述要求执行。

3）横担布置见表 3-18。

表 3-18　　　　　　　　　　横 担 端 子 排 第 一 排

横担端子排第一排					
备注	内部接线		端子号	外部接线	接入回路定义
照明打印电源			JD		交流电源
打印电源（可选）	PP-L	■	1	L	交流电源火线
照明空开	AK-1	■	2	L	
插座电源（可选）	CZ-L	■	3	L	
			4		
打印电源（可选）	PP-N	■	5	N	交流电源零线
照明	LAMP-2	■	6	N	
插座电源（可选）	CZ-N	■	7	N	
			8		
打印电源地	PP-E	■	9		接地
铜排	接地	■	10		
			2BD		集中备用
			1		
			2		
			3		
			4		
			5		
			6		
			7		
			8		
			9		
			10		

直通端子采用厚度为 6.2mm、额定截面积为 4mm² 的菲尼克斯或成都瑞联端子；
试验端子采用厚度为 8.2mm、额定截面积为 6mm² 的菲尼克斯或成都瑞联端子；
终端堵头厚度为 10～12mm；
本侧端子排共有直通端子 21 个、试验端子 0 个、终端堵头 2 个；
总体长度约 152.2mm

注 除南瑞继保采用魏德米勒端子外（直通端子厚度 6.1mm、试验端子厚度 7.9mm、终端堵头厚度 10～12mm），其他厂家均按上述要求执行。

4）压板布置见表3-19。

表 3-19　　　　　　　　　　　　压 板 布 置

1-1CLP1	1-1CLP2	1-1CLP3	1-1CLP4	1-1CLP5	1-1CLP6	2-1CLP1	2-1CLP2	2-1CLP3
电量保护1跳边开关第一组跳圈	电量保护1跳中开关第一组跳圈	电量保护1启动边开关失灵	电量保护1启动中开关失灵	电量保护1电量跳闸启动远跳一	电量保护1电量跳闸备用	电量保护2跳边开关第二组跳圈	电量保护2跳中开关第二组跳圈	电量保护2启动边开关失灵
2-1CLP4	2-1CLP5	2-1CLP6	5CLP1	5CLP2	5CLP3	5CLP4	5CLP5	5CLP6
电量保护2启动中开关失灵	电量保护2电量跳闸启动远跳一	电量保护2电量跳闸备用	跳边开关第一组跳圈	跳边开关第二组跳圈	跳中开关第一组跳圈	跳中开关第二组跳圈	非电量跳闸启动远跳一	非电量跳闸启动远跳二
1-1KLP1	1-1KLP2	1-1KLP3	2-1KLP1	2-1KLP2	2-1KLP3	1B3LP1	1B3LP2	1B3LP3
高抗电量保护1投入	高抗电量保护1远方操作	高抗电量保护1检修状态	高抗电量保护2投入	高抗电量保护2远方操作	高抗电量保护2检修状态	备用	备用	备用
5KLP1	5KLP2	5KLP3	5KLP4	5KLP5	5KLP6	5KLP7	5KLP8	5KLP9
远方操作投退	检修状态投退	非电量延时保护投退（选，无此压板改备用，颜色改驼色）	主抗重瓦斯启动跳闸	主抗压力释放启动跳闸	主抗油温高启动跳闸	主抗绕组过温启动跳闸	小电抗重瓦斯启动跳闸	小电抗压力释放启动跳闸
5KLP10	5KLP11	1B5LP3	1B5LP4	1B5LP5	1B5LP6	1B5LP7	1B5LP8	1B5LP9
小电抗油温高启动跳闸	小电抗绕组过温启动跳闸（选，无此压板改备用，颜色改驼色）	备用	备用	备用	备用	备用	备用	备用

第五节　500kV 断路器保护

1. 适用范围

本规范中 500kV 断路器保护为常规保护，主接线形式为 3/2 接线。

2. 保护屏（柜）背面端子排设计原则

（1）背面左侧端子排，自上而下依次排列如下。

1）直流电源段（ZD）：本屏（柜）所有装置直流电源；

2）强电开入段（4Q1D）：接收保护第一组跳闸，合闸等开入信号；

3）强电开入段（4Q2D）：接收保护第二组跳闸等开入信号；

4）出口段（4C1D）：至断路器第一组跳、合闸线圈；

5）出口段（4C2D）：至断路器第二组跳闸线圈；

6）保护配合段（4P1D）：与保护 1 配合；

7）保护配合段（4P2D）：与保护 2 配合；

8）保护配合段（4P3D）：与操作箱配合。

（2）背面右侧端子排，自上而下依次排列如下。

1）交流电压段（UD）：外部输入电压（空开前）；

2）交流电压段（3UD）：保护装置输入电压（空开后）；

3）交流电流段（3ID）：保护装置输入电流；

4）强电开入段（3QD）：接收跳、合闸，闭锁重合闸等开入信号；

5）出口正段（3CD）：保护跳闸、启动失灵等正端；

6）出口负段（3KD）：保护跳闸、启动失灵等负端；

7）信号段（1XD）：保护动作、运行异常、装置故障告警等信号；

8）遥信段（1YD）：保护动作、运行异常、装置故障告警、通道告警等信号；

9）录波段（1LD）：保护动作、重合闸动作等信号；

10）网络通信段（TD）：网络通信、打印接线和 IRIG-B（DC）时码对时；

11）交流电源（JD）；

12）集中备用段（2BD）。

（3）背面横担端子排，自左而右依次排列如下。

1）信号段（4XD）：含控制回路断线、电源消失、出口跳闸、压力闭锁等；

2）录波段（1LD）：保护动作、重合闸动作等信号；

3）集中备用段（3BD）。

3. 各厂家差异说明见端子排图

（1）左侧端子排见表 3-20。

表 3-20 　　　　　　　　　　　　　　　 左　侧　端　子　排

左侧端子排					
接入回路定义	外部接线	端子号		内部接线	备注
直流电源		ZD			本屏所有装置直流电源

续表

左侧端子排						
接入回路定义	外部接线	端子号			内部接线	备注
装置电源＋	＋BM	1			3DK-＊	
		2				
第一组控制电源＋	＋KM1	3			4DK1-＊	
第二组控制电源＋	＋KM2	4			4DK2-＊	
		5				
		6				
装置电源－	-BM	7			3DK-＊	
		8				
第一组控制电源－	-KM1	9			4DK1-＊	
第二组控制电源－	-KM2	10			4DK2-＊	
		11				
强电开入		4Q1D				开入
第一组电源正	101（1）	1			4DK1-＊	空开后操作电源正端
第一套母线保护跳闸开入＋		2			4FA-＊	
至第二套保护重合闸＋		3			4n	
至测控公共端＋		4			3CD4	第一套保护重合闸开入
		5			4n	
		6			4n	
第一套保护跳闸		7			4n	
		8			3CD1	
		9			4n	
		10				
		11				
		12				
不起动重合闸起动失灵		13			4n	TJR
		14			4n	
		15				
不起动重合闸不起动失灵		16			4n	TJF
		17				
		18				
		19			4n	
		20				
第一组跳闸A相开入	3KD1	21			4n	
		22				
		23				

续表

左侧端子排						
接入回路定义	外部接线	端子号			内部接线	备注
第一组跳闸 B 相开入	3KD2	24	■		4n	
		25	■			
		26				
第一组跳闸 C 相开入	3KD3	27		■	4n	
		28		■		
		29		■		
		30		■		
重合闸开入	3KD5	31		■	4n	
		32		■		
手动合闸命令		33		■	4n	
		34		■	4n	
		35		■	4n	
		36				
手动分闸命令		37		■	4n	
		38		■	4n	
		39				
复归	4FA-2	40		■	4n	
		41		■		
压力低禁止操作		42			4n	
		43				
压力低禁止分闸		44			4n	
压力低禁止合闸		45			4n	
压力低禁止重合		46			4n	
		47				
空开后第一组控制电源－		48	■		4DK1-﹡	
至机构第一组控制电源－	102I	49	■		4n	
		50	■		4n	
		51	■		4P3D20	
		52		■	4n	防跳短接电源负端（四方厂家专用）
		53		■	4n	51-52 之间加隔片
		54		■	4n	
4Q2D						
第一组电源正	4DK2-﹡	1		■	4n	
		2		■	4FA-﹡	
		3		■	4n	

续表

左侧端子排						
接入回路定义	外部接线	端子号			内部接线	备注
		4			4n	
		5			4n	
		6			4n	
		7			3CD6	
		8				
		9				
		10				
		11				
		12				
不起动重合闸起动失灵		13			4n	TJR
		14			4n	
		15				
不起动重合闸不起动失灵		16			4n	TJF
		17				
		18				
		19			4n	
		20				
第二组跳闸 A 相开入	3KD7	21			4n	
		22				
		23				
第二组跳闸 B 相开入	3KD8	24			4n	
		25				
		26				
第二组跳闸 C 相开入	3KD9	27			4n	
		28				
		29				
		30				
复归	4FA-*	31			4n	
		32				
		33				
第二组电源－	4DK2-*	34			4n	
		35			4n	
		36			4n	
出口		4C1D				出口
A 相合位监视		1			4n	试验端子

续表

左侧端子排						
接入回路定义	外部接线	端子号			内部接线	备注
A 相跳闸回路	37A	2		■	4n	试验端子
B 相合位监视		3	■		4n	试验端子
B 相跳闸回路	37B	4	■		4n	试验端子
C 相合位监视		5		■	4n	试验端子
C 相跳闸回路	37C	6		■	4n	试验端子
		7				试验端子
A 相跳位监视	05A	8			4n	试验端子
A 相合闸回路	07A	9		■	4n	试验端子
A 相不经防跳（可选）		10		■	4n	试验端子
B 相跳位监视	05B	11			4n	试验端子
B 相合闸回路	07B	12		■	4n	试验端子
B 相不经防跳（可选）		13			4n	试验端子
C 相跳位监视	05C	14			4n	试验端子
C 相合闸回路	07C	15		■	4n	试验端子
C 相不经防跳（可选）		16		■	4n	试验端子
出口		4C2D				出口
A 相合位监视		1		■	4n	试验端子
A 相跳闸回路		2		■	4n	试验端子
B 相合位监视		3	■		4n	试验端子
B 相跳闸回路		4	■		4n	试验端子
C 相合位监视		5		■	4n	试验端子
C 相跳闸回路		6		■	4n	试验端子
配合段		4P1D				
去线路一主一保护公共端		1		■	4n	
去线路一主一保护公共端		2		■	4n	
去线路一主一保护公共端		3	■		4n	
		4				
去线路一主一保护 A 相分位		5			4n	
去线路一主一保护 B 相分位		6			4n	
去线路一主一保护 C 相分位		7			4n	
		8				
去线路二主一保护公共端		9	■		4n	
去线路二主一保护公共端		10	■		4n	
去线路二主一保护公共端		11	■		4n	
		12				

续表

左侧端子排					
接入回路定义	外部接线	端子号		内部接线	备注
去线路二主一保护A相分位		13		4n	
去线路二主一保护B相分位		14		4n	
去线路二主一保护C相分位		15		4n	
		16			
断路器第三组分位公共端		17	■	4n	
		18	■	4n	
		19	■	4n	
		20			
断路器第三组A相分位		21		4n	
断路器第三组B相分位		22		4n	
断路器第三组C相分位		23		4n	
		24			
断路器第一组三相分位＋		25		4n	
		26			
断路器第一组三相分位－		27		4n	
		28			
保护三跳＋		29		4n	
		30			
保护三跳－		31		4n	
		32			
配合段		4P2D			
去线路一主二保护公共端		1	■	4n	
去线路一主二保护公共端		2	■	4n	
去线路一主二保护公共端		3	■	4n	
		4			
去线路一主二保护A相分位		5		4n	
去线路一主二保护B相分位		6		4n	
去线路一主二保护C相分位		7		4n	
		8			
去线路二主二保护公共端		9	■	4n	
去线路二主二保护公共端		10	■	4n	
去线路二主二保护公共端		11	■	4n	
		12			
去线路二主二保护A相分位		13		4n	
去线路二主二保护B相分位		14		4n	

续表

接入回路定义	外部接线	端子号			内部接线	备注
左侧端子排						
去线路二主二保护 C 相分位		15			4n	
		16				
断路器第三组分位公共端		17		■	4n	
断路器第三组分位公共端		18		■	4n	
断路器第三组分位公共端		19		■	4n	
		20				
断路器第三组 A 相分位		21			4n	
断路器第三组 B 相分位		22			4n	
断路器第三组 C 相分位		23			4n	
		24				
断路器第一组三相分位＋		25			4n	
		26				
断路器第一组三相分位－		27			4n	
		28				
保护三跳＋		29			4n	
		30				
保护三跳－		31			4n	
		32				
配合段		4P3D				
分位公共端	3QD1	1		■	4n	
		2		■	4n	
		3		■	4n	
		4				
A 相分位	3QD9	5			4n	
B 相分位	3QD10	6			4n	
C 相分位	3QD11	7			4n	
		8				
TJR	3QD29	9			4CLP1-1	
闭锁重合闸	3QD13	10			4n	
		11				
压力低闭锁重合闸	3QD16	12			4n	
		13				
测控绿灯（分位）	136	14	■		4n	TWJA 开出节点
		15	■		4n	TWJB 开出节点
		16	■		4n	TWJC 开出节点

续表

左侧端子排					
接入回路定义	外部接线	端子号		内部接线	备注
		17			
测控红灯（合位）	106	18		4n	HWJ 三相串接
		19			
测控红绿灯公共端一	102I	20	■	4Q1D49	
		21		4n	
		22			

直通端子采用厚度 6.2mm、额定截面积 4mm² 的菲尼克斯或成都瑞联端子；
试验端子采用厚度 8.2mm、额定截面积 6mm² 的菲尼克斯或成都瑞联端子；
终端堵头厚度 10～12mm；
本侧端子排共有直通端子 182 个、试验端子 22 个、终端堵头 8 个；
总体长度约 1396.8mm

注　除南瑞继保采用魏德米勒端子外（直通端子厚度 6.1mm、试验端子厚度 7.9mm、终端堵头厚度 10～12mm），其他厂家均按上述要求执行。

（2）右侧端子排见表 3-21。

表 3-21　　　　　　　　　　　　　右侧端子排

右侧端子排						
备注	内部接线			端子号	外部接线	接入回路定义
交流电压				UD		交流电压
试验端子	3ZKK1-1	■		1	A714	支路1交流电压 A 相
试验端子		■		2		
试验端子	3ZKK1-3		■	3	B714	支路1交流电压 B 相
试验端子			■	4		
试验端子	3ZKK1-5		■	5	C714	支路1交流电压 C 相
试验端子			■	6		
试验端子	3UD4		■	7	N600	支路1交流电压 N 相
试验端子			■	8		
试验端子	3UD5	■		9	N600	支路2交流电压 N 相
试验端子				10		
试验端子	3ZKK2-1	■		11	A715	支路2交流电压 A 相
试验端子		■		12		
交流电压				3UD		交流电压
试验端子	3n			1	3ZKK1-2	
试验端子	3n			2	3ZKK1-4	
试验端子	3n			3	3ZKK1-6	

续表

右侧端子排					
备注	内部接线		端子号	外部接线	接入回路定义
试验端子	3n		4	UD7	
试验端子	3n		5	UD9	
试验端子	3n		6	3ZKK2-2	
交流电流			3ID		交流电流
试验端子	3n		1	A4131	交流电流 A
试验端子	3n		2	B4131	交流电流 B
试验端子	3n		3	C4131	交流电流 C
试验端子	3n		4	N4131	交流电流 N
试验端子	3n	■	5		
试验端子	3n	■	6		
试验端子	3n	■	7		
试验端子	3n	■	8		
			3QD		
	3n	■	1	3DK＋＊	装置电源＋（空开后）
	3KLP1-1		2		
	4P3D1		3		
			4		
			5		
			6		
			7		
			8		
	3n		9	4P3D5	TWJ A
			10	4P3D6	TWJ B
			11	4P3D7	TWJ C
			12		
	3n	■	13	4P3D10	闭锁重合闸开入
			14		
			15		
	3n		16	4P3D12	压力低闭锁重合闸
	3n	■	17		TA
			18		
			19		
			20		
	3n	■	21		TB
			22		

续表

右侧端子排						
备注	内部接线			端子号	外部接线	接入回路定义
		■		23		
				24		
	3n	■		25		TC
				26		
		■		27		
				28		
	3n			29	4P3D9	保护三跳
				30		
				31		
	3n		■	32	3DK-*	装置电源一（空开后）
			■	33		
保护出口＋				3CD		出口
试验端子	3n	■		1	4Q1D8	第一组跳闸公共端
试验端子	3n	■		2		
试验端子	3n	■		3		
试验端子	3n			4	4Q1D4	重合闸出口公共端
试验端子				5		
试验端子	3n		■	6	4Q2D7	第二组跳闸公共端
试验端子			■	7		
试验端子				8		
试验端子	3n			9	SL1＋	失灵跳闸一＋
试验端子	3n			10	SL2＋	失灵跳闸二＋
试验端子	3n			11	SL3＋	失灵跳闸三＋
试验端子	3n			12	SL4＋	失灵跳闸四＋
试验端子	3n			13	SL5＋	失灵跳闸五＋
试验端子	3n			14	SL6＋	失灵跳闸六＋
试验端子	3n			15	SL7＋	失灵跳闸七＋
试验端子	3n			16	SL8＋	失灵跳闸八＋
试验端子	3n			17	SL9＋	失灵跳闸九＋
试验端子	3n			18	SL10＋	失灵跳闸十＋
试验端子				19		
试验端子				20		
保护出口－				3KD		出口
试验端子	4Q1D19			1	3CLP1-1	第一组跳闸 A 相出口
试验端子	4Q1D22			2	3CLP2-1	第一组跳闸 B 相出口

备注	内部接线		端子号	外部接线	接入回路定义
			右侧端子排		
试验端子	4Q1D25		3	3CLP3-1	第一组跳闸 C 相出口
试验端子			4		
试验端子	4Q1D29		5	3CLP4-1	重合闸出口
试验端子			6		
试验端子	4Q2D19		7	3CLP5-1	第二组跳闸 A 相出口
试验端子	4Q2D22		8	3CLP6-1	第二组跳闸 B 相出口
试验端子	4Q2D25		9	3CLP7-1	第二组跳闸 C 相出口
试验端子			10		
试验端子			11		
试验端子	3CLP8-1		12	SL1—	失灵跳闸一—
试验端子	3CLP9-1		13	SL2—	失灵跳闸二—
试验端子	3CLP10-1		14	SL3—	失灵跳闸三—
试验端子	3CLP11-1		15	SL4—	失灵跳闸四—
试验端子	3CLP12-1		16	SL5—	失灵跳闸五—
试验端子	3CLP13-1		17	SL6—	失灵跳闸六—
试验端子	3CLP14-1		18	SL7—	失灵跳闸七—
试验端子	3CLP15-1		19	SL8—	失灵跳闸八—
试验端子	3CLP16-1		20	SL9—	失灵跳闸九—
试验端子	3CLP17-1		21	SL10—	失灵跳闸十一—
试验端子			20		
试验端子			21		
中央信号			3XD		
	3n		1		遥信公共端
	3n		2		
			3		
			4		
	3n		5		装置故障（闭锁）
	3n		6		装置故障 2（闭锁 2，四方专用）
	3n		7		装置告警（异常）
	3n		8		保护跳闸出口
	3n		9		重合闸出口
远方信号			3YD		
	3n		1	JCOM	遥信公共端
	3n		2		
			3		

备注	内部接线			端子号	外部接线	接入回路定义
						右侧端子排
				4		
	3n			5	J01	装置故障（闭锁）
	3n			6		装置故障2（闭锁2，四方专用）
	3n			7	J02	装置告警（异常）
	3n			8	J03	保护动作
	3n			9		
	3n			10		
	3n			11	J04	重合闸出口
				12		
录波信号				3LD		线路1录波
	3n			1	LCOM	录波公共端
	3n			2		
				3		
	3n			4	L01	保护动作
	3n			5	L02	重合闸出口
用于对时、网络通信				TD		网络通信
	1n			1	对时＋	B码对时＋
				2		
	1n			3	对时－	B码对时－
				4		
				5		
				6		
				7		
				8		
				9		
				10		
				11		
				12		
				13		
				14		
				15		
				16		
				17		
				18		
				19		

续表

备注	内部接线			端子号	外部接线	接入回路定义
右侧端子排						
备注	内部接线			端子号	外部接线	接入回路定义
				20		
				21		
				22		
照明打印电源				**JD**		**交流电源**
打印电源（可选）	PP-L	■		1	L	交流电源火线
照明空开	AK-1			2	L	
插座电源（可选）	CZ-L			3	L	
				4		
打印电源（可选）	PP-N	■		5	N	交流电源零线
照明	LAMP-2			6	N	
插座电源（可选）	CZ-N			7	N	
				8		
打印电源地	PP-E	■		9		接地
铜排	接地	■		10		
				2BD		**集中备用**
				1		
				2		
				3		
				4		
				5		
				6		
				7		
				8		
				9		
				10		

直通端子采用厚度为 6.2mm、额定截面积为 4mm^2 的菲尼克斯或成都瑞联端子；

试验端子采用厚度为 8.2mm、额定截面积为 6mm^2 的菲尼克斯或成都瑞联端子；

终端堵头厚度为 10～12mm；

本侧端子排共有直通端子 101 个、试验端子 67 个、终端堵头 12 个；

总体长度约 1307.6mm，满足要求

注 除南瑞继保采用魏德米勒端子外（直通端子厚度 6.1mm、试验端子厚度 7.9mm、终端堵头厚度 10～12mm），其他厂家均按上述要求执行。

（3）横担端子排见表 3-22。

表 3-22 横 担 端 子 排

横担端子排						
接入回路定义	外部接线	端子号			内部接线	备注
信号		4XD				
信号公共端	JCOM	1		■	4n	
		2		■	4n	
		3		■	4n	
		4				
第一组控制回路断线	J05	5			4n	
第二组控制回路断线	J06	6			4n	
第一组电源断线	J07	7			4n	
第二组电源断线	J08	8			4n	
第一组出口跳闸	J09	9			4n	
第二组出口跳闸	J10	10			4n	
重合闸	J11	11			4n	
事故总	J12	12			4n	
压力低禁止跳闸	J13	13			4n	
压力低禁止重合	J14	14			4n	
压力低禁止合闸	J15	15			4n	
压力低禁止操作	J16	16			4n	
		17				
断路器跳位＋		18			4n	
断路器跳位－		19			4n	
录波 1		4LD				
录波 1 公共端	Lcom	1	■		4n	
		2	■			
		3	■			
		4	■			
		5				
A 相跳闸	L03	6			4n	
B 相跳闸	L04	7			4n	
C 相跳闸	L05	8			4n	
第一组三相跳闸	L06	9	■		4n	
		10	■		4n	
第二组三相跳闸	L07	11		■	4n	
		12		■	4n	
重合闸	L08	13			4n	
备用段		BD				

横担端子排					
接人回路定义	外部接线	端子号		内部接线	备注
		1			
		2			
		3			
		4			
		5			
		6			

　　直通端子采用厚度 6.2mm、额定截面积 4mm² 的菲尼克斯或成都瑞联端子；试验端子采用厚度 8.2mm、额定截面积 6mm² 的菲尼克斯或成都瑞联端子；终端堵头厚度 10～12mm；

　　本侧端子排共有直通端子 38 个、试验端子 0 个、终端堵头 3 个；总体长度约 268.6mm

注　除南瑞继保采用魏德米勒端子外（直通端子厚度 6.1mm、试验端子厚度 7.9mm、终端堵头厚度 10～12mm），其他厂家均按上述要求执行。

　　（4）压板布置见表 3-23。

表 3-23　　　　　　　　**压　板　布　置**

3CLP1	3CLP2	3CLP3	3CLP4	3CLP5	3CLP6	3CLP7	3CLP8	3CLP9
A 相跳闸出口一	B 相跳闸出口一	C 相跳闸出口一	重 合 闸出口	A 相跳闸出口二	B 相跳闸出口二	C 相跳闸出口二	失灵跳闸	失 灵跳闸
3CLP10	3CLP11	3CLP12	3CLP13	3CLP14	3CLP15	3CLP16	3CLP17	1B2LP9
失灵跳闸	失灵跳闸	失灵跳闸	失灵跳闸	失灵跳闸	失灵跳闸	失灵跳闸	失灵跳闸	备用
4CLP1	1B3LP2	1B3LP3	1B3LP4	1B3LP5	1B3LP6	1B3LP7	1B3LP8	1B3LP9
三跳不启重合启失灵	备用	备用	备用	备用	备用	备用	备用	备用
3KLP1	3KLP2	3KLP3	3KLP4	1B4LP5	1B4LP6	1B4LP7	1B4LP8	1B4LP9
充电过流保护投退	停 用 重合闸	远方操作投退	检修状态投退	备用	备用	备用	备用	备用

第四章　220kV常规保护端子排

第一节　220kV 线路保护

1. 适用范围

本规范中 220kV 线路保护为常规保护线路保护，主接线形式为双母线接线，通道形式为光纤通道，双重化配置。线路保护、重合闸和操作箱两面屏（柜）方案。

2. 保护屏（柜）背面端子排设计原则

（1）左侧端子排，自上而下依次排列如下。

1）直流电源段（ZD）：本屏（柜）所有装置直流电源均取自该段；

2）强电开入段（4QD）：接收跳、合闸，重合闸压力闭锁等开入信号；

3）出口段（4CD）：跳、合本断路器；

4）保护配合段（4PD）：与保护配合；

5）信号段（1XD）：保护动作、重合闸动作、运行异常、装置故障告警等信号；

6）信号段（4XD）：含控制回路断线、电源消失、保护跳闸、事故音响等；

7）信号段（7XD）：电压切换信号；

8）遥信段（1YD）：保护动作、重合闸动作、运行异常、装置故障告警等信号；

9）集中备用段（1BD）。

（2）右侧端子排，自上而下依次排列如下。

1）交流电压段（7UD）：外部输入电压及切换后电压；

2）交流电压段（1UD）：保护装置输入电压；

3）交流电流段（1ID）：保护装置输入电流；

4）强电开入段（1QD）：跳闸位置触点 TWJa、TWJb、TWJc；

5）强电开入段（7QD）：用于电压切换；

6）出口正段（1CD）：保护跳闸、启动失灵、启动重合闸等正端；

7）出口负段（1KD）：保护跳闸、启动失灵、启动重合闸等负端；

8）录波段（1LD）：保护动作、重合闸动作；

9）录波段（4LD）：分相跳闸、三相跳闸、重合闸触点；

10）网络通信段（TD）：网络通信、打印接线和 IRIG-B（DC）时码对时；

11）交流电源（JD）；

12）集中备用段（2BD）；

13）集中备用段（2BD）。

3. 各厂家差异说明

（1）操作箱防跳的取消差异。

由于目前均采用断路器的防跳回路，操作箱防跳回路应隔离，所以各厂家在图纸中均将各自的防跳回路取消。取消防跳回路有三种形式：第一种是以在 4Q1D 端子排上将防跳继电器与第一组操作负电源断开的形式取消；第二种是以在 4C1D 端子排上用负电将合闸回路上的防跳继电器辅助节点直接短接掉；第三种是同时采用第一种和第二种取消防跳的方法。

根据各厂家的图纸可知，南自采用第一种取消防跳的方式，国电南瑞、南瑞及继保、许继、深瑞均采用第二种取消防跳的方式，四方采用第三种取消防跳的方式。

（2）合后位 HHJ 开出差异。

四方无 4P1D 端子排上的合后位 HHJ-开出，其他五大厂家均有该开出，深瑞无 4P2D 端子排上的合后位 HHJ-开出，其他五大厂家均有该开出。

（3）装置失电信号差异。

国电南瑞无 1XD 端子排上的装置失电中央信号，且无 1YD 端子排上的装置失电遥信信号；南瑞继保无 1YD 端子排上的装置失电遥信信号，其余厂家均有该装置失电信号。

（4）三相跳闸 TJF 差异。

国电南瑞无 4LD 端子排上第一组三相跳闸（TJF）、第二组三相跳闸（TJF）录波信号，深瑞无第二组三相跳闸（TJF）录波信号，其余厂家均有上述信号。

（5）弱电开入差异。

四方与南自均有弱电开入 1RD 端子排，位于保护屏柜的横档，其中四方的弱电开入 1RD 端子排包含信号复归、装置告警中央信号、装置告警遥信开入，南自的弱电开入 1RD 端子排包含信号复归开入，其余厂家均无弱电开入端子排。

4．端子排图

（1）第一套（A套）保护。

1）左侧端子排见表 4-1。

表 4-1 左 侧 端 子 排

左侧端子排						
接入回路定义	外部接线	端子号			内部接线	备注
直流电源		ZD				空开前直流
装置电源＋	＋BM	1			1DK-＊	
		2				
第一组控制电源＋	＋KM1	3			4DK1－＊	
第二组控制电源＋	＋KM2	4			4DK2－＊	
		5				
		6				
装置电源－	－BM	7			1DK－＊	
		8				
第一组控制电源－	－KM1	9			4DK1－＊	
第二组控制电源－	－KM2	10			4DK2－＊	
强电开入		4Q1D				操作箱第一组开入
至机构第一组控制电源＋	101I	1			4DK1－＊	空开后第一组控制电源＋
操作箱复归＋		2			4FA1－＊	
		3			4n	
		4			4n	
		5			4n	
		6			4n	
至 B 屏保护重合闸＋	101I	7			1CD1	A套保护跳闸
至测控公共端＋	101I	8			1CD2	A套保护重合闸开入
A套母线保护跳闸开入＋	101I	9			1CD8	A套保护非全相跳闸
		10				
启失灵启重合开入 TJQ－		11			4n	
		12				
A套母线保护跳闸开入 TJR－	R133I	13			4n	
		14				
		15				
		16				
A套保护非全相跳闸开入 TJF－	1KD11	17			4n	
		18				

续表

左侧端子排						
接入回路定义	外部接线	端子号			内部接线	备注
		19	■			
		20				
A 套保护 A 相跳闸开入		21	■		1KD1	
		22	■		4n	
		23				
A 套保护 B 相跳闸开入		24	■		1KD2	
		25			4n	
		26	■			
A 套保护 C 相跳闸开入		27	■		1KD3	
		28			4n	
		29				
A 套保护重合闸开入		30	■		1KD4	
B 套保护重合闸开入	3	31			4n	
		32				
手动合闸开入	103	33	■		4n	
		34	■			
		35				
手动分闸开入	133	36	■		4n	
		37				
		38				
操作箱复归		39	■		4FA1	
		40	■		4n	
		41				
压力低禁止操作	J03	42			4n	
		43				
压力低禁止分闸	J04	44			4n	
压力低禁止合闸	J05	45			4n	
压力低禁止重合	J06	46			4n	
		47				
空开后第一组控制电源一		48	■		4DK1一＊	
至机构第一组控制电源一	102I	49			4n	
		50			4n	
		51			4P3D13	
		52	■			
A 相经操作箱防跳		53		■	4n	52 与 53 之间加隔片

续表

左侧端子排					
接入回路定义	外部接线	端子号		内部接线	备注
B 相经操作箱防跳		54		4n	
C 相经操作箱防跳		55		4n	
强电开入		4Q2D		操作箱第二组开入	
空开后第二组控制电源＋		1		4DK2－＊	
至机构第二组控制电源＋	101Ⅱ	2		4FA－＊	操作箱复归＋
		3		4n	
		4		4n	
B 套母线保护跳闸开入＋	101Ⅱ	5		4n	
B 套保护跳闸开入公共端＋	101Ⅱ	6			
B 套保护非全相跳闸开入＋	101Ⅱ	7			
		8			
启失灵、启重合开入 TJQ－		9		4n	
		10			
B 套母线保护跳闸开入 TJR－	R133Ⅱ	11		4n	
		12			
		13			
		14			
B 套保护非全相跳闸开入 TJF－	F133Ⅱ	15		4n	
		16			
		17			
		18			
B 套保护 A 相跳闸开入	133AⅡ	19		4n	
		20			
		21			
B 套保护 B 相跳闸开入	133BⅡ	22			
		23			
		24			
B 套保护 C 相跳闸开入	133CⅡ	25		4n	
		26			
		27			
操作箱复归		28		4FA2	
		29		4n	
		30			
空开后第二组控制电源－		31		4DK2	
至机构第二组控制电源－	102Ⅱ	32		4n	

续表

接入回路定义	外部接线	端子号			内部接线	备注
		33				
出口		4C1D				操作箱第一组出口
A 相跳闸回路监视		1			4n	
A 相至机构跳闸	137AI	2			4n	
B 相跳闸回路监视		3			4n	
B 相至机构跳闸	137BI	4			4n	
C 相跳闸回路监视		5			4n	
C 相至机构跳闸	137CI	6			4n	
		7				
A 相合闸回路监视	105A	8			4n	
A 相至机构合闸	107A	9			4n	
		10			4n	与 4C1D9 短接取消防跳
B 相合闸回路监视	105B	11			4n	
B 相至机构合闸	107B	12			4n	
		13			4n	与 4C1D12 短接取消防跳
C 相合闸回路监视	105C	14			4n	
C 相至机构合闸	107C	15			4n	
		16			4n	与 4C1D15 短接取消防跳
出口		4C2D				操作箱第二组出口
A 相跳闸回路监视		1			4n	
A 相至机构跳闸	137AII	2			4n	
B 相跳闸回路监视		3			4n	
B 相至机构跳闸	137BII	4			4n	
C 相跳闸回路监视		5			4n	
C 相至机构跳闸	137CII	6			4n	
保护配合		4P1D				与第1套线路保护配合
第一组公共端＋	1QD2	1			4n	
		2			4n	
		3			4n	
		4			4n	
		5				
		6				
TWJA 开出节点		7			4n	
TWJB 开出节点		8			4n	
TWJC 开出节点		9			4n	

续表

左侧端子排						
接入回路定义	外部接线	端子号			内部接线	备注
其他保护 TJR 开出（A 套保护）	1QD17	10			4n	
其他保护 TJQ 开出		11			4n	
闭锁重合闸（A 套保护）	1QD21	12			4n	
低气压闭锁重合闸（A 套保护）	1QD24	13			4n	
合后 HHJ－		14			4n	
三相跳位 TWJ＋		15			4n	
三相跳位 TWJ－		16			4n	
保护配合		4P2D				与第 2 套线路保护配合
第二组公共端＋		1			4n	
至 B 屏保护开出公共端＋	01Ⅱ	2			4n	
		3			4n	
		4			4n	
		5			4n	
		6				
TWJA 开出节点		7			4n	
TWJB 开出节点		8			4n	
TWJC 开出节点		9			4n	
其他保护 TJR 开出（B 套保护）	03Ⅱ	10			4n	
其他保护 TJQ 开出		11			4n	
闭锁重合闸开出（B 套保护）	05Ⅱ	12			4n	
低气压闭锁重合闸（B 套保护）	07Ⅱ	13			4n	
合后 HHJ－		14			4n	
三相跳位 TWJ＋		15			4n	
三相跳位 TWJ－		16			4n	
保护配合		4P3D				测控及母线启失灵备用配合
第一组三跳启失灵＋		1			4n	
第二组三跳启失灵＋		2			4n	
		3				
第一组三跳启失灵－		4			4n	
第二组三跳启失灵－		5			4n	
		6				
测控绿灯（分位）	106	7			4n	TWJA 开出节点
		8			4n	TWJB 开出节点
		9			4n	TWJC 开出节点
		10				

续表

接入回路定义	外部接线	端子号		内部接线	备注
			左侧端子排		
测控红灯（合位）	136	11		4n	HWJ 三相串接
		12			
测控红绿灯公共端—	102I	13		4Q1D51	
		14		4n	
信号		1XD			保护信号
公共端+	Jcom	1		1n	
		2		1n	
		3		4XD3	
		4			
保护跳闸		5		1n	
重合闸		6		1n	
装置异常（运行异常）		7		1n	含 TA、TV 断线告警
装置故障（闭锁）		8		1n	
失电（电源）		9		1n	
信号		4XD			操作箱信号
测控信号公共端+		1		4n	
		2		4n	
		3		1XD3	
		4		7XD1	
		5			
		6			
事故总		7		4n	
第一组跳闸出口		8		4n	
第二组跳闸出口		9		4n	
重合闸出口		10		4n	
第一组控制回路断线		11		4n	
第二组控制回路断线		12		4n	
第一组控制电源消失		13		4n	
第二组控制电源消失		14		4n	
压力低禁止合闸		15		4n	
压力低禁止分闸		16		4n	
非全相运行		17		4n	
信号		7XD			切换信号
电压切换遥信公共端+	4XD4	1		4n	
	1YD1	2		4n	

续表

左侧端子排						
接入回路定义	外部接线	端子号			内部接线	备注
		3				
切换继电器同时动作		4			4n	
切换继电器电源消失		5			4n	
遥信		1YD				保护遥信
遥信公共端＋	7XD2	1			1n	
		2			1n	
		3				
		4				
		5				
		6				
保护跳闸		7			1n	
重合闸		8			1n	
通道一告警		9			1n	
通道二告警		10			1n	
装置异常（运行异常）		11			1n	含 TA、TV 断线告警
装置故障（闭锁）		12			1n	
失电（电源）		13			1n	
集中备用		1BD				
		1				
		2				
		3				
		4				
		5				
		6				
		7				
		8				
		9				
		10				

直通端子采用厚度为 6.2mm、额定截面积为 4mm^2 的菲尼克斯或成都瑞联端子；
试验端子采用厚度为 8.2mm、额定截面积为 6mm^2 的菲尼克斯或成都瑞联端子；
终端堵头厚度为 10～12mm；
本侧端子排共有直通端子 195 个、试验端子 22 个、终端堵头 14 个；
总体长度约 1557.4mm，满足要求

注　除南瑞继保采用魏德米勒端子外（直通端子厚度 6.1mm、试验端子厚度 7.9mm、终端堵头厚度 10～12mm），其他
　　厂家均按上述要求执行。

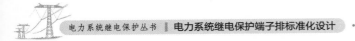
2）右侧端子排见表 4-2。

表 4-2 　　　　　　　　　　　　　　　右 侧 端 子 排

备注	内部接线			端子号	外部接线	外部接入回路定义
右侧端子排						
电压切换及空开前电压				7UD		交流电压
	4n			1	A630EI	220kVⅠ母 A 相电压
	4n			2	B630EI	220kVⅠ母 B 相电压
	4n			3	C630EI	220kVⅠ母 C 相电压
				4		
	4n			5	A640EI	220kVⅡ母 A 相电压
	4n			6	B640EI	220kVⅡ母 B 相电压
	4n			7	C640EI	220kVⅡ母 C 相电压
				8		
	4n	■		9	A720	至测控 A 相电压（切换后）
	1ZKK1			10		
				11		
	4n	■		12	B720	至测控 B 相电压（切换后）
	1ZKK3			13		
				14		
	4n	■		15	C720	至测控 C 相电压（切换后）
	1ZKK5			16		
				17		
	1UD4	■		18	N600	至 TV 测控屏 220kV N600
				19	N600	至测控中性点 N600
				20		
空开后电压及线路电压				1UD		交流电压
	1n			1	1ZKK2	UA
	1n			2	1ZKK4	UB
	1n			3	1ZKK6	UC
	1n	■		4	7UD18	UN
				5		
				6		
	1n	■		7	N600	线路电压 UX'
				8	N600	至 B 屏线路电压 UX'
				9	N600	至测控线路电压 UX'
				10		
	1n	■		11	A609	线路电压 UX
				12	A609	至 B 屏线路电压 UX
				13	A609	至测控线路电压 UX

续表

右侧端子排						
备注	内部接线			端子号	外部接线	外部接入回路定义
保护用电流				1ID		交流电流
	1n			1	A411	保护 A 相电流 IA
	1n			2	B411	保护 B 相电流 IB
	1n			3	C411	保护 C 相电流 IC
	1n			4	N411	保护 IN 电流
	1n			5		IA′
	1n			6		IB′
	1n			7		IC′
	1n			8		IN′
保护装置开入				1QD		强电开入
空开后正电	1DK＊			1	7QD1	
	1n			2	4P1D1	
	1n			3	21	至机构箱开入公共端＋
	1KLP1-1			4		压板开入公共端＋
	1FA			5		复归＋
				6		
	1n			7	113A	机构箱 A 相跳位
				8		
				9		
	1n			10	113B	机构箱 B 相跳位
				11		
				12		
	1n			13	113C	机构箱 C 相跳位
				14		
				15		
	1n			16		
	4P1D10			17		其他保护 TJR 开入－
	1n			18		远传 2
				19		
	1n			20		
	4P1D12			21		闭锁重合闸
				22		
	1n			23		低气压闭锁重合闸
	4P1D13			24		
				25		

续表

备注	内部接线			端子号	外部接线	外部接入回路定义
右侧端子排						
	1n			26		复归
				27		
				28		
	1n			29	1DK＊	空开后负电
	1n			30		开入公共端一
	7QD8			31		
				32		
切换开入				7QD		强电开入
	1QD1			1		切换电源＋
				2	101	切换公共端＋
				3		
	4n			4	161A	Ⅰ母刀闸常开
				5		
	4n			6	163A	Ⅱ母刀闸常开
				7		
	1QD31			8		切换电源一
	4n			9		
保护出口＋				1CD		出口
	1n			1	4Q1D7	A套保护分相跳闸＋
	1n			2	4Q1D8	A套保护重合闸＋
				3		
	1n			4		闭锁重合闸＋
				5		
	1n			6	01MA	启动失灵公共端＋
				7		
	1n			8	4Q1D9	非全相跳闸＋
				9		
	1n			10		备用跳闸＋
保护出口一				1KD		出口
	1CLP1-1			1	4Q1D21	跳A
	1CLP2-1			2	4Q1D24	跳B
	1CLP3-1			3	4Q1D27	跳C
	1CLP4-1			4	4Q1D30	重合
	1CLP6-1			5		闭锁重合闸一
				6		

续表

右侧端子排					
备注	内部接线			端子号	外部接线	外部接入回路定义
	1SLP1-1			7	QSA1	启动 A 相失灵—
	1SLP2-1			8	QSB1	启动 B 相失灵—
	1SLP3-1			9	QSC1	启动 C 相失灵—
				10		
	1CLP5-1			11	4Q1D17	非全相跳闸—
				12		
	1CLP7-1			13		备用跳 A
	1CLP8-1			14		备用跳 B
	1CLP9-1			15		备用跳 C
保护录波				1LD		录波
	1n			1	LCOM	录波公共端＋
	1n			2	4LD1	
	1n			3		
				4		
	1n			5	L01	A 相保护动作
	1n			6	L02	B 相保护动作
	1n			7	L03	C 相保护动作
	1n			8	L04	重合闸
	1n			9	L05	远传
	1n			10	L06	通道一告警
	1n			11	L07	通道二告警
操作箱录波				4LD		录波
	4n			1	1LD1	录波公共端＋
	4n			2		
	4n			3		
				4		
	4n			5	L08	A 相保护动作
	4n			6	L09	B 相保护动作
	4n			7	L10	C 相保护动作
	4n			8	L11	第一组三相跳闸（TJR）
	4n			9	L12	第一组三相跳闸（TJF）
	4n			10	L13	第二组三相跳闸（TJR）
	4n			11	L14	第二组三相跳闸（TJF）
	4n			12	L15	重合闸
				TD		网络通信

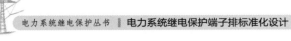

续表

备注	内部接线			端子号	外部接线	外部接入回路定义
			右侧端子排			
对时正、负采用 TD1、TD3 端子	5n			1		对时＋
	5n			2		屏蔽地
	5n			3		对时一
	5n			4		
	5n			5		
	5n			6		
	5n			7		
	5n			8		
	5n			9		
	5n			10		
	5n			11		
	5n			12		
	5n			13		
	5n			14		
	5n			15		
	5n			16		
	5n			17		
	5n			18		
	5n			19		
	5n			20		
	5n			21		
				JD		交流电源
打印电源（可选）	PP-L			1	L	交流电源火线
照明空开	AK-1			2	L	
插座电源（可选）	CZ-L			3	L	
				4		
打印电源（可选）	PP-N			5	N	交流电源零线
照明	LAMP-2			6	N	
插座电源（可选）	CZ-N			7	N	
				8		
打印电源地	PP-E			9		接地

续表

右侧端子排						
备注		内部接线			端子号	外部接线	外部接入回路定义
铜排		接地	■		10		
					2BD		集中备用
					1		
					2		
					3		
					4		
					5		
					6		
					7		
					8		
					9		
					10		

直通端子采用厚度为 6.2mm、额定截面积为 4mm^2 的菲尼克斯或成都瑞联端子；

试验端子采用厚度为 8.2mm、额定截面积为 6mm^2 的菲尼克斯或成都瑞联端子；

终端堵头厚度为 10～12mm；

本侧端子排共有直通端子 106 个、试验端子 66 个、终端堵头 13 个；

总体长度约 1354.4mm，满足要求

注 除南瑞继保采用魏德米勒端子外（直通端子厚度 6.1mm、试验端子厚度 7.9mm、终端堵头厚度 10～12mm），其他厂家均按上述要求执行。

3）压板布置见表 4-3。

表 4-3 压 板 布 置

1CLP1	1CLP2	1CLP3	1CLP4	1CLP5	1CLP6	1CLP7	1CLP8	1CLP9
A 相跳闸出口	B 相跳闸出口	C 相跳闸出口	重合闸出口	备用（三相不一致跳闸出口）	备用（闭锁重合闸）	备用（A 相跳闸）	备用（B 相跳闸）	备用（C 相跳闸）
1SLP1	1SLP2	1SLP3	1BLP1	1BLP2	1BLP3	1BLP4	1BLP5	1BLP6
A 相失灵启动	B 相失灵启动	C 相失灵启动	备用	备用	备用	备用	备用	备用
1KLP1	1KLP2	1KLP3	1KLP4	1KLP5	1BLP7	1BLP8	1KLP6	1KLP7
光纤差动通道一投退	光纤差动通道二投退	距离保护投退	零序过流保护投退	停用重合闸投退	备用	备用	远方操作投退	检修状态投退

（2）第二套（B套）保护。

1）左侧端子排见表 4-4。

表 4-4 　　　　　　　　　　　　　　　**左 侧 端 子 排**

左侧端子排					
接入回路定义	外部接线	端子号		内部接线	备注
直流电源		ZD			空开前直流
装置电源＋	＋BM	1		1DK-＊	
		2			
		3			
		4			
装置电源－	－BM	5		1DK-＊	
		6			
信号		1XD			保护信号
遥信公共端＋	Jcom	1		1n	
	7XD1	2		1n	
		3			
		4			
保护跳闸		5		1n	
重合闸		6		1n	
装置异常（运行异常）		7		1n	含 TA、TV 断线告警
装置故障（闭锁）		8		1n	
失电（电源）		9		1n	
信号		7XD			切换信号
电压切换遥信公共端＋	1XD2	1		7n	
	1YD1	2			
		3			
切换继电器同时动作		4		7n	
切换继电器电源消失		5		7n	
遥信		1YD			保护遥信
遥信公共端＋	7XD2	1		1n	
		2		1n	
		3			
		4			
		5			
		6			
保护跳闸		7		1n	
重合闸		8		1n	

左侧端子排					
接入回路定义	外部接线	端子号		内部接线	备注
通道一告警		9		1n	
通道二告警		10		1n	
装置异常（运行异常）		11		1n	含 TA、TV 断线告警
装置故障（闭锁）		12		1n	
失电（电源）		13		1n	
集中备用		1BD			
		1			
		2			
		3			
		4			
		3			
		4			
		5			
		6			
		7			
		8			
		9			
		10			

直通端子采用厚度为 6.2mm、额定截面积为 $4mm^2$ 的菲尼克斯或成都瑞联端子；
试验端子采用厚度为 8.2mm、额定截面积为 $6mm^2$ 的菲尼克斯或成都瑞联端子；
终端堵头采用厚度为 10～12mm；
本侧端子排共有直通端子 44 个、试验端子 0 个、终端堵头 7 个；
总体长度约 356.8mm，满足要求

注　除南瑞继保采用魏德米勒端子外（直通端子厚度 6.1mm、试验端子厚度 7.9mm、终端堵头厚度 10～12mm），其他厂家均按上述要求执行。

2）右侧端子排见表 4-5。

表 4-5　　　　　　　　　　右 侧 端 子 排

右侧端子排					
备注	内部接线			端子号	外部接线	外部接入回路定义
电压切换及空开前电压				7UD		交流电压
	7n			1	A630EII	220kV Ⅰ母 A 相电压
	7n			2	B630EII	220kV Ⅰ母 B 相电压
	7n			3	C630EII	220kV Ⅰ母 C 相电压
				4		

续表

备注	内部接线			端子号	外部接线	外部接入回路定义
					右侧端子排	
	7n			5	A640EII	220kV Ⅱ 母 A 相电压
	7n			6	B640EII	220kV Ⅱ 母 B 相电压
	7n			7	C640EII	220kV Ⅱ 母 C 相电压
				8		
	7n	■		9		切换后 A 相电压
	1ZKK-1			10		
				11		
	7n	■		12		切换后 B 相电压
	1ZKK-3			13		
				14		
	7n	■		15		切换后 C 相电压
	1ZKK-5			16		
				17		
	1UD5	■		18	N600	至 TV 测控屏 220kV N600
				19		
				20		
空开后电压及线路电压				1UD		交流电压
	1n			1	1ZKK-2	UA
	1n			2	1ZKK-4	UB
	1n			3	1ZKK-6	UC
	1n	■		4		UN
	7UD18			5		
				6		
	1n	■		7	N600	至 A 屏线路电压 UX'
				8		
				9		
				10		
	1n	■		11	A609	至 A 屏线路电压 UX
				12		
				13		
保护用电流				1ID		交流电流
	1n			1	A421	保护 A 相电流 IA
	1n			2	B421	保护 B 相电流 IB
	1n			3	C421	保护 C 相电流 IC
	1n			4	N421	保护 IN 电流

续表

备注	内部接线			端子号	外部接线	外部接入回路定义
			右侧端子排			
	1n			5	A422	录波 A 相电流
	1n			6	B422	录波 B 相电流
	1n			7	C422	录波 C 相电流
	1n			8	N422	录波 IN 电流
保护装置开入				1QD		强电开入
空开后正电	1DK-*			1	7QD1	
	1n			2	01Ⅱ	至保护屏 A 操作箱 4P2D 公共端＋
	1n			3	21	至机构箱公共端开入＋
	1KLP1-1			4		压板开入公共端＋
	1FA-*			5		复归＋
				6		
	1n			7	213A	机构箱 A 相跳位
				8		
				9		
	1n			10	213B	机构箱 B 相跳位
				11		
				12		
	1n			13	213C	机构箱 C 相跳位
				14		
				15		
	1n			16	03Ⅱ	其他保护 TJR 开入－
	1n			17		远传 2
				18		
				19		
	1n			20	05Ⅱ	闭锁重合闸
				21		
				22		
	1n			23	07Ⅱ	低气压闭锁重合闸
				24		
				25		
	1n			26		复归－
				27		
				28		
	1n			29	1DK-*	空开后负电－
	1n			30		开入公共端－

续表

备注	内部接线			端子号	外部接线	外部接入回路定义
右侧端子排						
	7QD8			31		
				32		
切换开入				7QD		强电开入
	1QD1			1		切换电源＋
				2	201	切换公共端＋
				3		
	7n			4	261A	Ⅰ母刀闸常开
				5		
	7n			6	263A	Ⅱ母刀闸常开
				7		
	1QD31			8		切换电源－
	7n			9		公共端－
保护出口＋				1CD		出口
	1n			1	101Ⅱ	至 A 屏 4Q2D2 跳闸公共端＋
	1n			2	101Ⅰ	至 A 屏 4Q1D7 重合闸公共端＋
				3		
	1n			4		闭锁重合闸＋
				5		
	1n			6	01MB	启动失灵公共端＋
				7		
	1n			8	101Ⅱ	至 A 屏 4Q2D2 非全相跳闸＋
				9		
	1n			10		备用跳闸＋
保护出口－				1KD		出口
	1CLP1-1			1	133AⅡ	至 A 屏 4Q2D19 A 相跳闸－
	1CLP2-1			2	133BⅡ	至 A 屏 4Q2D22 B 相跳闸－
	1CLP3-1			3	133CⅡ	至 A 屏 4Q2D25 C 相跳闸－
	1CLP4-1			4		至 A 屏 4Q1D31 重合闸出口－
	1CLP6-1			5		闭锁重合闸－
				6		
	1SLP1-1			7	QSA2	启动 A 相失灵－
	1SLP2-1			8	QSB2	启动 B 相失灵－
	1SLP3-1			9	QSC2	启动 C 相失灵－
				10		
	1CLP5-1			11	F133Ⅱ	至 A 屏 4Q2D15 非全相跳闸－

续表

备注	内部接线			端子号	外部接线	外部接入回路定义
右侧端子排						
				12		
	1CLP7-1			13		备用跳 A
	1CLP8-1			14		备用跳 B
	1CLP9-1			15		备用跳 C
保护录波				1LD		录波
	1n			1	LCOM	录波公共端＋
	1n			2		
	1n			3		
				4		
	1n			5	L01	A 相保护动作
	1n			6	L02	B 相保护动作
	1n			7	L03	C 相保护动作
	1n			8	L04	重合闸
	1n			9	L05	远传
	1n			10	L06	通道一告警
	1n			11	L07	通道二告警
				TD		网络通信
对时正、负采用 TD1、TD3 端子	5n			1		对时＋
	5n			2		屏蔽地
	5n			3		对时－
	5n			4		
	5n			5		
	5n			6		
	5n			7		
	5n			8		
	5n			9		
	5n			10		
	5n			11		
	5n			12		
	5n			13		
	5n			14		
	5n			15		
	5n			16		
	5n			17		
	5n			18		

右侧端子排					
备注	内部接线			端子号	外部接线	外部接入回路定义
	5n			19		
	5n			20		
	5n			21		
				22		
				JD		**交流电源**
打印电源（可选）	PP-L			1	L	交流电源火线
照明空开	AK-1			2	L	
插座电源（可选）	CZ-L			3	L	
				4		
打印电源（可选）	PP-N			5	N	交流电源零线
照明	LAMP-2			6	N	
插座电源（可选）	CZ-N			7	N	
				8		
打印电源地	PP-E			9		接地
铜排	接地			10		
				2BD		**集中备用**
				1		
				2		
				3		
				4		
				5		
				6		
				7		
				8		
				9		
				10		

直通端子采用厚度为 6.2mm、额定截面积为 4mm^2 的菲尼克斯或成都瑞联端子；

试验端子采用厚度为 8.2mm、额定截面积为 6mm^2 的菲尼克斯或成都瑞联端子；

终端堵头采用厚度为 10~12mm；

本侧端子排共有直通端子 94 个、试验端子 65 个、终端堵头 12 个；

总体长度约 1259.8mm，满足要求

注 除南瑞继保采用魏德米勒端子外（直通端子厚度 6.1mm、试验端子厚度 7.9mm、终端堵头厚度 10~12mm），其他厂家均按上述要求执行。

3）压板布置见表 4-6。

表 4-6　　　　　　　　　　　　　压　板　布　置

1CLP1	1CLP2	1CLP3	1CLP4	1CLP5	1CLP6	1CLP7	1CLP8	1CLP9
A 相跳闸出口	B 相跳闸出口	C 相跳闸出口	重合闸出口	备用（三相不一致跳闸出口）	备用（闭锁重合闸）	备用（A 相跳闸）	备用（B 相跳闸）	备用（C 相跳闸）
1SLP1	1SLP2	1SLP3	1BLP1	1BLP2	1BLP3	1BLP4	1BLP5	1BLP6
A 相失灵启动	B 相失灵启动	C 相失灵启动	备用	备用	备用	备用	备用	备用
1KLP1	1KLP2	1KLP3	1KLP4	1KLP5	1BLP7	1BLP8	1KLP6	1KLP7
光纤差动通道一投退	光纤差动通道二投退	距离保护投退	零序过流保护投退	停用重合闸投退	备用	备用	远方操作投退	检修状态投退

第二节　220kV 变压器保护

1. 适用范围

本规范中 220kV 变压器保护为常规高中低三侧的变压器保护，主接线形式为高压侧、中压侧双母线接线，低压侧单母线分段接线、单分支，双重化配置。

2. 保护屏（柜）背面端子排设计原则

（1）组屏（柜）方案。

1）变压器保护 1 屏（A 屏）：变压器保护 1＋高压侧电压切换箱 1＋中压侧电压切换箱 1；

2）变压器保护 2 屏（B 屏）：变压器保护 2＋高压侧电压切换箱 2＋中压侧电压切换箱 2；

3）变压器辅助屏（C 屏）：非电量保护＋高压侧操作箱＋中压侧操作箱＋低压操作箱。

（2）变压器保护 1 屏（A 屏）、2 屏（B 屏）端子排设计原则。

1）屏（柜）背面右侧端子排，自上而下依次排列如下。

a) 直流电源段（ZD）：本屏（柜）所有装置直流电源均取自该段；

b) 强电开入段（1-7QD）：用于高压侧电压切换；

c) 强电开入段（2-7QD）：用于中压侧电压切换；

d) 强电开入段（1QD）：变压器高压侧断路器失灵保护开入、中压侧断路器失灵保护开入；

e) 出口正段（1CD）：保护出口回路正端；

f) 出口负段（1KD）：保护出口回路负端；

g）遥信段（1-7YD）：高压侧电压切换信号；

h）信号段（2-7YD）：中压侧电压切换信号；

i）信号段（1XD）：保护动作、过负荷、运行异常、装置故障告警等信号；

j）遥信段（1YD）：保护动作、过负荷、运行异常、装置故障告警等信号；

k）录波段（1LD）：保护动作信号；

l）网络通信段（TD）：网络通信、打印接线和 IRIG-B（DC）时码对时；

m）集中备用段（1BD）。

2）背面右侧端子排，自上而下依次排列如下。

a）交流电压段（1-7UD）：高压侧外部输入电压及切换后电压；

b）交流电压段（2-7UD）：中压侧外部输入电压及切换后电压；

c）交流电压段（U3D）：低压 1 分支外部输入电压；

d）交流电压段（1U1D）：保护装置高压侧输入电压；

e）交流电压段（1U2D）：保护装置中压侧输入电压；

f）交流电压段（1U3D）：保护装置低压 1 分支输入电压；

g）交流电流段（1I1D）：按高压侧 Ih1a、Ih1b、Ih1c、Ih1n，高压侧零序 Ih0、Ih0′，高压侧间隙 Ihj、Ihj′排列；

h）交流电流段（1I2D）：按中压侧 Ima、Imb、Imc、Imn，中压侧零序 Im0、Im0′，中压侧间隙 Imj、Imj′排列；

i）交流电流段（1I3D）：按低压电流 Ila、Ilb、Ilc、Iln 排列；

j）交流电源段（JD）；

k）集中备用段（2BD）。

（3）变压器保护 3 屏（C 屏）端子排设计原则。

1）背面左侧端子排，自上而下依次排列如下。

a）直流电源段（ZD）：本屏（柜）所有装置直流电源均取自该段；

b）强电开入段（2-4QD）：中压侧接收保护跳闸、合闸等开入信号；

c）出口段（2-4CD）：至中压侧断路器跳、合闸线圈；

d）保护配合段（2-4PD）：与中压侧备自投配合；

e）信号段（2-4XD）：中压侧控制回路断线、保护跳闸、事故音响等；

f）强电开入段（1-4Q1D）：高压侧接收第一套保护跳闸、非电量保护跳闸，合闸等开入信号（高压双断路器时无此段）；

g）强电开入段（1-4Q2D）：高压侧接收第二套保护跳闸、非电量保护跳闸等开入信号（高压双断路器时无此段）；

h）出口段（1-4C1D）：至高压侧断路器第一组跳、合闸线圈（高压双断路器时无此段）；

i）出口段（1-4C2D）：至高压侧断路器第二组跳闸线圈（高压双断路器时无此段）；

j）保护配合段（1-4PD）：与高压备自投配合；

k）信号段（1-4XD）：含控制回路断线、电源消失、保护跳闸、事故音响等；

l）录波段（1-4LD）：分相跳闸和三相跳闸触点（高压双断路器时无此段）；

m）集中备用段（1BD）。

2）背面右侧端子排，自上而下依次排列如下。

a）强电开入段（3-4QD）：低压1分支接收保护跳闸，合闸等开入信号；

b）出口段（3-4CD）：至低压1分支断路器跳、合闸线圈；

c）保护配合段（3-4PD）：与低压1分支备自投配合；

d）信号段（3-4XD）：低压1分支控制回路断线、保护跳闸、事故音响等；

e）强电开入段（5QD）：非电量保护装置直流电源；

f）出口正段（5CD）：非电量保护出口回路正端；

g）出口负段（5KD）：非电量保护出口回路负端；

h）信号段（5XD）：非电量保护动作、非电量运行异常、非电量装置故障告警等信号；

i）遥信段（5YD）：非电量保护动作、非电量运行异常、非电量装置故障告警等信号；

j）录波段（5LD）：作用于跳闸的非电量保护信号；

k）网络通信段（TD）：网络通信、打印接线和IRIG-B（DC）时码对时；

l）交流电源段（JD）；

m）集中备用段（2BD）。

3. 各厂家差异说明

（1）南瑞科技。

1）A/B屏左侧1QD12/13，"装置复归"端子无内部接线，装置采用弱电开入。

2）A/B屏左侧1YD11，"装置失电告警"端子无内部接线。

3）A/B屏端子排增加了装置弱电开入段1RD，包含复归、装置压板开入、高压侧失灵联跳开入等端子。

4）C 屏左侧 2-4QD12，增加 TJR 跳闸重动接点。

5）C 屏左侧 2-4QD21/22，"复归开入"端子无内部接线，采用弱电复归开入。

6）C 屏左侧 2-4XD 段，2-4XD7"中压侧保护跳闸出口"、2-4XD9"中压侧控制电源失电"无内部接线。

（2）南瑞继保。

1）C 屏左侧 2-4QD21/22，"复归开入"端子无内部接线，采用弱电复归开入。

2）C 屏左侧 2-4CD5 端子，"不经操作箱防跳合闸"无内部接线。装置默认经操作箱防跳操作箱，不经操作箱防跳需要插件焊线。

3）C 屏左侧 2-4XD 段，2-4XD7"中压侧保护跳闸出口"无内部接线。

4）C 屏左侧 1-4LD 段，1-4LD10/11"中压侧跳闸"，1-4LD12/13"低压侧跳闸"无内部接线。

5）C 屏右侧 3-4QD21/22，"复归开入"端子无内部接线，采用弱电复归开入。

6）C 屏右侧 3-4CD5 端子，"不经操作箱防跳合闸"无内部接线。装置默认经操作箱防跳操作箱，不经操作箱防跳需要插件焊线。

7）C 屏右侧 5-FD 段，5-FD23"非电量发信备用 1"、5-FD24"非电量发信备用 2"无内部接线。

8）C 屏右侧 5-YD 段，5-YD22"非电量发信备用 1"、5-YD23"非电量发信备用 2"无内部接线。

（3）国电南自。

1）A/B 屏端子排增加了装置弱电开入段 1RD，包含复归端子。

2）C 屏左侧 2-4CD6 端子，"经操作箱防跳合闸"无内部接线。装置默认不经操作箱防跳，经操作箱防跳需要更改内部接线（装置内短接 LX1、LX2 可取消压力闭锁；短接 LX3、断开 LX4 可取消防跳）。

3）C 屏左侧 3-4CD6 端子，"经操作箱防跳合闸"无内部接线。装置默认不经操作箱防跳，经操作箱防跳需要更改内部接线。

4）C 屏右侧 5-FD 段，定义了预留端子 5-FD25/26 为"冷却器全停延时出口"并配有 3 根内部接线。

（4）北京四方。

1）A/B 屏左侧 1QD12/13，"装置复归"端子无内部接线，装置采用弱电开入。

2）A/B屏左侧1YD11，"装置失电告警"端子无内部接线。

3）A/B屏端子排增加了装置弱电开入段1RD，包含复归端子。

4）C屏左侧2-4QD26，"压力降低禁止跳闸"端子无内部接线。

5）C屏左侧增加2-4QD35端子，定义为中压侧"操作箱经防跳"负电源接点。

6）C屏左侧增加1-4QD4端子，定义为高压侧"操作箱经防跳"负电源接点。

7）C屏左侧1-4LD段，1-4LD10/11"中压侧跳闸"、1-4LD12/13"低压侧跳闸"，端子无内部接线。

8）C屏右侧增加3-4QD30端子，定义为低压侧"操作箱经防跳"负电源接点。

9）C屏右侧3-4XD6，"低压侧控制电源失电"端子无内部接线。

10）C屏右侧5QD11，非电量"复归"端子无内部接线。

11）C屏右侧5XD5，"装置运行异常（可选）"端子无内部接线。

12）C屏右侧5YD24，"装置运行异常（可选）"端子无内部接线。

（5）许继电气。

1）A/B屏右侧JD1/5/9，打印机电源未从此端子接。

2）C屏左侧1-4Q1D23，标准图中为空端子，因装置内部"手合/遥合"输出引线有3根（分别对应1-4n108"压力降低禁止合闸"、1-4n109"压力降低禁止重合闸"、1-4n605"合后继电器"），导致1-4Q1D21/22两个端子不够，从而占用一个空端子。

3）C屏右侧JD1/5/9，打印机电源未从此端子接。

（6）长园深瑞。

1）C屏左侧2-4QD21/22，"中压侧信号复归开入"端子无内部接线，无复归开入。

2）C屏左侧2-4CD2端子，装置"合位监视"与"跳闸回路"内部接线已连接，共用一个端子输出。

3）左侧2-4XD段，2-4XD7"中压侧保护跳闸出口"、2-4XD9"中压侧控制电源失电"无内部接线。

4）C屏左侧1-4Q1D段，1-4Q1D18"第一组非电量跳高压侧TJF"端子因有两根配线，导致5KD1的引线只能接在外侧端子。

5）C屏左侧1-4Q1D27/28，"高压侧第一组信号复归开入"端子无内部接线，无复归开入。

6）C屏左侧1-4Q2D段，1-4Q2D16"第二组非电量跳高压侧TJF"端子因有两根配线，导致 5KD2 的引线只能接在外侧端子。

7）C 屏左侧 1-4Q2D19/20，"高压侧第二组信号复归开入"端子无内部接线，无复归开入。

8）C 屏左侧 1-4XD8"高压侧第一组跳闸出口"、1-4XD9"高压侧第二组跳闸出口"端子无内部接线。

9）C 屏左侧 1-4LD 段，1-4LD10/11"中压侧跳闸"，1-4LD12/13"低压侧跳闸"无内部接线。

10）C 屏右侧 3-4QD21/22，"低压侧信号复归开入"端子无内部接线，无复归开入。

11）C 屏右侧 3-4CD2 端子，装置"合位监视"与"跳闸回路"内部接线已连接，共用一个端子输出。

12）C 屏右侧 5-FD 段，5-FD24"非电量发信备用 2"无内部接线。

13）C 屏右侧 5-XD 段，5-XD7"装置电源失电"无内部接线，可与 5-YD6"装置故障告警"合并发信。

14）C 屏右侧 5-YD 段，5-YD23"非电量发信备用 2"无内部接线，5-YD26"装置电源失电"无内部接线采用与 5-YD25"装置故障告警"同时发信。

4．端子排图

（1）变压器保护 A/B 屏左侧端子排见表 4-7。

表 4-7　　　　　　　　　　　　变压器保护 A/B 屏左侧端子排

左侧端子排						
接入回路定义	外部接线	端子号			内部接线	备注
直流电源		ZD				本屏（柜）所有装置直流电源
装置电源＋	＋BM	1			1DK-*	空开前
		2				
		3				
		4				
装置电源－	－BM	5			1DK-*	空开前
		6				
强电开入		1-7QD				用于高压侧电压切换
切换公共端	101QA	1			1-QD4	
		2			7n	
		3				

续表

左侧端子排						
接入回路定义	外部接线	端子号			内部接线	备注
高压侧Ⅰ母刀闸常开	161A	4			7n	
		5				
高压侧Ⅱ母刀闸常开	163A	6			7n	
		7				
切换负电源端	102QA	8			1-QD17	
		9			7n	
强电开入		2-7QD				用于中压侧电压切换
切换公共端	201QB	1			1-QD5	
		2			7n	
		3				
中压侧Ⅰ母刀闸常开	261A	4			7n	
		5				
中压侧Ⅱ母刀闸常开	263A	6			7n	
		7				
切换负电源端	202QB	8			1-QD18	
		9			7n	
强电开入		1QD				用于装置强电开入
装置电源＋	1	1DK-*				光耦公共＋
		2			1FA-*	
		3			1KLP-1	
		4			1-7QD1	
		5			2-7QD1	
		6			1n	
		7			1n	
		8				
主变压器高压侧失灵联跳开入		9			1n	
		10				
		11				
复归（可选）		12			1n	
		13			1FA-*	
		14				
装置电源－		15			1DK-*	5个负端子并接
光耦公共－		16			1n	
		17			1-7QD8	
		18			2-7QD8	

续表

接入回路定义	外部接线	端子号		内部接线	备注
left 左侧端子排					
		19	■		
出口正段		1CD			保护出口回路正端
跳高压侧断路器出口1+		1		1n	试验端子
跳高压侧断路器出口2+		2		1n	试验端子
跳高压侧母联（分段）出口1+		3		1n	试验端子
跳高压侧母联（分段）出口2+		4		1n	试验端子
跳高压侧母联（分段）出口3+		5		1n	试验端子
解除高压侧失灵保护电压闭锁+		6		1n	试验端子
启动高压侧失灵保护1+		7		1n	试验端子
		8			
跳中压侧断路器出口+		9		1n	试验端子
跳中压侧母联（分段）出口1+		10		1n	试验端子
跳中压侧母联（分段）出口2+		11		1n	试验端子
跳中压侧母联（分段）出口3+		12		1n	试验端子
闭锁中压侧备自投出口+		13		1n	试验端子
		14			
跳低压侧（1分支）断路器出口+		15		1n	试验端子
跳低压侧分段1断路器出口+			16	1n	试验端子
跳低压侧分段2断路器（备用）+		17		1n	试验端子
闭锁低压侧备自投1（备用）+		18		1n	试验端子
闭锁低压侧备自投2（备用）+			19	1n	试验端子
备用1+		20		1n	试验端子
备用2+		21		1n	试验端子
备用3+		22		1n	试验端子
出口负段		1KD			保护出口回路负端
跳高压侧断路器出口1-		1		1C1LP1-1	试验端子
跳高压侧断路器出口2-		2		1C1LP2-1	试验端子
跳高压侧母联（分段）出口1-		3		1C1LP3-1	试验端子
跳高压侧母联（分段）出口2-		4		1C1LP4-1	试验端子
跳高压侧母联（分段）出口3-		5		1C1LP5-1	试验端子
解除高压侧失灵保护电压闭锁-		6		1S1LP6-1	试验端子
启动高压侧失灵保护1-		7		1S1LP7-1	试验端子
		8			
跳中压侧断路器出口-		9		1C2LP1-1	试验端子
跳中压侧母联（分段）出口1-		10		1C2LP2-1	试验端子

续表

左侧端子排					
接入回路定义	外部接线	端子号		内部接线	备注
跳中压侧母联（分段）出口 2—		11		1C2LP3-1	试验端子
跳中压侧母联（分段）出口 3—		12		1C2LP4-1	试验端子
闭锁中压侧备自投出口—		13		1C2LP5-1	试验端子
		14			试验端子
跳低压侧（1 分支）断路器出口—		15		1C3LP1-1	试验端子
跳低压侧分段 1 断路器出口—		16		1C3LP2-1	试验端子
跳低压侧分段 2 断路器（备用）—		17		1C3LP3-1	试验端子
闭锁低压侧备自投 1（备用）		18		1C3LP4-1	试验端子
闭锁低压侧备自投 2（备用）—		19		1C3LP5-1	试验端子
备用 1—		20		1C3LP6-1	试验端子
备用 2—		21		1C3LP7-1	试验端子
备用 3—		22		1C3LP8-1	试验端子
切换遥信		1-7YD			高压侧切换箱信号
遥信公共端	JCOM	1		7n	
		2		7n	
		3			
切换继电器同时动作	J21A	4		7n	
回路断线或直流消失	J22A	5		7n	或者 PT 失压
切换遥信		2-7YD			中压侧切换箱信号
遥信公共端	JCOM	1		7n	
		2		7n	
		3			
切换继电器同时动作	J23B	4		7n	
回路断线或直流消失	J24B	5		7n	或者 PT 失压
装置遥信		1XD			中央信号
信号公共端	JCOM	1		1n	
	1YD1	2			
		3			
		4			
保护动作	J01A	5		1n	
装置遥信		1YD			遥信信号
遥信公共端	1XD2	1		1n	
		2		1n	
		3		1n	
		4		1n	

续表

接入回路定义	外部接线	端子号			内部接线	备注
左侧端子排						
		5	■			
		6				
保护动作	J06A	7			1n	
过负荷告警	J07A	8			1n	
装置运行异常	J08A	9			1n	保护闭锁、TA、TV 断线
装置故障告警	J09A	10			1n	同类信号进行合并
装置失电告警（可选）	J10A	11			1n	同类信号进行合并
电量保护录波		1LD				录波
录波公共端	LCOM	1	■		1n	
		2	■			
		3				
保护动作（电量）	L01A	4			1n	
网络通信		TD				网络通信
对时＋	B＋	1			1n	对时正、负采用 TD1、TD8 端子
屏蔽地		2			1n	
对时－	B－	3			1n	
		4				
		5			1n	（可选）
		6			1n	（可选）
		7			1n	（可选）
		8				（可选）
		9			1n	（可选）
		10			1n	（可选）
		11			1n	（可选）
		12				（可选）
		13				（可选）
		14				（可选）
		15			1n	（可选）
		16			1n	（可选）
		17			1n	（可选）
		18			1n	（可选）
		19			1n	（可选）
		20			1n	（可选）
		21			1n	（可选）
		22			1n	（可选）

左侧端子排						
接入回路定义	外部接线	端子号			内部接线	备注
集中备用		1BD				
		1				
		2				
		3				
		4				
		5				
		6				
		7				
		8				
		9				
		10				

直通端子采用：厚度 6.2mm，额定截面 $4mm^2$，菲尼克斯或成都瑞联端子；
试验端子采用：厚度 8.2mm，额定截面 $6mm^2$，菲尼克斯或成都瑞联端子；
终端堵头采用：厚度 10～12mm；
本侧端子排共有：直通端子 105 个、试验端子 44 个、终端堵头 13 个；
总体长度约 1232.8mm，满足要求

注　除南瑞继保采用魏德米勒端子外（直通端子厚度 6.1mm、试验端子厚度 7.9mm、终端堵头厚度 10～12mm），其他厂家均按上述要求执行。

（2）变压器保护 A/B 屏右侧端子排见表 4-8。

表 4-8　　　　　　　　　　　　变压器保护 A/B 屏右侧端子排

右侧端子排						
备注	内部接线			端子号	外部接线	接入回路定义
外部输入电压及切换后电压				1-7UD		高压侧电压切换
试验端子	7n			1	A630 E I	220kV I 母 A 相电压
试验端子	7n			2	B630 E I	220kV I 母 B 相电压
试验端子	7n			3	C630 E I	220kV I 母 C 相电压
试验端子	7n			4	L630 E	220kV I 母零序电压
试验端子				5		
试验端子	7n			6	A640 E I	220kV II 母 A 相电压
试验端子	7n			7	B640 E I	220kV II 母 B 相电压
试验端子	7n			8	C640 E I	220kV II 母 C 相电压
试验端子	7n			9	L640 E	220kV II 母零序电压
试验端子				10		
试验端子	7n		■	11	A720 E I	UA（切换后）测控

续表

右侧端子排						
备注	内部接线			端子号	外部接线	接入回路定义
试验端子	1ZKK1-1	■		12		
试验端子				13		
试验端子	7n		■	14	B720 EⅠ	UB（切换后）测控
试验端子	1ZKK1-3		■	15		
试验端子				16		
试验端子	7n	■		17	C720 EⅠ	UC（切换后）测控
试验端子	1ZKK1-5	■		18		
试验端子				19		
试验端子	7n		■	20	L720 E	U0（切换后）测控
试验端子	1U1D4		■	21		
试验端子				22		
试验端子	1U1D5	■		23	N600EⅠ	至 TV 测控屏 N600 Ⅰ
试验端子		■		24		至主变压器高压侧测控 N600
试验端子		■		25		
外部输入电压及切换后电压				2-7UD		中压侧电压切换
试验端子	7n			1	A630 Y	110kVⅠ母 A 相电压
试验端子	7n			2	B630 Y	110kVⅠ母 B 相电压
试验端子	7n			3	C630 Y	110kVⅠ母 C 相电压
试验端子	7n			4	L630 Y	110kVⅠ母零序电压
试验端子				5		
试验端子	7n			6	A640 Y	110kVⅡ母 A 相电压
试验端子	7n			7	B640 Y	110kVⅡ母 B 相电压
试验端子	7n			8	C640 Y	110kVⅡ母 C 相电压
试验端子	7n			9	L640 Y	110kVⅡ母零序电压
试验端子				10		
试验端子	7n	■		11	A710 Y	UA（切换后）测控
试验端子	1ZKK2-1	■		12		
试验端子				13		
试验端子	7n		■	14	B710 Y	UB（切换后）测控
试验端子	1ZKK2-3		■	15		
试验端子				16		
试验端子	7n	■		17	C710 Y	UC（切换后）测控
试验端子	1ZKK2-5	■		18		
试验端子				19		
试验端子	7n		■	20	L710 Y	U0（切换后）测控

续表

右侧端子排					
备注	内部接线			端子号	外部接线	接入回路定义
试验端子	1U2D4		■	21		
试验端子				22		
试验端子	1U2D5			23	N600 Y	至 TV 测控屏 N600
试验端子				24		至主变压器中压侧测控 N600
试验端子			■	25		
外部输入电压				U3D		低压侧交流电压
试验端子	1ZKK3-1		■	1	A630S	低压侧母线 A 相电压
			■	2		
				3		
试验端子	1ZKK3-3		■	4	B630S	低压侧母线 B 相电压
				5		
				6		
试验端子	1ZKK3-5		■	7	C630S	低压侧母线 C 相电压
				8		
				9		
试验端子	1U3D4		■	10	N600S	至 TV 测控屏 N600 I
				11		
保护装置高压侧输入电压				1U1D		高压侧交流电压
试验端子	1n			1	1ZKK1-2	空开后 A 相电压 UA
试验端子	1n			2	1ZKK1-4	空开后 B 相电压 UB
试验端子	1n			3	1ZKK1-6	空开后 C 相电压 UC
试验端子	1n			4	1-7UD21	零序电压 3U0
试验端子	1n		■	5	1-7UD23	电压中性点 UN
试验端子	1n			6		
保护装置中压侧输入电压				1U2D		中压侧交流电压
试验端子	1n			1	1ZKK2-2	空开后 A 相电压 UA
试验端子	1n			2	1ZKK2-4	空开后 B 相电压 UB
试验端子	1n			3	1ZKK2-6	空开后 C 相电压 UC
试验端子	1n			4	2-7UD21	零序电压 3U0
试验端子	1n		■	5	2-7UD23	电压中性点 UN
试验端子	1n		■	6		
保护装置低压侧输入电压				1U3D		低压侧交流电压
试验端子	1n			1	1ZKK3-2	空开后 A 相电压 UA
试验端子	1n			2	1ZKK3-4	空开后 B 相电压 UB
试验端子	1n			3	1ZKK3-6	空开后 C 相电压 UC

续表

备注	内部接线			端子号	外部接线	接入回路定义
		右侧端子排				
试验端子	1n			4	U3D10	电压中性点 UN
保护装置高压侧输入电流				1I1D		高压侧交流电流
试验端子	1n			1	A411	A 相 TA 保护电流 Iha
试验端子	1n			2	B411	B 相 TA 保护电流 Ihb
试验端子	1n			3	C411	C 相 TA 保护电流 Ihc
试验端子		■		4	N411	保护电流中性线 Ihn
试验端子		■		5		
试验端子	1n	■		6		
试验端子	1n	■		7		
试验端子	1n	■		8		
试验端子				9		
试验端子	1n			10	LL411	高压侧零序电流 Ih0
试验端子	1n			11	LL412	高压侧零序电流 Ih0'
试验端子			■	12	LN411	
试验端子			■	13	LN411	
试验端子				14		
试验端子	1n			15	LJ411	高压侧间隙电流 Ihj
试验端子	1n			16	LJ412	高压侧间隙电流 Ihj'
试验端子			■	17	NJ411	
试验端子			■	18	NJ411	
保护装置中压侧输入电流				1I2D		中压侧交流电流
试验端子	1n			1	A471	A 相 TA 保护电流 Ima
试验端子	1n			2	B471	B 相 TA 保护电流 Imb
试验端子	1n			3	C471	C 相 TA 保护电流 Imc
试验端子		■		4	N471	保护电流中性线 Imn
试验端子		■		5		
试验端子	1n	■		6		
试验端子	1n	■		7		
试验端子	1n	■		8		
试验端子				9		
试验端子	1n			10	LL431	中压侧零序电流 Im0
试验端子	1n			11	LL432	中压侧零序电流 Im0'
试验端子			■	12	LN431	
试验端子			■	13	LN431	
试验端子				14		

续表

备注	内部接线			端子号	外部接线	接入回路定义
		右侧端子排				
试验端子	1n			15	LJ431	中压侧间隙电流 Imj
试验端子	1n			16	LJ432	中压侧间隙电流 Imj′
试验端子			■	17	NJ431	
试验端子			■	18	NJ431	
保护装置低压侧输入电流				1I3D		低压侧交流电流
试验端子	1n			1	A4111	A 相 TA 保护电流 Ila
试验端子	1n			2	B4111	B 相 TA 保护电流 Ilb
试验端子	1n			3	C4111	C 相 TA 保护电流 Ilc
试验端子		■		4	N4111	保护电流中性线 Iln
试验端子		■		5		
试验端子	1n			6		
试验端子	1n			7		
试验端子	1n			8		
照明打印电源		■		JD		交流电源
打印电源（可选）	PP-L			1	L	交流电源火线
照明空开	AK-1			2	L	
插座电源（可选）	CZ-L	■		3	L	
				4		
打印电源（可选）	PP-N		■	5	N	交流电源零线
照明	LAMP-2		■	6	N	
插座电源（可选）	CZ-N		■	7	N	
				8		
打印电源地	PP-E	■		9	接地	接地
铜排		■		10		
		■		2BD		集中备用
				1		
				2		
				3		
				4		
				5		
				6		
				7		

右侧端子排					
备注	内部接线		端子号	外部接线	接入回路定义
			8		
			9		
			10		

直通端子采用厚度为 6.2mm、额定截面积为 4mm² 的菲尼克斯或成都瑞联端子；

试验端子采用厚度为 8.2mm、额定截面积为 6mm² 的菲尼克斯或成都瑞联端子；

终端堵头采用厚度为 10～12mm；

本侧端子排共有直通端子 21 个、试验端子 121 个、终端堵头 11 个；

总体长度约 1309.4mm，满足要求

注 除南瑞继保采用魏德米勒端子外（直通端子厚度 6.1mm、试验端子厚度 7.9mm、终端堵头厚度 10～12mm），其他厂家均按上述要求执行。

（3）变压器保护 A/B 屏压板布置见表 4-9。

表 4-9　　　　　　　　　　　　　　　变压器保护 A/B 屏压板布置

1C1LP1	1C1LP2	1C1LP3	1C1LP4	1C1LP5	1C1LP6	1C1LP7	1C1LP8	1C1LP9
高压测跳闸出口 1	高压侧跳闸出口 1	高压侧母联（分段）跳闸出口 1	高压侧母联（分段）跳闸出口 2	高压侧母联（分段）跳闸出口 3	解除失灵电压闭锁	高压侧启动失灵	高压侧备用 1	高压侧备用 2
1C2LP1	1C2LP2	1C2LP3	1C2LP4	1C2LP5	1C2LP6	1C2LP7	1C2LP8	1C2LP9
中压侧跳闸出口 1	中压侧母联（分段）跳闸出口 1	中压侧母联（分段）跳闸出口 2	中压侧母联（分段）跳闸出口 3	闭锁中压侧备自投出口	中压侧备用 1	中压侧备用 2	中压侧备用 3	中压侧备用 4
1C3LP1	1C3LP2	1C3LP3	1C3LP4	1C3LP5	1C3LP6	1C3LP7	1C3LP8	1C3LP9
低压侧跳闸出口	低压侧分段 1 跳闸出口	低压侧分段 2 跳闸出口	闭锁低压侧备自投 1（备用）	闭锁低压侧备自投 2（备用）	低压侧备用 1	低压侧备用 2	低压侧备用 3	低压侧备用
1KLP1	1KLP2	1KLP3	1KLP4	1KLP5	1KLP6	1KLP7	1KLP8	1KLP9
主保护投退	高后备保护投退	高压侧电压投退	中后备保护投退	中压侧电压投退	低后备保护投退	低压侧电压投退	远方操作投退	检修状态投退
1B5LP1	1B5LP2	1B5LP3	1B5LP4	1B5LP5	1B5LP6	1B5LP7	1B5LP8	1B5LP9
备用	备用	备用	备用	备用	备用	备用	备用	备用

（4）变压器保护 C 屏左侧端子排见表 4-10。

表 4-10　　　　　　　　　　　　　变压器保护 C 屏左侧端子排

左侧端子排						
接入回路定义	外部接线	端子号			内部接线	备注
直流电源		ZD				**本屏所有装置直流电源**
非电量保护装置电源＋	＋BM	1			5DK-＊	空开前
		2				
高压侧第一组控制电源＋	＋KM1	3			1-4DK1-＊	
高压侧第二组控制电源＋	＋KM2	4			1-4DK2-＊	
中压侧控制电源＋	＋KM3	5			2-4DK1-＊	
低压侧控制电源＋	＋KM4	6			3-4DK1-＊	
		7				正负电源隔 2 个端子
		8				
非电量保护装置电源－	－BM	9			5DK-＊	空开前
		10				
第一组控制电源－	－KM1	11			1-4DK1-＊	
第二组控制电源－	－KM2	12			1-4DK2-＊	
中压侧控制电源－	－KM3	13			2-4DK1-＊	
低压侧控制电源－	－KM4	14			3-4DK1-＊	
强电开入		2-4QD				**中压侧操作回路**
至断路器机构控制电源＋	201	1			2-4DK1-＊	控制电源正端短 7 个端子
至本间隔测控屏控制电源公共端＋	201	2			2-4FA-＊	
至母线保护屏跳闸开入＋	201	3			2-4n	
至主变压器保护 A 屏跳闸开入＋	201	4			2-4n	（可选）
至主变压器保护 B 屏跳闸开入＋	201	5			2-4n	（可选）
至主变压器保护 C 屏非电量跳闸开入＋		6			5CD3	
		7			2-4n	
		8				
		9				
主变压器保护 A 屏三跳开入－	R233	10			2-4n	三本跳闸开入预留 3 个连接端子
主变压器保护 B 屏三跳开入－	R233	11			5KD3	主变压器保护 C 屏非电量三跳开入－
母线保护屏 TJR 三跳开入－	R233	12				
		13				
		14				
手动合闸	221	15			2-4n	
		16			2-4n	
		17				
手动分闸	241	18			2-4n	
		19				

左侧端子排					
接入回路定义	外部接线	端子号		内部接线	备注
		20			
复归（可选）	YF1	21	■	2-4n	
		22	■	2-4FA-＊	
		23			
压力降低禁止操作		24		2-4n	
		25			
压力降低禁止跳闸		26		2-4n	外部公共端接负电源
压力降低禁止合闸		27		2-4n	外部公共端接负电源
		28			
		29			
操作电源负	202	30	■	2-4DK1-＊	控制电源负公共端设5个连接端子
		31		2-4n	
		32			
		33		2-4PD13	（可选）
		34	■		
中压侧出口		2-4CD			跳合中压侧断路器
合位监视		1	■	2-4n	红色试验端子
至机构跳闸回路	237	2	■	2-4n	红色试验端子
		3			红色试验端子
跳位监视	205	4		2-4n	红色试验端子
不经操作箱防跳合闸	207	5	■	2-4n	红色试验端子
		6	■	2-4n	红色试验端子
中压侧保护配合		2-4PD			与中压侧备自投、测控配合
合后 HHJ＋		1	■	2-4n	与备自投配合
手跳 STJ＋		2	■	2-4n	与备自投配合
跳位 TWJ＋		3	■	2-4n	与备自投配合
		4			
合后 HHJ－		5		2-4n	与备自投配合
手跳 STJ－		6		2-4n	与备自投配合
跳位 TWJ－		7		2-4n	与备自投配合
		8			
合位	236	9		2-4n	位置信号用于 KK 红绿灯
跳位	206	10		2-4n	位置信号用于 KK 红绿灯
		11			
位置公共负	202	12	■	2-4n	位置信号用于 KK 红绿灯

续表

左侧端子排					
接入回路定义	外部接线	端子号		内部接线	备注
		13		2-4Q23	(可选)
中央信号		2-4XD			中压侧操作回路中央信号
信号公共端	JCOM	1		2-4n	
		2		2-4n	
		3		2-4n	(可选)
		4		2-4n	(可选)
		5			
中压侧事故总	J50	6		2-4n	
中压侧保护跳闸出口	J51	7		2-4n	
中压侧控制回路断线	J52	8		2-4n	
中压侧控制电源失电	J53	9		2-4n	
压力降低禁止跳闸	J54	10		2-4n	
压力降低禁止合闸	J55	11		2-4n	
强电开入		1-4Q1D			高压侧第一组操作回路
至断路器机构第一组控制电源＋	101Ⅰ	1		1-4DK1-*	第一组控制电源正端9个连接端子
		2		1-4FA-*	
		3		1-4n	
		4		1-4n	
至本间隔测控屏控制电源公共端＋	101Ⅰ	5		1-4n	
至母线保护A屏跳闸开入＋	101Ⅰ	6		1-4n	
至主变压器保护A屏跳闸开入＋	101Ⅰ	7		1-4n	
至主变压器保护C屏非电量跳闸开入＋		8		5CD1	
		9		1-4n	
		10			
		11			
主变压器保护A屏TJR三跳开入－	R133Ⅰ	12		1-4n	不启重合启失灵跳闸预留4个连接端子
母线保护A屏TJR三跳开入－	R133Ⅰ	13			
		14			
		15			
		16			
主变压器保护C屏非电量TJF三跳开入－		17		1-4n	不启重合不启失灵跳闸预留3个连接端子
		18		5KD1	
		19			
		20			

续表

左侧端子排						
接入回路定义	外部接线	端子号			内部接线	备注
手动合闸	121	21			1-4n	
		22			1-4n	
		23				
手动分闸	141	24			1-4n	
		25				
		26				
复归第一组	YF1	27			1-4n	
		28			1-4FA-＊	
		29				
压力降低禁止操作		30			1-4n	
		31				
压力降低禁止跳闸		32			1-4n	外部公共端接负电源
压力降低禁止合闸		33			1-4n	外部公共端接负电源
		34				
		35				
至断路器机构第一组控制电源－	102Ⅰ	36			1-4DK1-＊	控制电源负公共端设 5 个连接端子
至本间隔测控屏控制电源公共端－		37			1-4n	
		38			1-4n	
		39			1-4n	
		40				
强电开入		1-4Q2D				高压侧第二组操作回路
至断路器机构第二组控制电源＋	101Ⅱ	1			1-4DK2-＊	控制电源二正公共端设 7 个连接端子
至母线保护 B 屏跳闸开入＋	101Ⅱ	2			1-4FA-＊	
至主变压器保护 B 屏跳闸开入＋	101Ⅱ	3			1-4n	
至主变压器保护 C 屏非电量跳闸开入＋		4			5CD2	
		5				
		6				
		7			1-4n	
		8				
		9				
主变压器保护 B 屏 TJR 三跳开入－	R133Ⅱ	10			1-4n	不启重合启失灵跳闸预留 3 个连接端子
母线保护 B 屏 TJR 三跳开入－	R133Ⅱ	11				TJR 三跳输入
		12				
		13				
		14				

续表

左侧端子排					
接入回路定义	外部接线	端子号		内部接线	备注
主变压器保护C屏非电量TJF三跳开入—		15	■	1-4n	不启重合不启失灵跳闸预留3个连接端子
		16		5KD2	
		17			
		18			
复归第二组	YF2	19		1-4n	
		20		1-4FA-*	
		21			
		22			
至断路器机构第一组控制电源—	102Ⅱ	23		1-4DK2-*	控制电源二负公共端设3个连接端子
		24		1-4n	
		25			
第一组出口		1-4C1D			跳合高压侧断路器
第一组合位监视	135Ⅰ	1		1-4n	红色试验端子
机构第一组跳闸回路	137Ⅰ	2		1-4n	红色试验端子
		3			红色试验端子
跳位监视	105Ⅰ	4		1-4n	红色试验端子
不经操作箱防跳合闸	107Ⅰ	5		1-4n	红色试验端子
		6		1-4n	红色试验端子
第二组出口		1-4C2D			跳高压侧断路器
第二组合位监视		1		1-4n	红色试验端子
机构第二组跳闸回路	137Ⅱ	2		1-4n	红色试验端子
高压侧保护配合		1-4PD			与高压侧备自投、测控配合
合后HHJ+		1		1-4n	与备自投配合
手跳STJ+		2		1-4n	与备自投配合
跳位TWJ+		3		1-4n	与备自投配合
		4			
合后HHJ—		5		1-4n	与备自投配合
手跳STJ—		6		1-4n	与备自投配合
跳位TWJ—		7		1-4n	与备自投配合
		8			
合位	136	9		1-4n	位置信号用于KK红绿灯
跳位	106	10		1-4n	
		11			
位置公共负	102Ⅰ	12	■	1-4n	位置信号用于KK红绿灯

续表

左侧端子排					
接入回路定义	外部接线	端子号		内部接线	备注
		13		1-4n	
中央信号		1-4XD			高压侧操作回路中央信号
信号公共端	JCOM	1		1-4n	
		2		1-4n	
		3		1-4n	
		4		1-4n	
		5			
		6			
高压侧事故总	J41	7		1-4n	
高压侧第一组跳闸出口	J42	8		1-4n	
高压侧第二组跳闸出口	J43	9		1-4n	
第一组控制回路断线	J44	10		1-4n	
第二组控制回路断线	J45	11		1-4n	
第一组控制电源失电	J46	12		1-4n	
第二组控制电源失电	J47	13		1-4n	
压力降低禁止跳闸	J48	14		1-4n	
压力降低禁止合闸	J49	15		1-4n	
录波		1-4LD			三侧操作箱录波
录波公共端	LCOM	1		1-4n	
	5LD1	2		1-4n	
	1-4n	3		2-4n	
	1-4n	4		3-4n	
		5			
高压侧第一组跳闸	L01	6		1-4n	TJR
		7		1-4n	TJF，6、7端子之间加隔片
高压侧第二组跳闸	L02	8		1-4n	TJR
		9		1-4n	TJF
中压侧跳闸	L03	10		2-4n	中压侧操作箱录波
		11			
低压侧跳闸	L04	12		3-4n	低压侧操作箱录波
		13			
集中备用		1BD			
		1			
		2			
		3			

续表

左侧端子排					
接入回路定义	外部接线	端子号		内部接线	备注
		4			
		5			
		6			
		7			
		8			
		9			
		10			

直通端子采用厚度为 6.2mm、额定截面积为 4mm² 的菲尼克斯或成都瑞联端子；
试验端子采用厚度为 8.2mm、额定截面积为 6mm² 的菲尼克斯或成都瑞联端子；
终端堵头采用厚度为 10～12mm；
本侧端子排共有直通端子 181 个、试验端子 16 个、终端堵头 13 个；
总体长度约 1474.4mm，满足要求

注 除南瑞继保采用魏德米勒端子外（直通端子厚度 6.1mm、试验端子厚度 7.9mm、终端堵头厚度 10～12mm），其他厂家均按上述要求执行。

（5）变压器保护 C 屏右侧端子排见表 4-11。

表 4-11 变压器保护 C 屏右侧端子排

右侧端子排					
备注	内部接线		端子号	外部接线	接入回路定义
低压侧操作回路			3-4QD		强电开入
低压侧操作电源正	3-4DK-*		1	301	至断路器机构控制电源＋
	3-4n		2	301	至本间隔测控屏控制电源公共端＋
			3	301	至 A 屏电量保护跳闸开入＋
			4	301	至 B 屏电量保护跳闸开入＋
	5CD4		5	301	至 C 屏非电量保护跳闸开入＋
			6		
			7		
			8		
			9		
	3-4n		10	R333	主变压器保护 A 屏三跳开入－
			11	R333	主变压器保护 B 屏三跳开入－
	5KD4		12		主变压器保护 C 屏非电量三跳开入－
			13		
			14		
	3-4n		15	321	手动合闸
	3-4n		16		

续表

备注	内部接线			端子号	外部接线	接入回路定义
				右侧端子排		
				17		
	3-4n	█		18	341	手动分闸
	3-4n			19		
				20		
	3-4n			21		复归
	3-4FA-*			22		
				23		
				24		
	3-4DK-*	█		25	302	装置电源一
	3-4n			26		
				27		
	3-4n			28		
	3-4n			29		
跳合低压侧断路器				3-4CD		低压侧出口
红色试验端子	3-4n	█		1		合位监视
红色试验端子	3-4n			2	337	至机构跳闸回路
红色试验端子				3		
红色试验端子	3-4n			4	305	跳位监视
红色试验端子	3-4n	█		5	307	不经操作箱防跳合闸
红色试验端子	3-4n			6		
低压侧保护配合				3-4PD		与低压侧备自投、测控配合
	3-4n	█		1		合后 HHJ+
	3-4n			2		手跳 STJ+
	3-4n			3		跳位 TWJ+
				4		
	3-4n			5		合后 HHJ-
	3-4n			6		手跳 STJ-
	3-4n			7		跳位 TWJ-
				8		
低压侧位置信号用于 KK 红绿灯	3-4n			9	336	合位2
	3-4n			10	306	跳位2
				11		
低压侧位置信号用于 KK 红绿灯	3-4n	█		12	302	位置公共2负
	3-4n			13		
低压侧操作回路中央信号				3-4XD		中央信号

续表

备注	内部接线			端子号	外部接线	接入回路定义
				右侧端子排		
	3-4n			1	JCOM	信号公共端
	3-4n			2		
				3		
	3-4n			4	J54	低压侧事故总
	3-4n			5	J56	低压侧控制回路断线
				6		低压侧控制电源失电（可选）
非电量保护装置电源				5QD		强电开入
	5DK-*			1		装置电源＋
	5KLP1-1			2		功能压板开入＋
	5FA-*			3		复归开入＋
	5FD1			4		非电量开入＋
				5		
				6		
				7		非电量跳闸重动
	5n			8		
				9		
				10		
	5FA-*			11		复归（可选）
				12		
				13		
	5DK-*			14		装置电源负
	5n			15		非电量开入电源负
				16		
				17		
外部非电量开入				5FD		强电开入
公共端设置5个连接端子	5QD4			1	01	非电量外部开入正电源
	5n			2		
	5n			3		
				4		
				5		
				6		
	5n			7	03	本体重瓦斯跳闸
	5n			8	05	调压重瓦斯跳闸
	5n			9	11	本体压力释放跳闸
	5n			10	13	调压压力释放跳闸
	5n			11		油面温度高跳闸（95℃串105℃）

续表

备注	内部接线			端子号	外部接线	接入回路定义
右侧端子排						
	5n			12		绕组温度高跳闸
	5n			13		冷却器全停开入
	5n			14	07	本体轻瓦斯告警
	5n			15	15	本体油位异常
75℃串20分钟计时去跳闸	5n			16		本体油面温度1（75℃）
油温95℃告警	5n			17	19	本体油面温度2（95℃）
绕温75℃告警	5n			18	17	本体绕组温度1告警（95℃）
	5n			19	09	调压轻瓦斯告警
	5n			20		调压油位异常
	5n			21		调压油面温度1（75℃）
	5n			22		调压油面温度2（95℃）
预留2个备用非电量开入	5n			23		非电量发信备用1
	5n			24		非电量发信备用2（可选）
				25		
				26		
非电量保护出口回路正端				5CD		出口正端
红色试验端子	5n			1	1-4Q1D8	高压侧跳闸出口Ⅰ＋
红色试验端子	5n			2	1-4Q2D4	高压侧跳闸出口Ⅱ＋
红色试验端子	5n			3	2-4QD6	中压侧跳闸出口＋
红色试验端子	5n			4	3-4QD5	低压侧跳闸出口＋
红色试验端子	5n			5		备用1＋
红色试验端子	5n			6		备用2＋
红色试验端子	5n			7		备用3＋
红色试验端子	5n			8		备用4＋
红色试验端子	5n			9		备用5＋
非电量保护出口回路负端				5KD		出口负端
红色试验端子	5CLP1-1			1	1-4Q1D18	高压侧跳闸出口Ⅰ－
红色试验端子	5CLP2-1			2	1-4Q2D16	高压侧跳闸出口Ⅱ－
红色试验端子	5CLP3-1			3	2-4QD11	中压侧跳闸出口－
红色试验端子	5CLP4-1			4	3-4QD12	低压侧跳闸出口－
红色试验端子	5CLP5-1			5		备用1－
红色试验端子	5CLP6-1			6		备用2－
红色试验端子	5CLP7-1			7		备用3－
红色试验端子	5CLP8-1			8		备用4－
红色试验端子	5CLP9-1			9		备用5－
非电量保护中央信号				5XD		中央信号

续表

备注	内部接线			端子号	外部接线	接入回路定义
右侧端子排						
	5n	■		1	JCOM	信号公共端
	5n	■		2	5YD1	
	5n	■		3		
				4		
	5n			5		装置运行异常（可选）
	5n			6		装置故障告警（可选）
	5n			7		装置电源失电（可选）
非电量保护遥信				5YD		遥信
	5n	■		1	5XD2	信号公共端
	5n	■		2		
	5n	■		3		（可选）
	5n	■		4		（可选）
				5		
	5n			6	J61	本体重瓦斯跳闸
	5n			7	J62	调压重瓦斯跳闸
	5n			8	J63	本体压力释放跳闸
	5n			9	J64	调压压力释放跳闸
	5n			10	J65	油面温度高跳闸（95℃串105℃）
	5n			11	J66	绕组温度高跳闸
	5n			12	J67	冷却器全停
	5n			13	J68	本体轻瓦斯告警
	5n			14	J69	本体油位异常
	5n			15	J70	本体油面温度1（75℃）
	5n			16	J71	本体油面温度2（95℃）
	5n			17	J72	本体绕组温度1告警
	5n			18	J73	调压轻瓦斯告警
	5n			19	J74	调压油位异常
	5n			20	J75	调压油面温度1
	5n			21	J76	调压油面温度2
	5n			22	J77	非电量发信备用1
	5n			23	J78	非电量发信备用2（可选）
	5n			24	J79	装置运行异常（可选）
	5n			25	J80	装置故障告警（可选）
	5n			26	J81	装置电源失电（可选）
非电量录波信号				5LD		录波
	5n	■		1	1-4LD2	

续表

备注	内部接线			端子号	外部接线	接入回路定义
右侧端子排						
	5n			2		
	5n			3		
	5n			4	L05	非电量保护跳闸
用于对时、网络通信				TD		网络通信
对时正、负采用 TD1、TD3 端子	5n			1		对时＋
	5n			2		屏蔽地
	5n			3		对时－
	5n			4		
	5n			5		
	5n			6		
	5n			7		
	5n			8		
	5n			9		
	5n			10		
	5n			11		
	5n			12		
	5n			13		
	5n			14		
	5n			15		
	5n			16		
	5n			17		
	5n			18		
	5n			19		
	5n			20		
	5n			21		
	5n			22		
照明打印电源				JD		交流电源
打印电源（可选）	PP-L			1	L	交流电源火线
照明空开	AK-1			2	L	
插座电源（可选）	CZ-L			3	L	
				4		
打印电源（可选）	PP-N			5	N	交流电源零线
照明	LAMP-2			6	N	
插座电源（可选）	CZ-N			7	N	
				8		
打印电源地	PP-E			9	接地	接地

续表

右侧端子排					
备注	内部接线		端子号	外部接线	接入回路定义
铜排	接地		10		
			2BD		集中备用
		1	1		
		2	2		
		3	3		
		4	4		
		5	5		
		6	6		
		7	7		
		8	8		
		8	9		
		8	10		

直通端子采用厚度为 6.2mm、额定截面积为 4mm^2 的菲尼克斯或成都瑞联端子；
试验端子采用厚度为 8.2mm、额定截面积为 6mm^2 的菲尼克斯或成都瑞联端子；
终端堵头采用厚度为 10~12mm；
本侧端子排共有直通端子 171 个、试验端子 24 个、终端堵头 14 个；
总体长度约 1495mm，满足要求

注　除南瑞继保采用魏德米勒端子外（直通端子厚度 6.1mm、试验端子厚度 7.9mm、终端堵头厚度 10~12mm），其他厂家均按上述要求执行。

（6）变压器保护 C 屏压板布置见表 4-12。

表 4-12　　　　　　　　　　　变压器保护 C 屏压板布置

压板布置图（低压侧单分支）								
5CLP1	5CLP2	5CLP3	5CLP4	5CLP5	5CLP6	5CLP7	5CLP8	5CLP9
高压侧跳闸出口 1	高压侧跳闸出口 2	中压侧跳闸出口	低压侧跳闸出口	备用出口 1	备用出口 2	备用出口 3	备用出口 4	备用出口 5
5KLP1	5KLP2	5KLP3	5KLP4	5KLP5	5KLP6	5KLP7	5KLP8	5KLP9
本体重瓦斯投退	调压重瓦斯投退	本体压力释放跳闸投退（备用）	调压压力释放跳闸投退（备用）	油面温度高跳闸投退（备用）	绕组温度高跳闸投退（备用）	冷却器全停投退（备用）	备用	备用
5BLP10	5BLP11	5BLP12	5BLP13	5BLP14	5BLP15	5BLP16	5BLP17	5BLP18
备用（冷控失电延时）	备用	备用	备用	备用	备用	备用	远方操作投退（备用）	检修状态投退

第三节　220kV 母联保护

1. 适用范围

本规范中 220kV 母联保护为常规保护母联保护，主接线形式为双母线接线。

2. 保护屏（柜）背面端子排设计原则

（1）背面左侧端子排，自上而下依次排列如下。

1）直流电源段（ZD）：本屏（柜）所有装置直流电源均取自该段；

2）强电开入段（4Q1D）：接收保护第一组跳闸，合闸等开入信号；

3）强电开入段（4Q2D）：接收保护第二组跳闸等开入信号；

4）出口段（4C1D）：至断路器第一组跳、合闸线圈；

5）出口段（4C2D）：至断路器第二组跳闸线圈；

6）保护配合段（4PD）：与保护配合；

7）信号段（4XD）：含控制回路断线、电源消失、保护跳闸、事故音响等；

8）遥信段（8YD）：保护动作、运行异常、装置故障告警等信号；

9）集中备用段（1BD）。

（2）背面右侧端子排，自上而下依次排列如下：

1）交流电流段（8ID）：母联（分段）输入电流；

2）强电开入段（8QD）：保护装置电源；

3）出口段（8CD）：充电过流保护跳闸；

4）出口段（8KD）：充电过流保护跳闸；

5）录波段（8LD）：保护动作信号；

6）录波段（4LD）：三相跳闸触点；

7）网络通信段（TD）：网络通信、打印接线和 IRIG-B（DC）时码对时；

8）交流电源（JD）；

9）集中备用段（2BD）。

3. 各厂家差异说明

（1）交流电流。

根据设计要求交流电流模拟输入量 IA、IB、IC 为必须，I0 为可选，根据这个要求，8ID

端子排中的四和五号端子是否短接来区分保护装置是否选择 I0，其中南瑞继保、许继、长园深瑞未选择 I0，国电南瑞、南京南自、北京四方选择 I0。

（2）操作箱防跳的取消差异。

由于目前均采用断路器的防跳回路，操作箱防跳回路应隔离，所以各厂家在图纸中均将各自的防跳回路取消。取消防跳回路有三种形式，第一种是以在 4Q1D 端子排上将防跳继电器与第一组操作负电源断开的形式取消，第二种是以在 4C1D 端子排上用负电将合闸回路上的防跳继电器辅助节点直接短接掉，第三种是同时采用第一种和第二种取消防跳的方法。

根据各厂家的图纸可知，南自采用第一种取消防跳的方式，国电南瑞、南瑞继保、许继、深瑞均采用第二种取消防跳的方式，四方采用第三种取消防跳的方式。

（3）装置失电信号差异。

国电南瑞无 8YD 端子排上的装置失电遥信信号，其余厂家均有该装置失电信号。

（4）强电开入差异。

南瑞继保 8QD 端子排上有装置电源光耦监视开入，许继 8QD 端子排上有装置远方复归开入，南京南自 8QD 端子排上无装置复归开入，国电南瑞 8QD 端子排原理图存在问题还是RD，长园深瑞 4QD 端子排无复归开入。

（5）弱电开入差异。

四方与南自均有弱电开入 1RD 端子排，位于保护屏柜右侧端子排，其中四方的弱电开入 1RD 端子排第一组三相跳闸录波信号转接和第二组三相跳闸录波信号转接遥信开入，南自的弱电开入 1RD 端子排包含信号复归开入，其余厂家均无弱电开入端子排。

4. 端子排图

（1）左侧端子排见表 4-13。

表 4-13　　　　　　　　　　　　　　左 侧 端 子 排

左侧端子排						
接入回路定义	外部接线	端子号			内部接线	备注
直流电源		ZD				空开前直流电源
装置电源＋	＋BM	1			8DK-*	
		2				
第一组控制电源＋	＋KM1	3			4DK1-*	
第二组控制电源＋	＋KM2	4			4DK2-*	
		5				

电力系统继电保护丛书 ▌ 电力系统继电保护端子排标准化设计

续表

接入回路定义	外部接线	端子号			内部接线	备注
左侧端子排						
		6				
装置电源－	-BM	7	■		8DK-＊	
		8				
第一组控制电源－	-KM1	9			4DK1-＊	
第二组控制电源－	-KM2	10			4DK2-＊	
强电开入		**4Q1D**				**操作箱第一组开入**
至机构箱第一组控制电源＋	101I	1			4DK1-＊	空开后第一组控制电源＋
操作箱复归＋		2			4FA-＊	
		3			4n	
		4			4n	
A套母线保护跳母联＋	101I	5			4n	
至测控公共端＋	101I	6			4n	
保护跳闸开入＋		7			8CD1	
		8				
A套母线保护跳闸开入 TJR	R133I	9			4n	
保护跳闸开入		10			8KD1	
		11				
		12				
不启失灵、不启重合开入 TJF		13			4n	
		14				
		15				
		16				
手合	103	17			4n	
		18				
		19				
手跳	133	20			4n	
		21				
		22				
		23			4n	
操作箱复归－		24			4FA-＊	
		25				
压力低禁止操作		26			4n	
		27				
压力低禁止分闸		28			4n	
压力低禁止合闸		29			4n	

150

续表

接入回路定义	外部接线	端子号			内部接线	备注
						左侧端子排

接入回路定义	外部接线	端子号			内部接线	备注
		30				
至机构第一组控制电源－	102I	31			4DK1-＊	空开后第一组控制电源－
		32			4n	
		33			4n	
		34			4n	
		35			4PD35	
经操作箱防跳		36			4n	
强电开入		4Q2D				操作箱第二组开入
至机构箱第二组控制电源＋	101Ⅱ	1			4DK2-＊	空开后第二组控制电源＋
操作箱复归＋		2			4FA2	
		3			4n	
		4			4n	
B套母线保护跳母联＋	101Ⅱ	5			4n	
		6			4n	
保护跳闸开入＋		7			8CD3	
		8				
B套母线保护跳闸开入 TJR	R133Ⅱ	9			4n	
保护跳闸开入		10			8KD3	
		11				
		12				
不启失灵不启重合开入 TJF		13			4n	
		14				
		15				
		16				
		17			4n	
操作箱复归－		18			4FA-＊	
		19				
公共端－		20			4DK2-＊	空开后第二组控制电源－
至机构第二组控制电源－	102Ⅱ	21			4n	
		22				
		23				
		24				
出口		4C1D				操作箱第一组出口
跳闸回路监视		1			4n	
至机构跳闸回路	137I	2			4n	

续表

接入回路定义	外部接线	端子号			内部接线	备注
左侧端子排						
		3				
合闸回路监视	105	4			4n	
至机构合闸回路	107	5	■		4n	
不经操作箱防跳		6	■		4n	
出口		4C2D	■			操作箱第二组出口
跳闸回路监视		1	■		4n	
至机构跳闸回路	137 Ⅱ	2	■		4n	
保护配合		4PD	■			
至 A 套启动失灵 1+	051	1			4n	
至 A 套母差手合母联开出 1+	051	2	■		4n	
		3				
至 A 套启动失灵 1−	053	4			4SLP1-1	
至 A 套母差手合母联开出 1−	053	5			4n	
		6				
至 A 套启动失灵 2+	031	7	■		4n	
至 A 套母差手合母联开出 2+	031	8	■		4n	
		9				
至 A 套启动失灵 2−	033	10			4SLP2-1	
至 A 套母差手合母联开出 2−	033	11			4n	
		12				
至 B 套启动失灵 1+	061	13	■		4n	
至 B 套母差手合母联开出 1+	061	14	■		4n	
		15				
至 B 套启动失灵 1−	063	16			4SLP3-1	
至 B 套母差手合母联开出 1−	063	17			4n	
		18				
至 B 套启动失灵 2+	041	19	■		4n	
至 B 套母差手合母联开出 2+	041	20	■		4n	
		21				
至 B 套启动失灵 2−	043	22			4SLP4-1	
至 B 套母差手合母联开出 2−	043	23			4n	
		24				
断路器跳位 1+		25			4n	
断路器跳位 2+		26			4n	
		27				

续表

左侧端子排					
接入回路定义	外部接线	端子号		内部接线	备注
断路器跳位1—		28		4n	
断路器跳位2—		29		4n	
		30			
测控绿灯（分位）	136	31		4n	TWJ 开出节点
		32			
测控红灯（合位）	106	33		4n	HWJ 开出节点
		34			
测控红绿灯公共端—	102I	35		4Q1D35	
		36		4n	
信号		4XD			操作箱信号
测控信号公共端＋	JCOM	1		4n	信号公共端＋
	8YD1	2		4n	
		3		4n	
		4			
		5			
		6			
事故总		7		4n	
第一组跳闸出口		8		4n	
第二组跳闸出口		9		4n	
第一组控制回路断线		10		4n	
第二组控制回路断线		11		4n	
第一组控制电源消失		12		4n	
第二组控制电源消失		13		4n	
压力低禁止合闸		14		4n	
压力低禁止分闸		15		4n	
遥信		8YD			保护遥信
信号公共端＋	4XD2	1		8n	信号公共端＋
		2		8n	
		3		8n	
		4			
		5			
		6			
保护跳闸		7		8n	
装置异常（运行异常）		8		8n	
装置故障（闭锁）		9		8n	

左侧端子排					
接入回路定义	外部接线	端子号		内部接线	备注
失电（电源）		10		8n	
集中备用		1BD			
		1			
		2			
		3			
		4			
		5			
		6			
		7			
		8			
		9			
		10			

直通端子采用厚度为 6.2mm、额定截面积为 4mm² 的菲尼克斯或成都瑞联端子；
试验端子采用厚度为 8.2mm、额定截面积为 6mm² 的菲尼克斯或成都瑞联端子；
终端堵头采用厚度为 10～12mm；
本侧端子排共有直通端子 140 个、试验端子 8 个、终端堵头 10 个；
总体长度约 1053.6mm，满足要求

注 除南瑞继保采用魏德米勒端子外（直通端子厚度 6.1mm、试验端子厚度 7.9mm、终端堵头厚度 10～12mm），其他厂家均按上述要求执行。

（2）右侧端子排见表 4-14。

表 4-14 **右侧端子排**

右侧端子排					
备注	内部接线		端子号	外部接线	接入回路定义
保护用电流				8ID	交流电流
	8n		1	A411	母联 A 相电流 IA
	8n		2	B411	母联 B 相电流 IB
	8n		3	C411	母联 C 相电流 IC
			4	N411	母联电流 IN
			5		
	8n		6		IA′
	8n		7		IB′
	8n		8		IC′
保护强电开入			8QD		强电开入

续表

备注	内部接线			端子号	外部接线	接入回路定义
			右侧端子排			
空开后	8DK-*			1		公共端＋
	8KLP1-1			2		压板公共端＋
	8n			3		装置电源＋
	8FA-*			4		复归＋
				5		
				6		
	8n			7		
	8FA-*			8		复归－
				9		
空开后	8DK-*			10		公共端－
	8n			11		装置电源－
				12		
				13		
保护出口＋				8CD		出口
	8n			1	4Q1D7	过流保护跳闸Ⅰ＋
				2		
	8n			3	4Q2D7	过流保护跳闸Ⅱ＋
保护出口－				8KD		出口
	8CLP1-1			1	4Q1D10	过流保护跳闸Ⅰ－
				2		
	8CLP2-1			3	4Q2D10	过流保护跳闸Ⅱ－
保护录波				8LD		录波
	8n			1	LCOM	录波公共端＋
				2	4LD1	
				3		
				4		
	8n			5	L01	保护动作
操作箱录波				4LD		录波
	4n			1	8LD2	录波公共端
				2		
				3		
				4		
	4n			5	L02	第一组三相跳闸
	4n			6	L03	第二组三相跳闸
				TD		监控通信

续表

备注	内部接线			端子号	外部接线	接入回路定义
				右侧端子排		
	8n			1		对时＋
				2		
	8n			3		对时—
				4		
				5		
				6		
				7		
				8		
				9		
				10		
				11		
				12		
				13		
				14		
				15		
				16		
				17		
				18		
				19		
				20		
				21		
				22		
				JD		交流电源
打印电源（可选）	PP-L	█		1	L	交流电源火线
照明空开	AK-1			2	L	
插座电源（可选）	CZ-L	█		3	L	
				4		
打印电源（可选）	PP-N	█		5	N	交流电源零线
照明	LAMP-2			6	N	
插座电源（可选）	CZ-N	█		7	N	
				8		
打印电源地	PP-E	█		9		接地
铜排	接地	█		10		
				2BD		集中备用
				1		

续表

	右侧端子排					
备注	内部接线			端子号	外部接线	接入回路定义
				2		
				3		
				4		
				5		
				6		
				7		
				8		
				9		
				10		

直通端子采用厚度为 6.2mm、额定截面积为 4mm² 的菲尼克斯或成都瑞联端子；
试验端子采用厚度为 8.2mm、额定截面积为 6mm² 的菲尼克斯或成都瑞联端子；
终端堵头采用厚度为 10~12mm；
本侧端子排共有直通端子 66 个、试验端子 14 个、终端堵头 10 个；
总体长度约 644mm，满足要求

注 除南瑞继保采用魏德米勒端子外（直通端子厚度 6.1mm、试验端子厚度 7.9mm、终端堵头厚度 10~12mm），其他厂家均按上述要求执行。

（3）压板布置见表 4-15。

表 4-15 压 板 布 置

				压板布置图				
8CLP1	8CLP2	4SLP1	4SLP2	4SLP3	4SLP4	4BLP1	4BLP2	4BLP3
母联（分段）跳闸出口 1	母联（分段）跳闸出口 2	母联（分段）启动 A 套失灵 1	母联（分段）启动 A 套失灵 2	母联（分段）启动 B 套失灵 1	母联（分段）启动 B 套失灵 2	备用	备用	备用
8KLP1	8BLP1	8BLP2	8BLP3	8BLP4	8BLP5	8BLP6	8KLP2	8KLP3
充电过流保护投退	备用	备用	备用	备用	备用	备用	远方操作投退	检修状态投退

第四节 220kV 母线保护

1. 适用范围

本规范中 220kV 母线保护为常规站母线保护，主接线形式为双母线接线（双母线、双母双分段、双母单分段），双重化配置。

2. 保护屏（柜）背面端子排设计原则

（1）保护屏（柜）背面左侧端子排，自上而下依次排列如下。

1）直流电源段（ZD）：本屏（柜）所有装置直流电源均取自该段；

2）强电开入段（1QD）：母联跳闸位置、解除失灵保护电压闭锁等开入信号；

3）出口段（1C1D～1C10D）：跳闸出口、刀闸位置开入、三相跳闸启动失灵和分相启动失灵等；

4）失灵段（1S2D～1S3D）：主变压器失灵联跳；

5）集中备用段（1BD）。

（2）保护屏（柜）背面右侧端子排，自上而下依次排列如下。

1）交流电压段（UD）：外部输入电压；

2）交流电压段（1UD）：保护装置输入电压；

3）交流电流段（1I1D～1I10D）：支路1～支路10交流电流输入；

4）信号段（1XD）：差动动作、失灵动作、跳母联（分段）、母线互联告警、TA/TV断线告警、刀闸位置告警、运行异常、装置故障告警等信号；

5）遥信段（1YD）：差动动作、失灵动作、跳母联（分段）、母线互联告警、TA/TV断线告警、刀闸位置告警、运行异常、装置故障告警等信号；

6）录波段（1LD）：差动动作、失灵动作、跳母联（分段）等信号；

7）网络通信段（TD）：网络通信、打印接线和IRIG-B（DC）时码对时；

8）交流电源（JD）；

9）集中备用段（2BD）。

（3）母线保护支路定义。

1）双母线接线。

a）支路1：母联；

b）支路2～3：主变压器1～2；

c）支路4～13：线路1～10；

d）支路14～15：主变压器3～4；

e）支路16～17：线路11～12。

2）双母双分段接线。

a）支路1：母联1；

b）支路 2～3：主变压器 1～2；

c）支路 4～13：线路 1～10；

d）支路 23～24：分段 1～2。

3）双母单分段接线。

a）支路 1：母联 1；

b）支路 2～3：主变压器 1～2；

c）支路 4～9：线路 1～6；

d）支路 13：线路 7；

e）支路 14～15：主变压器 3～4；

f）支路 16～20：线路 8～12；

g）支路 23：分段；

h）支路 24：母联 2。

3. 各厂家差异说明

各厂家差异说明见表 4-16。

表 4-16   各 厂 家 差 异 说 明

装置厂家	南瑞继保	国电南自	北京四方	国电南瑞	许继电气	长园深瑞
差异	功能压板投退、复归采用强电	功能压板投退、复归采用弱电	功能压板投退、复归采用强电	功能压板投退、复归采用弱电	功能压板投退、复归采用强电	功能压板投退、复归采用强电

4. 端子排图

（1）双母线接线端子排图。

1）左侧端子排见表 4-17。

表 4-17   左 侧 端 子 排

左侧端子排						
接入回路定义	外部接线	端子号			内部接线	备注
直流电源		ZD				本屏所有装置直流电源
直流电源＋	＋BM	1			1DK-*	空开前
		2				
		3				

续表

接入回路定义	外部接线	端子号			内部接线	备注
左侧端子排						
		4				
直流电源－	－BM	5	■		1DK-*	空开前
		6				
强电开入		1QD	■			母差保护开入
装置电源正		1	■		1DK-*	
装置开入公共端		2			1n	
压板开入公共端		3			1KLP1-1	
信号复归按钮开入公共端		4			1FA-*	
短接至各支路公共端		5			1C1D5	
模拟盘公共端＋		6			2n	
扩展公共端＋		7			3n	
		8				
母联跳位开入		9			1n	
		10				
母联手合充电开入		11			1n	
		12				
解除电压闭锁1		13			1n	
		14				
解除电压闭锁2		15			1n	
		16				
解除电压闭锁3		17			1n	
		18				
解除电压闭锁4		19			1n	
		20				
信号复归		21	■		1n	
		22	■		1FA-*	
		23	■			
装置电源负		24	■		1DK-*	
模拟盘公共端－		25	■		3n	
扩展公共端－		26	■		2n	
		27	■			
		28	■			
出口		1C1D	■			母联1出口
母联1出口公共端1		1			1n	试验端子
		2				试验端子

续表

左侧端子排						
接入回路定义	外部接线	端子号			内部接线	备注
母联1出口出口端1		3			1CLP1-1	试验端子
		4				
强电开入公共端		5	■		1QD5	
		6	■		1C2D5	
		7				
母联保护启动母联失灵		8			1n	
出口		1C2D				主变压器1出口
主变压器1出口公共端1		1			1n	试验端子
		2				试验端子
主变压器1出口出口端1		3			1CLP2-1	试验端子
		4				
强电开入公共端		5	■		1C1D6	
		6	■		1C3D5	
		7				
Ⅰ母刀闸位置		8			1n	
Ⅱ母刀闸位置		9			1n	
		10				
主变压器1三相跳闸启动失灵		11			1n	
出口		1S2D				主变压器1失灵联跳
主变压器1失灵联跳＋		1			1n	试验端子
		2				试验端子
主变压器1失灵联跳－		3			1SLP1-1	试验端子
出口		1C3D				主变压器2出口
主变压器2出口公共端1		1			1n	试验端子
		2				试验端子
主变压器2出口出口端1		3			1CLP3-1	试验端子
		4				
强电开入公共端		5	■		1C2D6	
		6	■		1C4D5	
		7				
Ⅰ母刀闸位置		8			1n	
Ⅱ母刀闸位置		9			1n	
		10				
主变压器2三相跳闸启动失灵		11			1n	
出口		1S3D				主变压器2失灵联跳

续表

左侧端子排					
接入回路定义	外部接线	端子号		内部接线	备注
主变压器 2 失灵联跳＋		1		1n	试验端子
		2			试验端子
主变压器 2 失灵联跳－		3		1SLP2-1	试验端子
出口		1C4D			线路 1 出口
线路 1 出口公共端 1		1		1n	试验端子
		2			试验端子
线路 1 出口出口端 1		3		1CLP4-1	试验端子
		4			
强电开入公共端		5	■	1C3D6	
		6		1C5D5	
		7			
Ⅰ母刀闸位置		8		1n	
Ⅱ母刀闸位置		9		1n	
		10			
线路 1A 相跳闸启动失灵		11		1n	
线路 1B 相跳闸启动失灵		12		1n	
线路 1C 相跳闸启动失灵		13		1n	
出口		1C5D			线路 2 出口
线路 2 出口公共端 1		1		1n	试验端子
		2			试验端子
线路 2 出口出口端 1		3		1CLP5-1	试验端子
		4			
强电开入公共端		5	■	1C4D6	
		6		1C6D5	
		7			
Ⅰ母刀闸位置		8		1n	
Ⅱ母刀闸位置		9		1n	
		10			
线路 2A 相跳闸启动失灵		11		1n	
线路 2B 相跳闸启动失灵		12		1n	
线路 2C 相跳闸启动失灵		13		1n	
出口		1C6D			线路 3 出口
线路 3 出口公共端 1		1		1n	试验端子
		2			试验端子
线路 3 出口出口端 1		3		1CLP6-1	试验端子

续表

左侧端子排					
接入回路定义	外部接线	端子号		内部接线	备注
		4			
强电开入公共端		5	■	1C5D6	
		6	■	1C7D5	
		7			
Ⅰ母刀闸位置		8		1n	
Ⅱ母刀闸位置		9		1n	
		10			
线路3A相跳闸启动失灵		11		1n	
线路3B相跳闸启动失灵		12		1n	
线路3C相跳闸启动失灵		13		1n	
出口		1C7D			线路4出口
线路4出口公共端1		1		1n	试验端子
		2			试验端子
线路4出口出口端1		3		1CLP7-1	试验端子
		4			
强电开入公共端		5	■	1C6D6	
		6	■	1C8D5	
		7			
Ⅰ母刀闸位置		8		1n	
Ⅱ母刀闸位置		9		1n	
		10			
线路4A相跳闸启动失灵		11		1n	
线路4B相跳闸启动失灵		12		1n	
线路4C相跳闸启动失灵		13		Jcom	
出口		1C8D			线路5出口
线路5出口公共端1		1		1n	试验端子
		2			试验端子
线路5出口出口端1		3		1CLP8-1	试验端子
		4			
强电开入公共端		5	■	1C7D6	
		6	■	1C9D5	
		7			
Ⅰ母刀闸位置		8		1n	
Ⅱ母刀闸位置		9		1n	
		10			

接入回路定义	外部接线	端子号			内部接线	备注
左侧端子排						
线路 5A 相跳闸启动失灵		11			1n	
线路 5B 相跳闸启动失灵		12			1n	
线路 5C 相跳闸启动失灵		13			1n	
出口		1C9D				线路 6 出口
线路 6 出口公共端 1		1			1n	试验端子
		2				试验端子
线路 6 出口出口端 1		3			1CLP9-1	试验端子
		4				
强电开入公共端		5	■		1C8D6	
		6			1C10D5	
		7				
Ⅰ母刀闸位置		8			1n	
Ⅱ母刀闸位置		9			1n	
		10				
线路 6A 相跳闸启动失灵		11			1n	
线路 6B 相跳闸启动失灵		12			1n	
线路 6C 相跳闸启动失灵		13			1n	
出口		1C10D				线路 7 出口
线路 7 出口公共端 1		1			1n	试验端子
		2				试验端子
线路 7 出口出口端 1		3			1CLP10-1	试验端子
		4				
强电开入公共端		5	■		1C9D6	
		6			1C11D5	
		7				
Ⅰ母刀闸位置		8			1n	
Ⅱ母刀闸位置		9			1n	
		10				
线路 7A 相跳闸启动失灵		11			1n	
线路 7B 相跳闸启动失灵		12			1n	
线路 7C 相跳闸启动失灵		13			1n	
出口		1C11D				线路 8 出口
线路 8 出口公共端 1		1			1n	试验端子
		2				试验端子
线路 8 出口出口端 1		3			1CLP11-1	试验端子

续表

左侧端子排					
接入回路定义	外部接线	端子号		内部接线	备注
		4			
强电开入公共端		5	■	1C10D6	
		6		1C12D5	
		7			
Ⅰ母刀闸位置		8		1n	
Ⅱ母刀闸位置		9		1n	
		10			
线路8A相跳闸启动失灵		11		1n	
线路8B相跳闸启动失灵		12		1n	
线路8C相跳闸启动失灵		13		1n	
出口		1C12D			线路9出口
线路9出口公共端1		1		1n	试验端子
		2			试验端子
线路9出口出口端1		3		1CLP12-1	试验端子
		4			
强电开入公共端		5	■	1C11D6	
		6		1C13D5	
		7			
Ⅰ母刀闸位置		8		1n	
Ⅱ母刀闸位置		9		1n	
		10			
线路9A相跳闸启动失灵		11		1n	
线路9B相跳闸启动失灵		12		1n	
线路9C相跳闸启动失灵		13		1n	
出口		1C13D			线路10出口
线路10出口公共端1		1		1n	试验端子
		2			试验端子
线路10出口出口端1		3		1CLP13-1	试验端子
		4			
强电开入公共端		5	■	1C12D6	
		6		1C14D5	
		7			
Ⅰ母刀闸位置		8		1n	
Ⅱ母刀闸位置		9		1n	
		10			

续表

接入回路定义	外部接线	端子号			内部接线	备注
			左侧端子排			
线路 10A 相跳闸启动失灵		11			1n	
线路 10B 相跳闸启动失灵		12			1n	
线路 10C 相跳闸启动失灵		13			1n	
出口		1C14D				主变压器 3 出口
主变压器 3 出口公共端 1		1			1n	试验端子
		2				试验端子
主变压器 3 出口出口端 1		3			1CLP14-1	试验端子
		4				
强电开入公共端		5	■		1C13D6	
		6	■		1C15D5	
		7				
Ⅰ 母刀闸位置		8			1n	
Ⅱ 母刀闸位置		9			1n	
		10				
主变压器 3 三相跳闸启动失灵		11			1n	

直通端子采用厚度为 6.2mm、额定截面积为 4mm² 的菲尼克斯或成都瑞联端子；
试验端子采用厚度为 8.2mm、额定截面积为 6mm² 的菲尼克斯或成都瑞联端子；
终端堵头采用厚度为 10～12mm；
本侧端子排共有直通端子 164 个、试验端子 48 个、终端堵头 18 个；
总体长度约 1590.4mm，满足要求

注 除南瑞继保采用魏德米勒端子外（直通端子厚度 6.1mm、试验端子厚度 7.9mm、终端堵头厚度 10～12mm），其他厂家均按上述要求执行。

2）横担（左侧延伸）见表 4-18。

表 4-18   **横担（左侧延伸）**

接入回路定义	外部接线	端子号			内部接线	备注
出口		1C14D				主变压器 3 出口
主变压器 3 出口公共端 1		1			1n	试验端子
		2				试验端子
主变压器 3 出口出口端 1		3			1n	试验端子
		4				
强电开入公共端		5	■		1C13D6	
		6	■		1C15D5	
		7				
Ⅰ 母刀闸位置		8			1n	

续表

接入回路定义	外部接线	端子号		内部接线	备注
Ⅱ母刀闸位置		9		1n	
		10			
主变压器3三相跳闸启动失灵		11		1n	
出口		1S14D			主变压器3失灵联跳
主变压器3失灵联跳＋		1		1n	试验端子
		2			试验端子
主变压器3失灵联跳－		3		1n	试验端子
出口		1C15D			主变压器4出口
主变压器4出口公共端1		1		1n	试验端子
		2			试验端子
主变压器4出口出口端1		3		1n	试验端子
		4			
强电开入公共端		5		1C14D6	
		6		1C16D5	
		7			
Ⅰ母刀闸位置		8		1n	
Ⅱ母刀闸位置		9		1n	
		10			
主变压器4三相跳闸启动失灵		11		1n	
出口		1S15D			主变压器4失灵联跳
主变压器4失灵联跳＋		1		1n	试验端子
		2			试验端子
主变压器4失灵联跳－		3		1n	试验端子
出口		1C16D			线路11出口
＼线路11出口公共端1		1		1n	试验端子
		2			试验端子
线路11出口出口端1		3		1n	试验端子
		4			
强电开入公共端		5		1C15D6	
		6		1C17D5	
		7			
Ⅰ母刀闸位置		8		1n	
Ⅱ母刀闸位置		9		1n	
		10			
线路11A相跳闸启动失灵		11		1n	
线路11B相跳闸启动失灵		12		1n	

接入回路定义	外部接线	端子号			内部接线	备注
线路 11C 相跳闸启动失灵		13			1n	
出口		1C17D				线路 12 出口
线路 12 出口公共端 1		1			1n	试验端子
		2				试验端子
线路 12 出口出口端 1		3			1n	试验端子
		4				
强电开入公共端		5	■		1C16D6	
		6				
		7				
Ⅰ 母刀闸位置		8			1n	
Ⅱ 母刀闸位置		9			1n	
		10				
线路 12A 相跳闸启动失灵		11			1n	
线路 12B 相跳闸启动失灵		12			1n	
线路 12C 相跳闸启动失灵		13			1n	
集中备用		1BD				
		1				
		2				
		3				
		4				
		5				
		6				
		7				
		8				
		9				
		10				

直通端子采用厚度为 6.2mm、额定截面积为 $4mm^2$ 的菲尼克斯或成都瑞联端子；
试验端子采用厚度为 8.2mm、额定截面积为 $6mm^2$ 的菲尼克斯或成都瑞联端子；
终端堵头采用厚度为 $10\sim12mm$；
本侧端子排共有直通端子 47 个、试验端子 18 个、终端堵头 7 个；
总体长度约 509mm，满足要求

注 除南瑞继保采用魏德米勒端子外（直通端子厚度 6.1mm、试验端子厚度 7.9mm、终端堵头厚度 $10\sim12mm$），其他厂家均按上述要求执行。

3）右侧端子排见表 4-19。

表 4-19 右 侧 端 子 排

右侧端子排						
备注	内部接线			端子号	外部接线	接入回路定义
交流电压				UD		交流电压
空开前	1ZKK1-1			1		220kV Ⅰ母线 A 相电压
空开前	1ZKK1-3			2		220kV Ⅰ母线 B 相电压
空开前	1ZKK1-5			3		220kV Ⅰ母线 C 相电压
空开前	1ZKK2-1			4		220kV Ⅱ母线 A 相电压
空开前	1ZKK2-3			5		220kV Ⅱ母线 B 相电压
空开前	1ZKK2-5			6		220kV Ⅱ母线 C 相电压
	1UD7			7		220kV 母线 N600
保护装置输入电压				1UD		交流电压
	1n			1	1ZKK1-2	220kV Ⅰ母线 A 相电压装置输入
	1n			2	1ZKK1-4	220kV Ⅰ母线 B 相电压装置输入
	1n			3	1ZKK1-6	220kV Ⅰ母线 C 相电压装置输入
	1n			4	1ZKK2-2	220kV Ⅱ母线 A 相电压装置输入
	1n			5	1ZKK2-4	220kV Ⅱ母线 B 相电压装置输入
	1n			6	1ZKK2-6	220kV Ⅱ母线 C 相电压装置输入
	1n	■		7	UD7	220kV Ⅰ母线 N600 装置输入
	1n			8		220kV Ⅱ母线 N600 装置输入
母联 1 交流电流				1I1D		交流电流
	1n			1		母联 A 相电流装置进端
	1n			2		母联 B 相电流装置进端
	1n			3		母联 C 相电流装置进端
		■		4		
	1n			5		母联 A 相电流装置出端
	1n			6		母联 B 相电流装置出端
	1n			7		母联 C 相电流装置出端
主变压器 1 交流电流				1I2D		交流电流
	1n			1		主变压器 1A 相电流
	1n			2		主变压器 1B 相电流
	1n			3		主变压器 1C 相电流
	1n	■		4		主变压器 1N 相电流
	1n			5	1n	
主变压器 2 交流电流				1I3D		交流电流

续表

备注	内部接线			端子号	外部接线	接入回路定义
			右侧端子排			
	1n			1		主变压器 2A 相电流
	1n			2		主变压器 2B 相电流
	1n			3		主变压器 2C 相电流
	1n	■		4		主变压器 2N 相电流
	1n			5	1n	
线路 1 交流电流				1I4D		交流电流
	1n			1		线路 1A 相电流
	1n			2		线路 1B 相电流
	1n			3		线路 1C 相电流
	1n	■		4		线路 1N 相电流
	1n			5	1n	
线路 2 交流电流				1I5D		交流电流
	1n			1		线路 2A 相电流
	1n			2		线路 2B 相电流
	1n			3		线路 2C 相电流
	1n	■		4		线路 2N 相电流
	1n			5	1n	
线路 3 交流电流				1I6D		交流电流
	1n			1		线路 3A 相电流
	1n			2		线路 3B 相电流
	1n			3		线路 3C 相电流
	1n	■		4		线路 3N 相电流
	1n			5	1n	
线路 4 交流电流				1I7D		交流电流
	1n			1		线路 4A 相电流
	1n			2		线路 4B 相电流
	1n			3		线路 4C 相电流
	1n	■		4		线路 4N 相电流
	1n			5	1n	
线路 5 交流电流				1I8D		交流电流
	1n			1		线路 5A 相电流
	1n			2		线路 5B 相电流
	1n			3		线路 5C 相电流
	1n	■		4		线路 5N 相电流
	1n			5	1n	

续表

右侧端子排					
备注	内部接线			端子号	外部接线	接入回路定义
线路 6 交流电流				1I9D		交流电流
	1n			1		线路 6A 相电流
	1n			2		线路 6B 相电流
	1n			3		线路 6C 相电流
	1n	■		4		线路 6N 相电流
	1n			5	1n	
线路 7 交流电流				1I10D		交流电流
	1n			1		线路 7A 相电流
	1n			2		线路 7B 相电流
	1n			3		线路 7C 相电流
	1n	■		4		线路 7N 相电流
	1n			5	1n	
线路 8 交流电流				1I11D		交流电流
	1n			1		线路 8A 相电流
	1n			2		线路 8B 相电流
	1n			3		线路 8C 相电流
	1n	■		4		线路 8N 相电流
	1n			5	1n	
线路 9 交流电流				1I12D		交流电流
	1n			1		线路 9A 相电流
	1n			2		线路 9B 相电流
	1n			3		线路 9C 相电流
	1n	■		4		线路 9N 相电流
	1n			5	1n	
线路 10 交流电流				1I13D		交流电流
	1n			1		线路 10A 相电流
	1n			2		线路 10B 相电流
	1n			3		线路 10C 相电流
	1n	■		4		线路 10N 相电流
	1n			5	1n	
主变压器 3 交流电流				1I14D		交流电流
	1n			1		主变压器 3A 相电流
	1n			2		主变压器 3B 相电流
	1n			3		主变压器 3C 相电流
	1n	■		4		主变压器 3N 相电流

续表

备注	内部接线			端子号	外部接线	接入回路定义
右侧端子排						
	1n			5	1n	
主变压器4交流电流				1I15D		交流电流
	1n			1		主变压器4A相电流
	1n			2		主变压器4B相电流
	1n			3		主变压器4C相电流
	1n			4		主变压器4N相电流
	1n			5	1n	
线路11交流电流				1I16D		交流电流
	1n			1		线路11A相电流
	1n			2		线路11B相电流
	1n			3		线路11C相电流
	1n			4		线路11N相电流
	1n			5	1n	
线路12交流电流				1I17D		交流电流
	1n			1		线路12A相电流
	1n			2		线路12B相电流
	1n			3		线路12C相电流
	1n			4		线路12N相电流
	1n			5	1n	
中央信号				1XD		信号
	1n			1		遥信公共端
	1n			2		
	1n			3		
				4		
	1n			5		Ⅰ母差动动作
	1n			6		Ⅱ母差动动作
	1n			7		Ⅰ母失灵动作
	1n			8		Ⅱ母失灵动作
	1n			9		母联动作
远动遥信				1YD		遥信
	1n			1	JCOM	遥信公共端
	1n			2		
	1n			3		
				4		
				5		

续表

右侧端子排					
备注	内部接线			端子号	外部接线	接入回路定义
				6		
	1n			7		Ⅰ母差动动作
	1n			8		Ⅱ母差动动作
	1n			9		Ⅰ母失灵动作
	1n			10		Ⅱ母失灵动作
	1n			11		母联动作
	1n			12		母线互联告警
	1n			13		TA/TV断线告警
	1n			14		刀闸位置告警
	1n			17		装置异常（运行异常）
	1n			18		装置故障（闭锁）
	1n			19		失电（电源）
录波信号				1LD		录波
	1n			1		录波公共端
	1n			2		
	1n			3		
				4		
	1n			5		Ⅰ母差动动作
	1n			6		Ⅱ母差动动作
	1n			7		Ⅰ母失灵动作
	1n			8		Ⅱ母失灵动作
	1n			9		母联动作
用于对时、网络通信				TD		网络通信
	1n			1		B码对时＋
				2		
	1n			3		B码对时－
				4		
				5		
				6		
				7		
				8		
				9		
				10		
				11		
				12		

备注	内部接线			端子号	外部接线	接入回路定义
						右侧端子排
				13		
				14		
				15		
				16		
				17		
				18		
				19		
				20		
				21		
				22		
照明打印电源				JD		交流电源
打印电源（可选）	PP-L	■		1	L	交流电源火线
照明空开	AK-1			2	L	
插座电源（可选）	CZ-L	■		3	L	
				4		
打印电源（可选）	PP-N		■	5	N	交流电源零线
照明	LAMP-2			6	N	
插座电源（可选）	CZ-N		■	7	N	
				8		
打印电源地	PP-E	■		9	接地	
铜排	接地	■		10		
				2BD		集中备用
				1		
				2		
				3		
				4		
				5		
				6		
				7		
				8		
				9		
				10		

直通端子采用厚度为 6.2mm、额定截面积为 4mm² 的菲尼克斯或成都瑞联端子；
试验端子采用厚度为 8.2mm、额定截面积为 6mm² 的菲尼克斯或成都瑞联端子；
终端堵头采用厚度为 10~12mm；
本侧端子排共有直通端子 78 个、试验端子 102 个、终端堵头 25 个；
总体长度约 1745mm，满足要求

注 除南瑞继保采用魏德米勒端子外（直通端子厚度 6.1mm、试验端子厚度 7.9mm、终端堵头厚度 10~12mm），其他厂家均按上述要求执行。

4）压板示意表见表 4-20。

表 4-20　　　　　　　　　　　　　　压　板　示　意　表

1CLP1	1CLP2	1CLP3	1CLP4	1CLP5	1CLP6	1CLP7	1CLP8	1CLP9
母联 1 跳闸出口投退	主变压器 1 跳闸出口投退	主变压器 2 跳闸出口投退	线路 1 跳闸出口投退	线路 2 跳闸出口投退	线路 3 跳闸出口投退	线路 4 跳闸出口投退	线路 5 跳闸出口投退	线路 6 跳闸出口投退
1CLP10	1CLP11	1CLP12	1CLP13	1CLP14	1CLP15	1CLP16	1CLP17	1CLP18
线路 7 跳闸出口投退	线路 8 跳闸出口投退	线路 9 跳闸出口投退	线路 10 跳闸出口投退	主变压器 3 跳闸出口投退	主变压器 4 跳闸出口投退	线路 11 跳闸出口投退	线路 12 跳闸出口投退	备用
1SLP1	1SLP2	1SLP3	1SLP4	1SLP5	1SLP6	1SLP7	1SLP8	1SLP9
主变压器 1 失灵联跳出口投退	主变压器 2 失灵联跳出口投退	主变压器 3 失灵联跳出口投退	主变压器 4 失灵联跳出口投退	备用	备用	备用	备用	备用
1KLP1	1KLP2	1KLP3	1KLP4	1KLP5	1KLP6	1KLP7	1KLP8	1KLP9
差动保护投退	失灵保护投退	母线互联投退	备用	备用	备用	备用	远方操作投退	装置检修投退

（2）双母线双分段接线端子排图。

1）左侧端子排见表 4-21。

表 4-21　　　　　　　　　　　　　　左　侧　端　子　排

左侧端子排						
接入回路定义	外部接线	端子号			内部接线	备注
直流电源		ZD				本屏所有装置直流电源
直流电源＋		1			1DK-*	空开前
		2				
		3				
		4				
直流电源－		5			1DK-*	空开前
		6				
强电开入		1QD				母差保护开入
装置电源正		1			1DK-*	
装置开入公共端		2			1n	
压板开入公共端		3			1KLP1-1	
信号复归按钮开入公共端		4			1FA-*	

续表

左侧端子排					
接入回路定义	外部接线	端子号		内部接线	备注
短接至各支路公共端		5	■	1C1D5	
模拟盘公共端＋		6		2n	
扩展公共端＋		7		3n	
		8			
母联1跳位开入		9		1n	
		10			
分段1跳位开入		11		1n	
		12			
分段2跳位开入		13		1n	
		14			
母联1手合充电开入		15		1n	
		16			
分段1手合充电开入		17		1n	
		18			
分段2手合充电开入		19		1n	
		20			
解除电压闭锁1		21		1n	
		22			
解除电压闭锁2		23		1n	
		24			
		25			
信号复归		26	■	1n	
		27		1FA-＊	
		28	■		
装置电源负		29	■	1DK-＊	
模拟盘公共端－		30		3n	
扩展公共端－		31		2n	
		32			
		33	■		
出口、强电开入		1C1D			母联1出口
母联1出口公共端1		1		1n	试验端子
		2			试验端子
母联1出口出口端1		3		1CLP1-1	试验端子
		4			
强电开入公共端		5	■	1QD5	

续表

接入回路定义	外部接线	端子号		内部接线	备注
左侧端子排					
		6	■	1C2D5	
		7			
母联 1 三相跳闸启动失灵		8		1n	
出口、强电开入		1C2D			主变压器 1 出口
主变压器 1 出口公共端 1		1		1n	试验端子
		2			试验端子
主变压器 1 出口出口端 1		3		1CLP2-1	试验端子
		4			
强电开入公共端		5	■	1C1D6	
		6	■	1C3D5	
		7			
Ⅰ 母刀闸位置		8		1n	
Ⅱ 母刀闸位置		9		1n	
		10			
主变压器 1 三相跳闸启动失灵		11		1n	
出口		1S2D			主变压器 1 失灵联跳
主变压器 1 失灵联跳＋		1		1n	试验端子
		2			试验端子
主变压器 1 失灵联跳－		3		1SLP1-1	试验端子
出口、强电开入		1C3D			主变压器 2 出口
主变压器 2 出口公共端 1		1		1n	试验端子
		2			试验端子
主变压器 2 出口出口端 1		3		1CLP3-1	试验端子
		4			
强电开入公共端		5	■	1C2D6	
		6	■	1C4D5	
		7			
Ⅰ 母刀闸位置		8		1n	
Ⅱ 母刀闸位置		9		1n	
		10			
主变压器 2 三相跳闸启动失灵		11		1n	
出口		1S3D			主变压器 2 失灵联跳
主变压器 2 失灵联跳＋		1		1n	试验端子
		2			试验端子
主变压器 2 失灵联跳－		3		1SLP2-1	试验端子

续表

接入回路定义	外部接线	端子号			内部接线	备注
左侧端子排						
出口、强电开入		1C4D				线路 1 出口
线路 1 出口公共端 1		1			1n	试验端子
		2				试验端子
线路 1 出口出口端 1		3			1CLP4-1	试验端子
		4				
强电开入公共端		5	■		1C3D6	
		6	■		1C5D5	
		7				
Ⅰ 母刀闸位置		8			1n	
Ⅱ 母刀闸位置		9			1n	
		10				
线路 1A 相跳闸启动失灵		11			1n	
线路 1B 相跳闸启动失灵		12			1n	
线路 1C 相跳闸启动失灵		13			1n	
出口、强电开入		1C5D				线路 2 出口
线路 2 出口公共端 1		1			1n	试验端子
		2				试验端子
线路 2 出口出口端 1		3			1CLP5-1	试验端子
		4				
强电开入公共端		5	■		1C4D6	
		6	■		1C6D5	
		7				
Ⅰ 母刀闸位置		8			1n	
Ⅱ 母刀闸位置		9			1n	
		10				
线路 2A 相跳闸启动失灵		11			1n	
线路 2B 相跳闸启动失灵		12			JCOM	
线路 2C 相跳闸启动失灵		13			1n	
出口、强电开入		1C6D				线路 3 出口
线路 3 出口公共端 1		1			1n	试验端子
		2				试验端子
线路 3 出口出口端 1		3			1CLP6-1	试验端子
		4				
强电开入公共端		5	■		1C5D6	
		6	■		1C7D5	

续表

左侧端子排					
接入回路定义	外部接线	端子号		内部接线	备注
		7			
Ⅰ母刀闸位置		8		1n	
Ⅱ母刀闸位置		9		1n	
		10			
线路 3A 相跳闸启动失灵		11		1n	
线路 3B 相跳闸启动失灵		12		1n	
线路 3C 相跳闸启动失灵		13		1n	
出口、强电开入		1C7D			线路 4 出口
线路 4 出口公共端 1		1		1n	试验端子
		2			试验端子
线路 4 出口出口端 1		3		1CLP7-1	试验端子
		4			
强电开入公共端		5	■	1C6D6	
		6		1C8D5	
		7			
Ⅰ母刀闸位置		8		1n	
Ⅱ母刀闸位置		9		1n	
		10			
线路 4A 相跳闸启动失灵		11		1n	
线路 4B 相跳闸启动失灵		12		1n	
线路 4C 相跳闸启动失灵		13		1n	
出口、强电开入		1C8D			线路 5 出口
线路 5 出口公共端 1		1		1n	试验端子
		2			试验端子
线路 5 出口出口端 1		3		1CLP8-1	试验端子
		4			
强电开入公共端		5	■	1C7D6	
		6		1C9D5	
		7			
Ⅰ母刀闸位置		8		1n	
Ⅱ母刀闸位置		9		1n	
		10			
线路 5A 相跳闸启动失灵		11		1n	
线路 5B 相跳闸启动失灵		12		1n	
线路 5C 相跳闸启动失灵		13		1n	

续表

左侧端子排					
接入回路定义	外部接线	端子号		内部接线	备注
出口、强电开入		1C9D			线路6出口
线路6出口公共端1		1		1n	试验端子
		2			试验端子
线路6出口出口端1		3		1CLP9-1	试验端子
		4			
强电开入公共端		5	■	1C8D6	
		6		1C10D5	
		7			
Ⅰ母刀闸位置		8		1n	
Ⅱ母刀闸位置		9		1n	
		10			
线路6A相跳闸启动失灵		11		1n	
线路6B相跳闸启动失灵		12		1n	
线路6C相跳闸启动失灵		13		1n	
出口、强电开入		1C10D			线路7出口
线路7出口公共端1		1		1n	试验端子
		2			试验端子
线路7出口出口端1		3		1CLP10-1	试验端子
		4			
强电开入公共端		5	■	1C9D6	
		6		1C11D5	
		7			
Ⅰ母刀闸位置		8		1n	
Ⅱ母刀闸位置		9		1n	
		10			
线路7A相跳闸启动失灵		11		1n	
线路7B相跳闸启动失灵		12		1n	
线路7C相跳闸启动失灵		13		1n	
出口、强电开入		1C11D			线路8出口
线路8出口公共端1		1		1n	试验端子
		2			试验端子
线路8出口出口端1		3		1CLP11-1	试验端子
		4			
强电开入公共端		5	■	1C10D6	
		6		1C12D5	

续表

左侧端子排						
接入回路定义	外部接线	端子号			内部接线	备注
		7				
Ⅰ母刀闸位置		8			1n	
Ⅱ母刀闸位置		9			1n	
		10				
线路8A相跳闸启动失灵		11			1n	
线路8B相跳闸启动失灵		12			1n	
线路8C相跳闸启动失灵		13			1n	
出口、强电开入		1C12D				线路9出口
线路9出口公共端1		1			1n	试验端子
		2				试验端子
线路9出口出口端1		3			1CLP12-1	试验端子
		4				
强电开入公共端		5		■	1C11D6	
		6			1C13D5	
		7				
Ⅰ母刀闸位置		8			1n	
Ⅱ母刀闸位置		9			1n	
		10				
线路9A相跳闸启动失灵		11			1n	
线路9B相跳闸启动失灵		12			1n	
线路9C相跳闸启动失灵		13			1n	
出口、强电开入		1C13D				线路10出口
线路10出口公共端1		1			1n	试验端子
		2				试验端子
线路10出口出口端1		3			1CLP13-1	试验端子
		4				
强电开入公共端		5		■	1C12D6	
		6				
		7				
Ⅰ母刀闸位置		8			1n	
Ⅱ母刀闸位置		9			1n	
		10				
线路10A相跳闸启动失灵		11			1n	
线路10B相跳闸启动失灵		12			1n	
线路10C相跳闸启动失灵		13			1n	

左侧端子排					
接入回路定义	外部接线	端子号		内部接线	备注
集中备用		1BD			
		1			
		2			
		3			
		4			
		5			
		6			
		7			
		8			
		9			
		10			

电流端子采用菲尼克斯 URTK/S，厚度为 8.2mm；
电压端子采用菲尼克斯 UK2.5B，厚度为 6.2mm；
分段标记板采用菲尼克斯 UBE/D 标记板，厚度为 17mm；
本段端子共采用电流端子 45 个、电压端子 173 个、标记板为 18 个；
总体长度为 1747.6mm，满足要求

内部接线在满足功能的前提下，模拟盘及扩展装置可根据各厂家实际装置配置和编号情况可自行变更

2）右侧端子排见表 4-22。

表 4-22 **右 侧 端 子 排**

右侧端子排					
备注	内部接线		端子号	外部接线	接入回路定义
交流电压			UD		交流电压
空开前	1ZKK1-1		1		220kV Ⅰ母 A 相电压
空开前	1ZKK1-3		2		220kV Ⅰ母 B 相电压
空开前	1ZKK1-5		3		220kV Ⅰ母 C 相电压
空开前	1ZKK2-1		4		220kV Ⅱ母 A 相电压
空开前	1ZKK2-3		5		220kV Ⅱ母 B 相电压
空开前	1ZKK2-5		6		220kV Ⅱ母 C 相电压
	1UD7		7		220kV 母线 N600
保护装置输入电压			1UD		交流电压
	1n		1	1ZKK1-2	220kV Ⅰ母 A 相电压装置输入
	1n		2	1ZKK1-4	220kV Ⅰ母 B 相电压装置输入
	1n		3	1ZKK1-6	220kV Ⅰ母 C 相电压装置输入

续表

备注	内部接线			端子号	外部接线	接入回路定义
	1n			4	1ZKK2-2	220kV Ⅱ母 A 相电压装置输入
	1n			5	1ZKK2-4	220kV Ⅱ母 B 相电压装置输入
	1n			6	1ZKK2-6	220kV Ⅱ母 C 相电压装置输入
	1n	■		7	UD7	220kV Ⅰ母母线 N600 装置输入
	1n			8		220kVⅡ母母线 N600 装置输入
母联 1 交流电流				1I1D		交流电流
	1n			1		母联 A 相电流装置进端
	1n			2		母联 B 相电流装置进端
	1n			3		母联 C 相电流装置进端
		■		4		
	1n			5		母联 A 相电流装置出端
	1n			6		母联 B 相电流装置出端
	1n			7		母联 C 相电流装置出端
主变压器 1 交流电流				1I2D		交流电流
	1n			1		主变压器 1A 相电流
	1n			2		主变压器 1B 相电流
	1n			3		主变压器 1C 相电流
	1n	■		4		主变压器 1N 相电流
	1n			5	1n	
主变压器 2 交流电流				1I3D		交流电流
	1n			1		主变压器 2A 相电流
	1n			2		主变压器 2B 相电流
	1n			3		主变压器 2C 相电流
	1n	■		4		主变压器 2N 相电流
	1n			5	1n	
线路 1 交流电流				1I4D		交流电流
	1n			1		线路 1A 相电流
	1n			2		线路 1B 相电流
	1n			3		线路 1C 相电流
	1n	■		4		线路 1N 相电流
	1n			5	1n	
线路 2 交流电流				1I5D		交流电流
	1n			1		线路 2A 相电流
	1n			2		线路 2B 相电流
	1n			3		线路 2C 相电流

备注	内部接线			端子号	外部接线	接入回路定义
	1n			4		线路2N相电流
	1n			5	1n	
线路3交流电流				1I6D		交流电流
	1n			1		线路3A相电流
	1n			2		线路3B相电流
	1n			3		线路3C相电流
	1n			4		线路3N相电流
	1n			5	1n	
线路4交流电流				1I7D		交流电流
	1n			1		线路4A相电流
	1n			2		线路4B相电流
	1n			3		线路4C相电流
	1n			4		线路4N相电流
	1n			5	1n	
线路5交流电流				1I8D		交流电流
	1n			1		线路5A相电流
	1n			2		线路5B相电流
	1n			3		线路5C相电流
	1n			4		线路5N相电流
	1n			5	1n	
线路6交流电流				1I9D		交流电流
	1n			1		线路6A相电流
	1n			2		线路6B相电流
	1n			3		线路6C相电流
	1n			4		线路6N相电流
	1n			5	1n	
线路7交流电流				1I10D		交流电流
	1n			1		线路7A相电流
	1n			2		线路7B相电流
	1n			3		线路7C相电流
	1n			4		线路7N相电流
	1n			5	1n	
线路8交流电流				1I11D		交流电流
	1n			1		线路8A相电流
	1n			2		线路8B相电流

右侧端子排

备注	内部接线			端子号	外部接线	接入回路定义
	1n			3		线路 8C 相电流
	1n	■		4		线路 8N 相电流
	1n			5	1n	
线路 9 交流电流				1I12D		交流电流
	1n			1		线路 9A 相电流
	1n			2		线路 9B 相电流
	1n			3		线路 9C 相电流
	1n	■		4		线路 9N 相电流
	1n			5	1n	
线路 10 交流电流				1I13D		交流电流
	1n			1		线路 10A 相电流
	1n			2		线路 10B 相电流
	1n			3		线路 10C 相电流
	1n	■		4		线路 10N 相电流
	1n			5	1n	
中央信号				1XD		信号
	1n			1		遥信公共端
	1n	■		2		
	1n			3		
				4		
	1n			5		Ⅰ母差动动作
	1n			6		Ⅱ母差动动作
	1n			7		Ⅰ母失灵动作
	1n			8		Ⅱ母失灵动作
	1n			9		母联动作
远动遥信				1YD		遥信
	1n			1	Jcom	遥信公共端
	1n			2		
	1n	■		3		
				4		
				5		
				6		
	1n			7		Ⅰ母差动动作
	1n			8		Ⅱ母差动动作
	1n			9		Ⅰ母失灵动作

续表

备注	内部接线			端子号	外部接线	接入回路定义
右侧端子排						
	1n			10		Ⅱ母失灵动作
	1n			11		母联动作
	1n			12		母线互联告警
	1n			13		TA/TV断线告警
	1n			14		刀闸位置告警
	1n			15		装置异常（运行异常）
	1n			16		装置故障（闭锁）
	1n			17		失电（电源）
录波信号				1LD		录波
	1n	■		1		录波公共端
		■		2		
		■		3		
				4		
	1n			5		Ⅰ母差动动作
	1n			6		Ⅱ母差动动作
	1n			7		Ⅰ母失灵动作
	1n			8		Ⅱ母失灵动作
	1n			9		母联动作
用于对时、网络通信				TD		网络通信
	1n			1		B码对时＋
				2		
	1n			3		B码对时一
				4		
				5		
				6		
				7		
				8		
				9		
				10		
				11		
				12		
				13		
				14		
				15		
				16		

续表

右侧端子排					
备注	内部接线			端子号	外部接线	接入回路定义
				17		
				18		
				19		
				20		
				21		
				22		
照明打印电源				JD		交流电源
打印电源（可选）	PP-L			1	L	交流电源火线
照明空开	AK-1			2	L	
插座电源（可选）	CZ-L			3	L	
				4		
打印电源（可选）	PP-N			5	N	交流电源零线
照明	LAMP-2			6	N	
插座电源（可选）	CZ-N			7	N	
				8		
打印电源地	PP-E			9	接地	
铜排	接地			10		
2BD						集中备用
				1		
				2		
				3		
				4		
				5		
				6		
				7		
				8		
				9		
				10		

电流端子采用菲尼克斯 URTK/S，厚度为 8.2mm；
电压端子采用菲尼克斯 UK2.5B，厚度为 6.2mm；
分段标记板采用菲尼克斯 UBE/D 标记板，厚度为 17mm；
本段端子共采用电流端子 82 个、电压端子 78 个、标记板为 21 个；
总体长度为 1513mm，满足要求

3）横担（右侧延伸）表见表 4-23。

表 4-23 　　　　　　　　　　　横担（右侧延伸）表

横担2端子排图（上接右侧端子排）					
接入回路定义	外部接线	端子号		内部接线	备注
交流电流		1I23D			分段1电流
试验端子	1n	1			分段1A相电流装置进端
试验端子	1n	2			分段1B相电流装置进端
试验端子	1n	3			分段1C相电流装置进端
试验端子		4	■		
试验端子	1n	5	■		分段1A相电流装置出端
试验端子	1n	6	■		分段1B相电流装置出端
试验端子	1n	7	■		分段1C相电流装置出端
交流电流		1I24D			分段2电流
试验端子	1n	1			分段2A相电流装置进端
试验端子	1n	2			分段2B相电流装置进端
试验端子	1n	3			分段2C相电流装置进端
试验端子		4	■		
试验端子	1n	5	■		分段2A相电流装置出端
试验端子	1n	6	■		分段2B相电流装置出端
试验端子	1n	7	■		分段2C相电流装置出端
出口、强电开入		1C23D			分段1出口
分段1出口公共端1		1		1n	试验端子
		2			试验端子
分段1出口出口端1		3		1CLP23-1	试验端子
		4			
强电开入公共端		5	■	1C17D6	
		6	■	1C24D5	
		7			
分段1三相跳闸启动失灵		8	■	1n	
II套母差动作启动失灵		9	■	1n	
出口		1S23D			启动分段失灵
分段1出口公共端1（用于启动II套母差分段失灵）		1		1n	试验端子
		2			试验端子
分段1出口出口端1（用于启动II套母差分段失灵）		3		1SLP3-1	试验端子
出口、强电开入		1C24D			分段2出口
分段2出口公共端1		1		1n	试验端子
		2			试验端子

续表

横担 2 端子排图（上接右侧端子排）					
接入回路定义	外部接线	端子号		内部接线	备注
分段 2 出口出口端 1	3			1CLP24-1	试验端子
		4			
强电开入公共端		5	■	1C23D6	
		6			
		7			
分段 2 三相跳闸启动失灵		8	■	1n	
Ⅱ套母差动作启动失灵		9	■	1n	
出口	1S24D				启动分段失灵
分段 2 出口公共端 1（用于启动Ⅱ套母差分段失灵）		1		1n	试验端子
		2			试验端子
分段 2 出口出口端 1（用于启动Ⅱ套母差分段失灵）		3		1SLP4-1	试验端子

电流端子采用菲尼克斯 URTK/S，厚度为 8.2mm；
电压端子采用菲尼克斯 UK2.5B，厚度为 6.2mm；
分段标记板采用菲尼克斯 UBE/D 标记板，厚度为 17mm；
本段端子共采用电流端子 20 个、电压端子 10 个、标记板为 4 个；
总体长度为 294mm，满足要求

4）压板示意表见表 4-24。

表 4-24　　　　　　　　　　压 板 示 意 表

1CLP1	1CLP2	1CLP3	1CLP4	1CLP5	1CLP6	1CLP7	1CLP8	1CLP9
母联 1 跳闸出口投退	主变压器 1 跳闸出口投退	主变压器 2 跳闸出口投退	线路 1 跳闸出口投退	线路 2 跳闸出口投退	线路 3 跳闸出口投退	线路 4 跳闸出口投退	线路 5 跳闸出口投退	线路 6 跳闸出口投退
1CLP10	1CLP11	1CLP12	1CLP13	1CLP14	1CLP15	1CLP16	1CLP17	1CLP18
线路 7 跳闸出口投退	线路 8 跳闸出口投退	线路 9 跳闸出口投退	线路 10 跳闸出口投退	备用	备用	备用	备用	备用
1CLP19	1CLP20	1CLP21	1CLP22	1CLP23	1CLP24	1CLP25	1CLP26	1CLP27
备用	备用	备用	备用	分段 1 跳闸出口投退	分段 2 跳闸出口投退	备用	备用	备用

续表

1SLP1	1SLP2	1SLP3	1SLP4	1SLP5	1SLP6	1SLP7	1SLP8	1SLP9
主变压器1失灵联跳出口投退	主变压器2失灵联跳出口投退	分段1启动失灵出口投退	分段2启动失灵出口投退	备用	备用	备用	备用	备用
1KLP1	1KLP2	1KLP3	1KLP4	1KLP5	1KLP6	1KLP7	1KLP8	1KLP9
差动保护投退	失灵保护投退	母线互联投退	备用	备用	备用	备用	远方操作投退	装置检修投退

（3）双母线单分段接线端子排图。

1）左侧端子排见表 4-25。

表 4-25　　　　　　　　　　左 侧 端 子 排

左侧端子排					
接入回路定义	外部接线	端子号		内部接线	备注
直流电源		ZD			本屏所有装置直流电源
直流电源＋		1		1DK-＊	空开前
		2			
		3			
		4			
直流电源－		5		1DK-＊	空开前
		6			
强电开入		1QD			母差保护开入
装置电源正		1		1DK-＊	
装置开入公共端		2		1n	
压板开入公共端		3		1KLP1-1	
信号复归按钮开入公共端		4		1FA-＊	
短接至各支路公共端		5		1C1D5	
模拟盘公共端＋		6		2n	
扩展公共端＋		7		3n	
		8			
母联1跳位开入		9		1n	
		10			
母联2跳位开入		11		1n	
		12			
分段跳位开入		13		1n	
		14			

续表

接入回路定义	外部接线	端子号			内部接线	备注
左侧端子排						
母联 1 手合充电开入		15			1n	
		16				
母联 2 手合充电开入		17			1n	
		18				
分段手合充电开入		19			1n	
		20				
解除电压闭锁 1		21			1n	
		22				
解除电压闭锁 2		23			1n	
		24				
解除电压闭锁 3		25			1n	
		26				
解除电压闭锁 4		27			1n	
		28				
信号复归		29	■		1n	
		30			1FA-*	
		31				
装置电源负		32	■		1DK-*	
模拟盘公共端―		33			3n	
扩展公共端―		34			2n	
		35				
		36				
出口、强电开入		1C1D			母联 1 出口	
母联 1 出口公共端 1		1			1n	试验端子
		2				试验端子
母联 1 出口出口端 1		3			1CLP1-1	试验端子
		4				
强电开入公共端		5	■		1QD5	
		6			1C2D5	
		7				
母联 1 保护启动失灵		8			1n	
出口、强电开入		1C2D			主变压器 1 出口	
主变压器 1 出口公共端 1		1			1n	试验端子
		2				试验端子
主变压器 1 出口出口端 1		3			1CLP2-1	试验端子

续表

接入回路定义	外部接线	端子号		内部接线	备注
		4			
强电开入公共端		5	■	1C1D6	
		6	■	1C3D5	
		7			
Ⅰ母刀闸位置		8		1n	
Ⅱ母刀闸位置		9		1n	
		10			
主变压器1三相跳闸启动失灵		11		1n	
出口		1S2D			主变压器1失灵联跳
主变压器1失灵联跳＋		1		1n	试验端子
		2			试验端子
主变压器1失灵联跳－		3		1SLP1-1	试验端子
出口、强电开入		1C3D			主变压器2出口
主变压器2出口公共端1		1		1n	试验端子
		2			试验端子
主变压器2出口出口端1		3		1CLP3-1	试验端子
		4			
强电开入公共端		5	■	1C2D6	
		6	■	1C4D5	
		7			
Ⅰ母刀闸位置		8		1n	
Ⅱ母刀闸位置		9		1n	
		10			
主变压器2三相跳闸启动失灵		11		1n	
出口		1S3D			主变压器2失灵联跳
主变压器2失灵联跳＋		1		1n	试验端子
		2			试验端子
主变压器2失灵联跳－		3		1SLP2-1	试验端子
出口、强电开入		1C4D			线路1出口
线路1出口公共端1		1		1n	试验端子
		2			试验端子
线路1出口出口端1		3		1CLP4-1	试验端子
		4			
强电开入公共端		5	■	1C3D6	
		6	■	1C5D5	

左侧端子排

续表

左侧端子排						
接入回路定义	外部接线	端子号			内部接线	备注
		7				
Ⅰ母刀闸位置		8			1n	
Ⅱ母刀闸位置		9			1n	
		10				
线路1A相跳闸启动失灵		11			1n	
线路1B相跳闸启动失灵		12			1n	
线路1C相跳闸启动失灵		13			1n	
出口、强电开入		1C5D				线路2出口
线路2出口公共端1		1			1n	试验端子
		2				试验端子
线路2出口出口端1		3			1CLP5-1	试验端子
		4				
强电开入公共端		5		■	1C4D6	
		6		■	1C6D5	
		7				
Ⅰ母刀闸位置		8			1n	
Ⅱ母刀闸位置		9			1n	
		10				
线路2A相跳闸启动失灵		11			1n	
线路2B相跳闸启动失灵		12			1n	
线路2C相跳闸启动失灵		13			1n	
出口、强电开入		1C6D				线路3出口
线路3出口公共端1		1			1n	试验端子
		2				试验端子
线路3出口出口端1		3			1CLP6-1	试验端子
		4				
强电开入公共端		5		■	1C5D6	
		6		■	1C7D5	
		7				
Ⅰ母刀闸位置		8			1n	
Ⅱ母刀闸位置		9			1n	
		10				
线路3A相跳闸启动失灵		11			1n	
线路3B相跳闸启动失灵		12			1n	
线路3C相跳闸启动失灵		13			1n	

续表

左侧端子排					
接入回路定义	外部接线	端子号		内部接线	备注
出口、强电开入		1C7D			线路4出口
线路4出口公共端1		1		1n	试验端子
		2			试验端子
线路4出口出口端1		3		1CLP7-1	试验端子
		4			
强电开入公共端		5	■	1C6D6	
		6		1C8D5	
		7			
Ⅰ母刀闸位置		8		1n	
Ⅱ母刀闸位置		9		1n	
		10			
线路4A相跳闸启动失灵		11		1n	
线路4B相跳闸启动失灵		12		1n	
线路4C相跳闸启动失灵		13		1n	
出口、强电开入		1C8D		JCOM	线路5出口
线路5出口公共端1		1		1n	试验端子
		2			试验端子
线路5出口出口端1		3		1CLP8-1	试验端子
		4			
强电开入公共端		5	■	1C7D6	
		6		1C9D5	
		7			
Ⅰ母刀闸位置		8		1n	
Ⅱ母刀闸位置		9		1n	
		10			
线路5A相跳闸启动失灵		11		1n	
线路5B相跳闸启动失灵		12		1n	
线路5C相跳闸启动失灵		13		1n	
出口、强电开入		1C9D			线路6出口
线路6出口公共端1		1		1n	试验端子
		2			试验端子
线路6出口出口端1		3		1CLP9-1	试验端子
		4			
强电开入公共端		5	■	1C8D6	
		6		1C13D5	

续表

接入回路定义	外部接线	端子号			内部接线	备注
		7				
Ⅰ母刀闸位置		8			1n	
Ⅱ母刀闸位置		9			1n	
		10				
线路6A相跳闸启动失灵		11			1n	
线路6B相跳闸启动失灵		12			1n	
线路6C相跳闸启动失灵		13			1n	
出口、强电开入		1C13D				线路7出口
线路7出口公共端1		1			1n	试验端子
		2				试验端子
线路7出口出口端1		3			1CLP13-1	试验端子
		4				
强电开入公共端		5	■		1C9D6	
		6			1C14D5	
		7				
Ⅰ母刀闸位置		8			1n	
Ⅱ母刀闸位置		9			1n	
		10				
线路7A相跳闸启动失灵		11			1n	
线路7B相跳闸启动失灵		12			1n	
线路7C相跳闸启动失灵		13			1n	
出口、强电开入		1C14D				主变压器3出口
主变压器3出口公共端1		1			1n	试验端子
		2				试验端子
主变压器3出口出口端1		3			1CLP14-1	试验端子
		4				
强电开入公共端		5	■		1C13D6	
		6			1C15D5	
		7				
Ⅰ母刀闸位置		8			1n	
Ⅱ母刀闸位置		9			1n	
		10				
主变压器3三相跳闸启动失灵		11			1n	
出口		1S14D				主变压器3失灵联跳
主变压器3失灵联跳＋		1			1n	试验端子

左侧端子排

195

续表

左侧端子排					
接入回路定义	外部接线	端子号		内部接线	备注
		2			试验端子
主变压器 3 失灵联跳一		3		1SLP3-1	试验端子
出口、强电开入		1C15D			主变压器 4 出口
主变压器 4 出口公共端 1		1		1n	试验端子
		2			试验端子
主变压器 4 出口出口端 1		3		1CLP15-1	试验端子
		4			
强电开入公共端		5	■	1C14D6	
		6		1C16D5	
		7			
Ⅰ 母刀闸位置		8		1n	
Ⅱ 母刀闸位置		9		1n	
		10			
主变压器 4 三相跳闸启动失灵		11		1n	
出口		1S15D			主变压器 4 失灵联跳
主变压器 4 失灵联跳＋		1		1n	试验端子
		2			试验端子
主变压器 4 失灵联跳一		3		1SLP4-1	试验端子
出口、强电开入		1C16D			线路 8 出口
线路 8 出口公共端 1		1		1n	试验端子
		2			试验端子
线路 8 出口出口端 1		3		1CLP16-1	试验端子
		4			
强电开入公共端		5	■	1C15D6	
		6		1C17D5	
		7			
Ⅰ 母刀闸位置		8		1n	
Ⅱ 母刀闸位置		9		1n	
		10			
线路 8A 相跳闸启动失灵		11		1n	
线路 8B 相跳闸启动失灵		12		1n	
线路 8C 相跳闸启动失灵		13		1n	
集中备用		1BD			
		1			
		2			

续表

左侧端子排					
接入回路定义	外部接线	端子号		内部接线	备注
		3			
		4			
		5			
		6			
		7			
		8			
		9			
		10			

电流端子采用菲尼克斯 URTK/S，厚度为 8.2mm；
电压端子采用菲尼克斯 UK2.5B，厚度为 6.2mm；
分段标记板采用菲尼克斯 UBE/D 标记板，厚度为 10mm；
本段端子共采用电流端子 51 个、电压端子 170 个、标记板为 20 个；
总体长度约为 1672mm

内部接线在满足功能的前提下，模拟盘及扩展装置可根据各厂家实际装置配置和编号情况可自行变更

2）横担 1（左侧延伸）见表 4-26。

表 4-26 **横担 1（左侧延伸）**

横担端子排图					
接入回路定义	外部接线（靠上）	端子号		内部接线（靠下）	备注
出口、强电开入		1C17D			线路 9 出口
线路 9 出口公共端 1		1		1n	试验端子
		2			试验端子
线路 9 出口出口端 1		3		1CLP17-1	试验端子
		4			
强电开入公共端		5	■	1C16D6	
		6	■	1C18D5	
		7			
Ⅰ母刀闸位置		8		1n	
Ⅱ母刀闸位置		9		1n	
		10			
线路 9A 相跳闸启动失灵		11		1n	
线路 9B 相跳闸启动失灵		12		1n	
线路 9C 相跳闸启动失灵		13		1n	
出口、强电开入		1C18D			线路 10 出口
线路 10 出口公共端 1		1		1n	试验端子

续表

横担端子排图					
接入回路定义	外部接线（靠上）	端子号		内部接线（靠下）	备注
		2			试验端子
线路10出口出口端1		3		1CLP18-1	试验端子
		4			
强电开入公共端		5	■	1C17D6	
		6	■	1C19D5	
		7			
Ⅰ母刀闸位置		8		1n	
Ⅱ母刀闸位置		9		1n	
		10			
线路10A相跳闸启动失灵		11		1n	
线路10B相跳闸启动失灵		12		1n	
线路10C相跳闸启动失灵		13		1n	
出口、强电开入		1C19D		线路11出口	
线路11出口公共端1		1		1n	试验端子
		2			试验端子
线路11出口出口端1		3		1CLP19-1	试验端子
		4			
强电开入公共端		5	■	1C18D6	
		6	■	1C20D5	
		7			
Ⅰ母刀闸位置		8		1n	
Ⅱ母刀闸位置		9		1n	
		10			
线路11A相跳闸启动失灵		11		1n	
线路11B相跳闸启动失灵		12		1n	
线路11C相跳闸启动失灵		13		1n	
出口、强电开入		1C20D		线路12出口	
线路12出口公共端1		1		1n	试验端子
		2			试验端子
线路12出口出口端1		3		1CLP20-1	试验端子
		4			
强电开入公共端		5	■	1C19D6	
		6	■	1C23D5	
		7			
Ⅰ母刀闸位置		8		1n	

续表

横担端子排图					
接入回路定义	外部接线（靠上）	端子号		内部接线（靠下）	备注
II 母刀闸位置		9		1n	
		10			
线路 12A 相跳闸启动失灵		11		1n	
线路 12B 相跳闸启动失灵		12		1n	
线路 12C 相跳闸启动失灵		13		1n	

电流端子采用菲尼克斯 URTK/S，厚度为 8.2mm；
电压端子采用菲尼克斯 UK2.5B，厚度为 6.2mm；
分段标记板采用菲尼克斯 UBE/D 标记板，厚度为 10mm；
本段端子共采用电流端子 12 个、电压端子 42 个、标记板 4 个；
总体长度约为 392mm

3）右侧端子排见表 4-27。

表 4-27　　　　　　　　　　　　　右 侧 端 子 排

右侧端子排					
备注	内部接线		端子号	外部接线	接入回路定义
交流电压			UD		交流电压
空开前	1ZKK1-1		1		220kV Ⅰ 母 A 相电压
空开前	1ZKK1-3		2		220kV Ⅰ 母 B 相电压
空开前	1ZKK1-5		3		220kV Ⅰ 母 C 相电压
空开前	1ZKK2-1		4		220kV Ⅱ 母 A 相电压
空开前	1ZKK2-3		5		220kV Ⅱ 母 B 相电压
空开前	1ZKK2-5		6		220kV Ⅱ 母 C 相电压
空开前	1ZKK3-1		7		220kV Ⅲ 母 A 相电压
空开前	1ZKK3-3		8		220kV Ⅲ 母 B 相电压
空开前	1ZKK3-5		9		220kV Ⅲ 母 C 相电压
	1UD10		10		220kV 母线 N600
保护装置输入电压			1UD		交流电压
	1n		1	1ZKK1-2	220kV Ⅰ 母 A 相电压装置输入
	1n		2	1ZKK1-4	220kV Ⅰ 母 B 相电压装置输入
	1n		3	1ZKK1-6	220kV Ⅰ 母 C 相电压装置输入
	1n		4	1ZKK2-2	220kV Ⅱ 母 A 相电压装置输入
	1n		5	1ZKK2-4	220kV Ⅱ 母 B 相电压装置输入
	1n		6	1ZKK2-6	220kV Ⅱ 母 C 相电压装置输入
	1n		7	1ZKK3-2	220kV Ⅲ 母 A 相电压装置输入

备注	内部接线			端子号	外部接线	接入回路定义
						右侧端子排
	1n			8	1ZKK3-4	220kV Ⅲ母 B 相电压装置输入
	1n			9	1ZKK3-6	220kV Ⅲ母 C 相电压装置输入
	1n	■		10	UD10	220kV Ⅰ母母线 N600 装置输入
	1n			11		220kV Ⅱ母母线 N600 装置输入
	1n			12		220kV Ⅲ母母线 N600 装置输入
母联 1 交流电流				1I1D		交流电流
	1n			1		母联 A 相电流装置进端
	1n			2		母联 B 相电流装置进端
	1n			3		母联 C 相电流装置进端
		■		4		
	1n			5		母联 A 相电流装置出端
	1n			6		母联 B 相电流装置出端
	1n			7		母联 C 相电流装置出端
主变压器 1 交流电流				1I2D		交流电流
	1n			1		主变压器 1A 相电流
	1n			2		主变压器 1B 相电流
	1n			3		主变压器 1C 相电流
	1n	■		4		主变压器 1N 相电流
	1n			5	1n	
主变压器 2 交流电流				1I3D		交流电流
	1n			1		主变压器 2A 相电流
	1n			2		主变压器 2B 相电流
	1n			3		主变压器 2C 相电流
	1n	■		4		主变压器 2N 相电流
	1n			5	1n	
线路 1 交流电流				1I4D		交流电流
	1n			1		线路 1A 相电流
	1n			2		线路 1B 相电流
	1n			3		线路 1C 相电流
	1n	■		4		线路 1N 相电流
	1n			5	1n	
线路 2 交流电流				1I5D		交流电流
	1n			1		线路 2A 相电流
	1n			2		线路 2B 相电流
	1n			3		线路 2C 相电流

续表

备注	内部接线			端子号	外部接线	接入回路定义
				\multicolumn{1}{c}{右侧端子排}		
	1n			4		线路2N相电流
	1n			5	1n	
线路3交流电流				1I6D		交流电流
	1n			1		线路3A相电流
	1n			2		线路3B相电流
	1n			3		线路3C相电流
	1n			4		线路3N相电流
	1n			5	1n	
线路4交流电流				1I7D		交流电流
	1n			1		线路4A相电流
	1n			2		线路4B相电流
	1n			3		线路4C相电流
	1n			4		线路4N相电流
	1n			5	1n	
线路5交流电流				1I8D		交流电流
	1n			1		线路5A相电流
	1n			2		线路5B相电流
	1n			3		线路5C相电流
	1n			4		线路5N相电流
	1n			5	1n	
线路6交流电流				1I9D		交流电流
	1n			1		线路6A相电流
	1n			2		线路6B相电流
	1n			3		线路6C相电流
	1n			4		线路6N相电流
	1n			5	1n	
线路7交流电流				1I13D		交流电流
	1n			1		线路7A相电流
	1n			2		线路7B相电流
	1n			3		线路7C相电流
	1n			4		线路7N相电流
	1n			5	1n	
主变压器3交流电流				1I14D		交流电流
	1n			1		主变压器3A相电流
	1n			2		主变压器3B相电流

备注	内部接线			端子号	外部接线	接入回路定义
	1n			3		主变压器 3C 相电流
	1n	■		4		主变压器 3N 相电流
	1n			5	1n	
主变压器 4 交流电流				1I15D		交流电流
	1n			1		主变压器 4A 相电流
	1n			2		主变压器 4B 相电流
	1n			3		主变压器 4C 相电流
	1n	■		4		主变压器 4N 相电流
	1n			5	1n	
线路 8 交流电流				1I16D		交流电流
	1n			1		线路 8A 相电流
	1n			2		线路 8B 相电流
	1n			3		线路 8C 相电流
	1n	■		4		线路 8N 相电流
	1n			5	1n	
线路 9 交流电流				1I17D		交流电流
	1n			1		线路 9A 相电流
	1n			2		线路 9B 相电流
	1n			3		线路 9C 相电流
	1n	■		4		线路 9N 相电流
	1n			5	1n	
线路 10 交流电流				1I18D		交流电流
	1n			1		线路 10A 相电流
	1n			2		线路 10B 相电流
	1n			3		线路 10C 相电流
	1n	■		4		线路 10N 相电流
	1n			5	1n	
线路 11 交流电流				1I19D		交流电流
	1n			1		线路 11A 相电流
	1n			2		线路 11B 相电流
	1n			3		线路 11C 相电流
	1n	■		4		线路 11N 相电流
	1n			5	1n	
线路 12 交流电流				1I20D		交流电流
	1n			1		线路 12A 相电流

右侧端子排

续表

右侧端子排					
备注	内部接线			端子号	外部接线	接入回路定义
	1n			2		线路12B相电流
	1n			3		线路12C相电流
	1n			4		线路12N相电流
	1n			5	1n	
中央信号				1XD		信号
	1n			1		遥信公共端
	1n			2		
	1n			3		
				4		
	1n			5		Ⅰ母差动动作
	1n			6		Ⅱ母差动动作
	1n			7		Ⅲ母差动动作
	1n			8		Ⅰ母失灵动作
	1n			9		Ⅱ母失灵动作
	1n			10		Ⅲ母失灵动作
	1n			11		母联动作
远动遥信				1YD		遥信
	1n			1	Jcom	遥信公共端
	1n			2		
	1n			3		
				4		
				5		
				6		
	1n			7		Ⅰ母差动动作
	1n			8		Ⅱ母差动动作
	1n			9		Ⅲ母差动动作
	1n			10		Ⅰ母失灵动作
	1n			11		Ⅱ母失灵动作
	1n			12		Ⅲ母失灵动作
	1n			13		母联动作
	1n			14		母线互联告警
	1n			15		TA/PT断线告警
	1n			16		刀闸位置告警
	1n			17		装置异常（运行异常）
	1n			18		装置故障（闭锁）

電力系統繼電保護叢書 ▎ 電力系統繼電保護端子排標準化設計

續表

备注	内部接线			端子号	外部接线	接入回路定义
右侧端子排						
	1n			19		失电（电源）
录波信号				1LD		录波
	1n			1		录波公共端
	1n			2		
	1n			3		
				4		
	1n			5		Ⅰ母差动动作
	1n			6		Ⅱ母差动动作
	1n			7		Ⅲ母差动动作
	1n			8		Ⅰ母失灵动作
	1n			9		Ⅱ母失灵动作
	1n			10		Ⅲ母失灵动作
	1n			11		母联动作
网络通信				TD		网络通信
	1n			1		B码对时＋
				2		
	1n			3		B码对时－
				4		
				5		
				6		
				7		
				8		
				9		
				10		
				11		
				12		
				13		
				14		
				15		
				16		
				17		
				18		
				19		
				20		
				21		

续表

右侧端子排					
备注	内部接线		端子号	外部接线	接入回路定义
			22		
照明打印电源			JD		交流电源
打印电源（可选）	PP-L		1	L	交流电源火线
照明空开	AK-1		2	L	
插座电源（可选）	CZ-L		3	L	
			4		
打印电源（可选）	PP-N		5	N	交流电源零线
照明	LAMP-2		6	N	
插座电源（可选）	CZ-N		7	N	
			8		
打印电源地	PP-E		9	接地	
铜排	接地		10		
			2BD		集中备用
			1		
			2		
			3		
			4		
			5		
			6		
			7		
			8		
			9		
			10		

电流端子采用菲尼克斯 URTK/S，厚度为 8.2mm；
电压端子采用菲尼克斯 UK2.5B，厚度为 6.2mm；
分段标记板采用菲尼克斯 UBE/D 标记板，厚度为 17mm；
本段端子共采用电流端子 109 个、电压端子 84 个、标记板为 25 个；
总体长度为 1839.6mm，满足要求

4）横担 2（右侧延伸）见表 4-28。

表 4-28　　　　　　　　　　　横担 2（右侧延伸）

横担 2 端子排图（上接右侧端子排）					
接入回路定义	外部接线（靠上）	端子号		内部接线（靠下）	备注
交流电流		1I23D			分段 1 电流
试验端子		1		1n	分段 1A 相电流装置进端

横担 2 端子排图（上接右侧端子排）					
接入回路定义	外部接线（靠上）	端子号		内部接线（靠下）	备注
试验端子		2		1n	分段 1B 相电流装置进端
试验端子		3		1n	分段 1C 相电流装置进端
试验端子		4	■		
试验端子		5		1n	分段 1A 相电流装置出端
试验端子		6		1n	分段 1B 相电流装置出端
试验端子		7		1n	分段 1C 相电流装置出端
交流电流	1I24D				**母联 2 电流**
试验端子		1		1n	母联 2A 相电流装置进端
试验端子		2		1n	母联 2B 相电流装置进端
试验端子		3		1n	母联 2C 相电流装置进端
试验端子		4	■		
试验端子		5		1n	母联 2A 相电流装置出端
试验端子		6		1n	母联 2B 相电流装置出端
试验端子		7		1n	母联 2C 相电流装置出端
出口、强电开入	1C23D				**分段 1 出口**
分段 1 出口公共端 1		1		1n	试验端子
		2			试验端子
分段 1 出口出口端 1		3		1CLP23-1	试验端子
		4			
强电开入公共端		5	■	1C20D6	
		6		1C24D5	
		7			
分段 1 保护启动失灵		8		1n	
出口	1C24D				**母联 2 出口**
母联 2 出口公共端 1		1		1n	试验端子
		2			试验端子
母联 2 出口出口端 1		3		1CLP24-1	试验端子
		4			
强电开入公共端		5	■	1C123D6	
		6			
		7			
母联 2 保护启动失灵		8		1n	

电流端子采用菲尼克斯 URTK/S，厚度为 8.2mm；
电压端子采用菲尼克斯 UK2.5B，厚度为 6.2mm；
分段标记板采用菲尼克斯 UBE/D 标记板，厚度为 17mm；
本段端子共采用电流端子 20 个、电压端子 10 个、标记板为 4 个；
总体长度为 294mm，满足要求

注 南自：横担分布中 20 分段，21 母联，并对相应压板对应进行变更，电流分布中 1I9D 后为 1I12D 支路；许继：横担分布中 22 分段，23 母联，并对相应压板对应进行变更。

5）压板示意表见表 4-29。

表 4-29　压板示意表

1CLP1	1CLP2	1CLP3	1CLP4	1CLP5	1CLP6	1CLP7	1CLP8	1CLP9
母联1跳闸出口投退	主变压器1跳闸出口投退	主变压器2跳闸出口投退	线路1跳闸出口投退	线路2跳闸出口投退	线路3跳闸出口投退	线路4跳闸出口投退	线路5跳闸出口投退	线路6跳闸出口投退
1CLP10	1CLP11	1CLP12	1CLP13	1CLP14	1CLP15	1CLP16	1CLP17	1CLP18
备用	备用	备用	线路7跳闸出口投退	主变压器3跳闸出口投退	主变压器4跳闸出口投退	线路8跳闸出口投退	线路9跳闸出口投退	线路10跳闸出口投退
1CLP19	1CLP20	1CLP21	1CLP22	1CLP23	1CLP24	1CLP25	1CLP26	1CLP27
线路11跳闸出口投退	线路12跳闸出口投退	备用	备用	分段跳闸出口投退	母联2跳闸出口投退	备用	备用	备用
1SLP1	1SLP2	1SLP3	1SLP4	1SLP5	1SLP6	1SLP7	1SLP8	1SLP9
主变压器1失灵联跳出口投退	主变压器2失灵联跳出口投退	主变压器3失灵联跳出口投退	主变压器4失灵联跳出口投退	备用	备用	备用	备用	备用
1KLP1	1KLP2	1KLP3	1KLP4	1KLP5	1KLP6	1KLP7	1KLP8	1KLP9
差动保护投退	失灵保护投退	母联1互联投退	母联2互联投退	分段互联投退	备用	备用	远方操作投退	装置检修投退

第五章 110kV常规保护端子排

第一节 110kV 线路保护

1. 适用范围

本规范中 110kV 线路保护为常规保护线路保护，主接线形式为双母线、单母线分段、单母线、内桥等接线形式，通道形式为光纤通道，两个间隔组一面屏柜。1n 装置端子排布置于右侧，2n 装置端子排布置于左侧。

2. 保护屏（柜）背面端子排设计原则

（1）屏（柜）背面右侧端子排，自上而下依次排列如下：

1）交流电压段（UD）；

2）交流电流段（ID）；

3）直流电源段（ZD）；

4）强电开入段（QD）；

5）出口正段（CD）；

6）出口负段（KD）；

7）与其他保护配合段（PD）；

8）遥信段（YD）；

9）录波段（LD）；

10）交流照明端（JD）；

11）集中备用段（BD）。

（2）屏（柜）背面左侧端子排，自上而下依次排列如下：

1）交流电压段（UD）；

2）交流电流段（ID）；

3）直流电源段（ZD）；

4）强电开入段（QD）；

5）出口正段（CD）；

6）出口负段（KD）；

7）与其他保护配合段（PD）；

8）遥信段（YD）；

9）录波段（LD）；

10）网络通信段（TD）；

11）集中备用段（BD）。

3. 各厂家差异说明

4. 端子排图

（1）左侧端子排见表 5-1。

表 5-1 　　　　　　　　　　　　左 侧 端 子 排

接入回路定义	外部接线	端子号			内部接线	备注
交流电压		2-7UD				电压切换及空开前电压
110kV Ⅰ 母 A 相电压	A630YI	1			2-1n	
110kV Ⅰ 母 B 相电压	B630YI	2			2-1n	
110kV Ⅰ 母 C 相电压	C630YI	3			2-1n	
110kV Ⅱ 母 A 相电压	A640YI	4			2-1n	
110kV Ⅱ 母 B 相电压	B640YI	5			2-1n	
110kV Ⅱ 母 C 相电压	C640YI	6			2-1n	
		7				
至测控 A 相电压	A710	8			2-1n	
		9			2-1ZKK1	
至测控 B 相电压	B710	10			2-1n	
		11			2-1ZKK3	
至测控 C 相电压	C710	12			2-1n	
		13			2-1ZKK5	
至 TV 测控屏 110kV N600	N600	14			1UD4	
至测控中性点 N600	N600	15				
		16				
交流电压		2-1UD				空开后电压及线路电压
空开后 A 相电压	2-1ZKK2	1			2-1n	

209

续表

接入回路定义	外部接线	端子号			内部接线	备注
空开后 B 相电压	2-1ZKK4	2			2-1n	
空开后 C 相电压	2-1ZKK6	3			2-1n	
UN	2-7UD18	4			2-1n	
线路电压 UX′	N600	5	■		2-1n	
至测控线路电压 UX′	N600	6			2-1n	
		7				
		8				
线路电压 UX	A609	9	■		2-1n	
至测控线路电压 UX	A609	10			2-1n	
		11				
交流电流		2-1ID				保护用电流
保护 A 相电流	A411	1			2-1n	
保护 B 相电流	B411	2			2-1n	
保护 C 相电流	C411	3			2-1n	
保护 IN 电流	N411	4			2-1n	
IA′		5		■	2-1n	
IB′		6			2-1n	
IC′		7			2-1n	
IN′		8			2-1n	
直流电源		2-ZD			空开前	装置及控制电源
装置电源＋	＋BM	1	■		2-1DK	
		2				
控制电源＋	＋KM	3			2-4DK	
		4				
		5				
装置电源－	－BM	6	■		2-1DK	
		7				
控制电源－	－KM	8			2-4DK	
强电开入		2-7QD				切换开入
切换电源＋		1	■		2-1QD2	
切换公共端＋	101	2				
		3				
Ⅰ母刀闸常开	161	4			2-1n	
Ⅰ母刀闸常闭	162	5			2-1n	
		6				
Ⅱ母刀闸常开	163	7			2-1n	

续表

接入回路定义	外部接线	端子号			内部接线	备注
Ⅱ母刀闸常闭	164	8			2-1n	
		9				
		10	■		2-1n	
切换电源-		11			2-1QD15	
强电开入		2-1QD				保护开入
空开后电源+	2-1DK	1			2-1n	开入公共端+
装置电源+		2			2-1n	
切换电源+	2-7QD1	3				
压板开入公共端+	2-1KLP1-1	4				
复归+	2-1FA	5			2-1n	
		6				
其他保护动作		7	■		2-1n	
远传2		8	■		2-1n	
		9				
闭锁重合闸		10	■		2-1n	
		11				
低气压闭锁重合闸		12			2-1n	
复归-		13	■		2-1n	
		14	■			
		15				
空开后电源-	2-1DK	16	■			
切换电源-	2-7QD10	17				
装置电源-		18			2-1n	
开入公共端-		19			2-1n	
出口		2-1CD				保护出口+
跳闸+	2-4QD1	1	■		2-1n	
重合闸+		2	■		2-1n	
跳闸(备用)+		3			2-1n	
出口		2-1KD				保护出口-
跳闸-	2-4QD11	1			2-1CLP1-1	
重合闸-	2-4QD15	2			2-1CLP2-1	
跳闸(备用)-		3			2-1CLP3-1	
强电开入		2-4QD				操作开入
操作电源+	2-4DK	1	■		2-1CD1	保护跳闸开入+
至机构控制电源+	101	2			2-1n	开入公共端+
至母差操作电源+	101	3	■			

续表

接入回路定义	外部接线	端子号			内部接线	备注
至测控操作电源＋	101	4	■			
		5	■			
		6				
其他保护跳闸开入 TJR－	R133	7			2-1n	
		8	■			
		9				
		10	■			
保护跳闸开入－	2-1KD1	11	■		2-1n	
		12				
		13				
		14				
重合闸开入－	2-1KD2	15	■		2-1n	
		16				
		17	■			
手动合闸	103	18	■		2-1n	
		19	■			
		20				
手动分闸	133	21	■		2-1n	
		22	■			
		23				
压力低禁止操作	J03	24			2-1n	四方为负控
		25				
压力低禁止分闸	J04	26			2-1n	四方无此点
压力低禁止合闸	J05	27			2-1n	四方为负控
压力低禁止重合	J06	28			2-1n	仅四方、南自有此点，四方为负控
		29				
至机构控制电源－	102	30	■		2-1n	
操作电源－	2-4DK	31	■			
	2-4PD17	32	■			
经操作箱防跳		33			2-1n	
出口		2-4CD				操作出口
跳闸回路监视		1	■		2-1n	
至机构跳闸	137	2	■		2-1n	
		3				
合闸回路监视	105	4			2-1n	
至机构合闸回路	107	5	■		2-1n	

续表

接入回路定义	外部接线	端子号			内部接线	备注
		6			2-1n	
保护配合		2-4PD				
位置公共端＋		1			2-1n	
		2			2-1n	
		3				
		4				
跳位 TWJ－		5			2-1n	
合位 HWJ－		6			2-1n	
		7				
手跳 STJ＋		8			2-1n	
合后 HHJ＋		9			2-1n	
		10				
手跳 STJ－		11			2-1n	
合后 HHJ－		12			2-1n	
		13				
测控绿灯（跳位）	136	14			2-1n	
测控红灯（合位）	106	15			2-1n	
		16				
测控红绿灯公共端－		17			2-4QD31	
		18				
遥信		2-7YD				切换遥信
电压切换遥信公共端＋	2-1YD3	1			2-1n	
		2			2-1n	
		3	3			
切换继电器同时动作	856	4	4			2-1n
切换继电器电源消失	857	5	5			2-1n
遥信		2-1YD				保护遥信
遥信公共端＋	801	1			2-1n	
	2-4YD1	2			2-1n	
	2-7YD1	3			2-1n	
		4				
		5				
保护跳闸	811	6			2-1n	
重合闸	812	7			2-1n	
通道故障（告警）	813	8			2-1n	
装置异常（运行异常）	814	9			2-1n	

续表

接入回路定义	外部接线	端子号			内部接线	备注
装置故障（闭锁）	815	10			2-1n	
失电（电源）	816	11			2-1n	
遥信		2-4YD				操作遥信
	2-1YD2	1			2-1n	
信号公共端＋	801	2			2-1n	
		3				
		4				
		5				
事故总	841	6			2-1n	
控制回路断线	842	7			2-1n	
压力低禁止合闸	843	8			2-1n	
压力低禁止分闸	844	9			2-1n	
录波		2-1LD				
录波公共端＋	LCOM	1			2-1n	
		2			2-1n	
		3			2-1n	
		4				
保护动作	L01	5			2-1n	
重合闸	L02	6			2-1n	
远传	L03	7			2-1n	
通道故障	L04	8			2-1n	
网络通信		TD				
对时＋		1				
		2				
对时－		3				
		4				
		5				
		6				
		7				
		8				
		9				
		10				
		11				
		12				
		13				
		14				

续表

接入回路定义	外部接线	端子号		内部接线	备注
		15			
		16			
		17			
		18			
		19			
		20			
		21			
		22			
集中备用		2BD			
		1			
		2			
		3			
		4			
		5			
		6			
		7			
		8			
		9			
		10			

直通端子采用厚度为 6.2mm、额定截面积为 4mm² 的菲尼克斯或成都瑞联端子；

试验端子采用厚度为 8.2mm、额定截面积为 6mm² 的菲尼克斯或成都瑞联端子；

终端堵头采用厚度为 10～12mm；

本侧端子排共有直通端子 153 个、试验端子 47 个、终端堵头 18 个；

总体长度约为 1550mm，满足要求

注 除南瑞继保采用魏德米勒端子外（直通端子厚度为 6.1mm、试验端子厚度为 7.9mm、终端堵头厚度为 10～12mm），其他厂家均按上述要求执行。

（2）右侧端子排见表 5-2。

表 5-2　　　　　　　　　　　右 侧 端 子 排

右侧端子排					
备注	内部接线			端子号	外部接线	接入回路定义
电压切换及空开前电压				1-7UD		交流电压
	1-1n			1	A630YI	110kV Ⅰ母 A 相电压
	1-1n			2	B630YI	110kV Ⅰ母 B 相电压
	1-1n			3	C630YI	110kV Ⅰ母 C 相电压
	1-1n			4	A640YI	110kV Ⅱ母 A 相电压
	1-1n			5	B640YI	110kV Ⅱ母 B 相电压

续表

备注	内部接线			端子号	外部接线	接入回路定义
			右侧端子排			
	1-1n			6	C640YI	110kV Ⅱ 母 C 相电压
				7		
	1-1n	■		8	A710	至测控 A 相电压
1-1ZKK1				9		
	1-1n		■	10	B710	至测控 B 相电压
1-1ZKK3				11		
	1-1n			12	C710	至测控 C 相电压
1-1ZKK5				13		
1-1UD4			■	14	N600	至 TV 测控屏 110kV N600
				15	N600	至测控中性点 N600
			■	16		
空开后电压及线路电压				1-1UD		交流电压
	1-1n			1	1-1ZKK2	空开后 A 相电压
	1-1n			2	1-1ZKK4	空开后 B 相电压
	1-1n			3	1-1ZKK6	空开后 C 相电压
	1-1n			4	1-7UD14	UN
	1-1n	■		5	N600	线路电压 UX′
				6	N600	至测控线路电压 UX′
				7		
				8		
	1-1n			9	A609	线路电压 UX
				10	A609	至测控线路电压 UX
				11		
保护用电流				1-1ID		交流电流
	1-1n			1	A411	保护 A 相电流
	1-1n			2	B411	保护 B 相电流
	1-1n			3	C411	保护 C 相电流
	1-1n			4	N411	保护 IN 电流
	1-1n	■		5		IA′
	1-1n			6		IB′
	1-1n			7		IC′
	1-1n			8		IN′
装置及控制电源	空开前			1-ZD		直流电源
	1-1DK-*			1	＋BM	装置电源＋
				2		

续表

备注	内部接线			端子号	外部接线	接入回路定义
			右侧端子排			
	1-4DK-＊			3	＋KM	控制电源＋
				4		
				5		
	1-1DK-＊	■		6	-BM	装置电源－
				7		
	1-4DK-＊			8	-KM	控制电源－
切换开入				1-7QD		强电开入
	1-1QD3			1		切换电源＋
	101Q1	■		2		切换公共端＋
				3		
	1-1n			4	161	Ⅰ母刀闸常开
	1-1n			5	162	Ⅰ母刀闸常闭
				6		
	1-1n			7	163	Ⅱ母刀闸常开
	1-1n			8	164	Ⅱ母刀闸常闭
				9		
	1-1n	■		10		
	1-1QD17			11		切换电源－
保护开入				1-1QD		强电开入
开入公共端＋	1-1n	■		1	1-1DK-＊	空开后电源＋
	1-1n			2		装置电源＋
				3	1-7QD1	切换电源＋
				4	1KLP1-1	压板开入公共端＋
				5	1-1FA	复归＋
				6		
	1-1n	■		7		其他保护动作
	1-1n			8		远传2
				9		
				10		闭锁重合闸
				11		
	1-1n			12		低气压闭锁重合闸
	1-1n	■		13		复归－
				14		
				15		
		■		16	1-1DK-＊	空开后电源－

续表

右侧端子排						
备注	内部接线			端子号	外部接线	接入回路定义
				17	1-7QD11	切换电源－
	1-1n			18		装置电源－
	1-1n			19		开入公共端－
保护出口＋				1-1CD		出口
	1-1n			1	1-4QD1	跳闸＋
	1-1n			2		重合闸＋
	1-1n			3		跳闸（备用）＋
保护出口－				1-1KD		出口
	1-1CLP1-1			1	1-4QD11	跳闸－
	1-1CLP2-1			2	1-4QD15	重合闸－
	1-1CLP3-1			3		跳闸（备用）－
操作开入				1-4QD		强电开入
保护跳闸开入＋	1-1CD1			1	1-4DK-＊	操作电源＋
开入公共端＋	1-1n			2	101	至机构控制电源＋
				3	101	至测控操作电源＋
				4	101	至母差操作电源＋
				5		
				6		
	1-1n			7	R133	其他保护跳闸开入 TJR
				8		
				9		
				10		
	1-1n			11	1-1DKD1	保护跳闸开入
				12		
				13		
				14		
	1-1n			15	1-1KD2	重合闸开入
				16		
				17		
	1-1n			18	103	手动合闸开入
				19		
				20		
	1-1n			21	133	手动分闸开入
				22		
				23		

续表

备注	内部接线		端子号	外部接线	接入回路定义
			右侧端子排		
四方为负控	1-1n		24	J03	压力低禁止操作
			25		
四方无此点	1-1n		26	J04	压力低禁止分闸
四方为负控	1-1n		27	J05	压力低禁止合闸
仅四方、南自有此点，四方为负控	1-1n		28	J06	压力低禁止重合
			29		
操作电源－	1-4DK	■	30	102	至机构控制电源－
	1-1n		31	1-4PD17	
			32		
	1-1n		33		经操作箱防跳
操作出口		■	1-4CD		出口
	1-1n	■	1		跳闸回路监视
	1-1n	■	2	137	至机构跳闸
			3		
	1-1n		4	105	合闸回路监视
	1-1n	■	5	107	至机构合闸回路
	1-1n		6		
		■	1-4PD		保护配合
	1-1n	■	1		公共端＋
	1-1n		2		
		■	3		
			4		
	1-1n		5		跳位 TWJ－
	1-1n		6		合位 HWJ－
			7		
	1-1n		8		手跳 STJ＋
	1-1n		9		合后 HHJ＋
			10		
	1-1n		11		手跳 STJ－
	1-1n		12		合后 HHJ－
			13		
	1-1n		14	136	测控绿灯（跳位）
	1-1n		15	106	测控红灯（合位）
			16		
	1-4QD31	■	17		测控红绿灯公共端－

备注	内部接线			端子号	外部接线	接入回路定义
				右侧端子排		
				18		
切换遥信				1-7YD		遥信
	1-1n			1	1-4YD3	电压切换遥信公共端＋
	1-1n			2		
		3		3	3	
	1-1n	4		4	856	切换继电器同时动作
	1-1n	5		5	857	切换继电器电源消失
保护遥信				1-1YD		遥信
	1-1n			1	801	遥信公共端＋
	1-1n			2	1-4YD2	
	1-1n			3	1-7YD1	
				4		
				5		
	1-1n			6	811	保护跳闸
	1-1n			7	812	重合闸
	1-1n			8	813	通道故障
	1-1n			9	814	装置异常（运行异常）
	1-1n			10	815	装置故障（闭锁）
	1-1n			11	816	失电（电源）
操作遥信				1-4YD		遥信
	1-1n			1	1-1YD2	
	1-1n			2	801	信号公共端＋
				3		
				4		
				5		
	1-1n			6	841	事故总
	1-1n			7	842	控制回路断线
	1-1n			8	843	压力低禁止合闸
	1-1n			9	844	压力低禁止分闸
录波				1-1LD		录波
	1-1n			1	LCOM	录波公共端＋
	1-1n			2		
	1-1n			3		
				4		
	1-1n			5	L01	保护动作

续表

			右侧端子排		
备注	内部接线		端子号	外部接线	接入回路定义
	1-1n		6	L02	重合闸
	1-1n		7	L03	远传
	1-1n		8	L04	通道故障
			JD		交流电源
打印	PP-L	■	1	L	交流电源火线
照明空开	AK-1	■	2	L	
			3	L	
			4		
打印	PP-N	■	5	N	交流电源零线
照明	LAMP-2		6	N	
			7	N	
			8		
打印地	PP-E	■	9		接地
铜排		■	10		
			1BD		集中备用
			1		
			2		
			3		
			4		
			5		
			6		
			7		
			8		
			9		
			10		

直通端子采用厚度为 6.2mm、额定截面积为 4mm² 的菲尼克斯或成都瑞联端子；
试验端子采用厚度为 8.2mm、额定截面积为 6mm² 的菲尼克斯或成都瑞联端子；
终端堵头采用厚度为 10～12mm；
本侧端子排共有直通端子 141 个、试验端子 47 个、终端堵头 18 个；
总体长度约为 1475.6mm，满足要求

注　除南瑞继保采用魏德米勒端子外（直通端厚度 6.1mm、试验端厚度 7.9mm、终端堵头厚度 10～12mm），其他厂家均按上述要求执行。

（3）压板布置见表 5-3。

表 5-3 压 板 布 置

1-1CLP1	1-1CLP2	1-1CLP3	1-1BLP4	1-1BLP5	1-1BLP6	1-1BLP7	1-1BLP8	1-1BLP9
保护跳闸出口	保护重合闸出口	备用（跳闸）	备用	备用	备用	备用	备用	备用
1-1KLP1	1-1KLP2	1-1KLP3	1-1KLP4	1-1BLP10	1-1BLP11	1-1BLP12	1-1KLP5	1-1KLP6
纵联电流差动保护投退	距离保护投退	零序过流保护投退	停用重合闸投退	备用	备用	备用	远方操作投退	检修状态投退
2-1CLP1	2-1CLP2	2-1CLP3	2-1BLP4	2-1BLP5	2-1BLP6	2-1BLP7	2-1BLP8	2-1BLP9
保护跳闸出口	保护重合闸出口	备用（跳闸）	备用	备用	备用	备用	备用	备用
2-1KLP1	2-1KLP2	2-1KLP3	2-1KLP4	2-1BLP10	2-1BLP11	2-1BLP12	2-1KLP5	2-1KLP6
纵联电流差动保护投退	距离保护投退	零序过流保护投退	停用重合闸投退	备用	备用	备用	远方操作投退	检修状态投退

第二节　110kV 主变压器保护

1. 适用范围

本规范中 110kV 主变压器保护为常规保护主变压器保护，主接线形式为高压侧单母线分段接线、中压侧单母线分段接线、低压侧单母线分段单分支接线三卷变，主后一体设备双套配置，组屏 1 面。

2. 保护屏（柜）背面端子排设计原则

（1）屏（柜）背面右侧端子排，自上而下依次排列如下。

1）交流电压段（UD）；

2）交流电流段（ID）；

3）直流电源段（ZD）；

4）强电开入段（QD）；

5）出口正段（CD）；

6）出口负段（KD）；

7）与其他保护配合段（PD）；

8）遥信段（YD）；

9）录波段（LD）；

10）网络通信段（TD）；

11）交流电源段（JD）；

12）集中备用段（BD）。

（2）屏（柜）背面右侧端子排，自上而下依次排列如下。

1）直流电源段（ZD）；

2）强电开入段（QD）；

3）出口正段（CD）；

4）出口负段（KD）；

5）集中备用段（BD）。

备注：TD、JD按屏（柜）设置。

3．各厂家差异说明

（1）北京四方、南瑞科技对于电量保护装置、非电量保护装置的信号复归采用弱点开入，南瑞继保、国电南自、许继电气、长园深瑞对于电量保护装置、非电量保护装置的信号复归采用强电开入。

（2）南瑞继保的组屏采用：电量保护1、电量保护2、非电量保护与操作箱集成的方式，北京四方、南瑞科技、国电南自、许继电气、长园深瑞组屏采用：电力保护1、电量保护2、非电量保护、操作箱的方式。

（3）北京四方端子布置无左横担端子、右横担端子，相对应端子分别布置于左端子排后段、右端子排后段。

（4）国电南自、长园深瑞右横担端子布置中无4LD端子段。

（5）北京四方左端子排中操作回路无"压力低禁止跳闸"。

（6）长园深瑞右端子排中非电量信号回路无"调压油位低"。

4．端子排图

（1）左侧端子排见表5-4。

表5-4　　　　　　　　　　　　　　左 侧 端 子 排

左侧端子排					
接入回路定义	外部接线	端子号		内部接线	备注
直流电源		ZD			本屏（柜）所有装置直流电源
第一套装置电源＋	＋BM1	1		1-1DK-3	空开前

223

续表

左侧端子排					
接入回路定义	外部接线	端子号		内部接线	备注
第二套装置电源＋	＋BM2	2		2-1DK-3	
非电量装置电源＋	＋BM3	3		5DK-3	
高压侧控制电源＋	＋KM1	4		1-4DK-3	
中压侧控制电源＋	＋KM2	5		2-4DK-3	
低压侧控制电源＋	＋KM3	6		3-4DK-3	
		7			
		8			
第一套装置电源－	-BM1	9		1-1DK-1	空开前
第二套装置电源－	-BM2	10		2-1DK-1	
非电量装置电源－	-BM3	11		5DK-1	
高压侧控制电源－	-KM1	12		1-4DK-1	
中压侧控制电源－	-KM2	13		2-4DK-1	
低压侧控制电源－	-KM3	14		3-4DK-1	
强电开入		1-1QD			第一套装置及开入电源
装置电源＋		1		1-1DK-4	空开后
开入电源＋		2		1-1n	
压板开入公共端		3		1-1KLP1-1	
信号复归公共端		4		1-1FA-23	
		5			
		6			
信号复归		7		1-1n	
		8		1-1FA-24	
		9			
装置电源－		10		1-1DK-2	
开入电源－		11		1-1n	
		12		1-1n	
		13		1-1n	
强电开入		2-1QD			第二套装置及开入电源
装置电源＋		1		2-1DK-4	空开后
开入电源＋		2		2-1n	
压板开入公共端		3		2-1KLP1-1	
信号复归公共端		4		2-1FA-23	
		5			
		6			
信号复归		7		2-1n	

续表

接入回路定义	外部接线	端子号			内部接线	备注
左侧端子排						
		8			2-1FA-24	
		9				
装置电源－		10			2-1DK-2	空开后
开入电源－		11			2-1n	
		12			2-1n	
		13			2-1n	
强电开入		5QD				非电量装置及开入电源
装置电源＋	5DK-4	1			5n	
非电量开入＋		2			5FD1	
		3				
信号复归		4			5n	
		5			5-1FA-24	
		6				
装置电源－	5DK-2	7			5n	
		8			5n	
		9			5n	
非电量开入－		10			5n	
强电开入		5FD				非电量开入
非电量开入＋	01F	1			5QD2	
		2			5n	
		3			5n	
		4			5KLP4-1	
		5				
本体重瓦斯		6			5n	
调压重瓦斯		7			5n	
本体轻瓦斯告警		8			5n	
调压轻瓦斯告警		9			5n	
本体压力释放		10			5n	
本体油温高		11			5n	
本体油位高		12			5n	
本体油位低		13			5n	
调压油位高		14			5n	
调压油位低		15			5n	
非电量备用1		16			5n	可选
非电量备用2		17			5n	可选

左侧端子排					
接入回路定义	外部接线	端子号		内部接线	备注
出口正		CD			保护出口回路正端
跳高压侧＋	1-4QD3	1	■	1-1n	试验端子
	5n	2	■	2-1n	试验端子
		3			
跳高压侧分段＋		4	■	1-1n	试验端子
		5		2-1n	试验端子
		6			
跳中压侧＋	2-4QD3	7	■	1-1n	试验端子
	5n	8		2-1n	试验端子
		9			
跳中压侧分段＋		10	■	1-1n	试验端子
		11		2-1n	试验端子
		12			
跳低压侧＋	3-4QD3	13	■	1-1n	试验端子
	5n	14	■	2-1n	试验端子
		15			
跳低压侧分段＋		16	■	1-1n	试验端子
		17		2-1n	试验端子
		18			
闭锁高侧备自投＋		19	■	1-1n	试验端子
		20	■	2-1n	试验端子
		21			
闭锁中侧备自投＋		22	■	1-1n	试验端子
		23		2-1n	试验端子
		24			
闭锁低侧备自投＋		25	■	1-1n	试验端子
		26		2-1n	试验端子
		27			
联切电源1＋		28	■	1-1n	试验端子
		29	■	2-1n	试验端子
		30			
联切电源2＋		31	■	1-1n	试验端子
		32	■	2-1n	试验端子
		33			
启动风冷＋		34	■	1-1n	试验端子

续表

左侧端子排						
接入回路定义	外部接线	端子号			内部接线	备注
		35	■		2-1n	试验端子
		36				
闭锁有载调压（常开）＋		37	■		1-1n	试验端子
		38	■		2-1n	试验端子
		39				
闭锁有载调压（常闭）＋		40	■		1-1n	试验端子
		41	■		2-1n	试验端子
出口负		KD		■		保护出口回路负端
跳高压侧—	1-4QD9	1	■		1CLP1-1	试验端子
	5CLP1-1	2			2CLP1-1	试验端子
		3				
跳高压侧分段—		4	■		1CLP2-1	试验端子
		5			2CLP2-1	试验端子
		6				
跳中压侧—	2-4QD9	7	■		1CLP3-1	试验端子
	5CLP2-1	8			2CLP3-1	试验端子
		9				
跳中压侧分段—		10	■		1CLP4-1	试验端子
		11			2CLP4-1	试验端子
		12				
跳低压侧—	3-4QD9	13	■		1CLP5-1	试验端子
	5CLP3-1	14			2CLP5-1	试验端子
		15				
跳低压侧分段—		16	■		1CLP6-1	试验端子
		17			2CLP6-1	试验端子
		18				
闭锁高侧备自投—		19	■		1CLP7-1	试验端子
		20	■		2CLP7-1	试验端子
		21				
闭锁中侧备自投—		22	■		1CLP8-1	试验端子
		23			2CLP8-1	试验端子
		24				
闭锁低侧备自投—		25	■		1CLP9-1	试验端子
		26	■		2CLP9-1	试验端子
		27				

续表

左侧端子排					
接入回路定义	外部接线	端子号		内部接线	备注
联切电源1—		28		1CLP10-1	试验端子
		29		2CLP10-1	试验端子
		30			
联切电源2—		31		1CLP11-1	试验端子
		32		2CLP11-1	试验端子
		33			
启动风冷—		34		1CLP12-1	试验端子
		35		2CLP12-1	试验端子
		36			
闭锁有载调压（常开）—		37		1CLP13-1	试验端子
		38		2CLP13-1	试验端子
		39			
闭锁有载调压（常闭）—		40		1CLP14-1	试验端子
		41		2CLP14-1	试验端子
强电开入		1-4QD			高压侧操作回路
操作电源＋	101	1		1-4DK-4	至机构
至母差屏	101	2		4n	
至测控屏	101	3		CD1	
		4			
		5			
		6			
		7			
保护跳闸	R133	8		4n	
		9		KD1	
		10			
手跳、遥跳	133	11		4n	
		12			
		13			
手合、遥合	103	14		4n	
		15			
		16			
操作箱信号复归		17		4n	有此功能就引出
		18		4-1FA-24	
		19			
压力低禁止合闸		20		4n	有此功能就引出

续表

左侧端子排					
接入回路定义	外部接线	端子号		内部接线	备注
压力低禁止跳闸		21		4n	
压力低禁止操作		22		4n	
		23			
		24			
操作电源一	102	25	■	1-4DK-2	
		26		4n	
		27		1-4PD5	
		28			操作箱经防跳（四方专用）
高压侧出口		1-4CD			高压侧至跳合闸线圈
合位监视		1		4n	
跳闸线圈	137	2	■		
		3			
跳位监视	105	4		4n	
合闸线圈	107	5	■	4n	
TBJV＋		6	■	4n	操作箱防跳取消
强电开入		2-4QD			中压侧操作回路
操作电源＋	201	1		2-4DK-4	至机构
至测控屏	201	2		4n	
		3		CD9	
		4			
		5			
		6			
		7			
保护跳闸		8	■	4n	
		9		KD9	
		10			
手跳、遥跳	233	11	■	4n	
		12	■		
		13			
手合、遥合	203	14	■	4n	
		15			
		16			
操作箱信号复归		17	■	4n	
		18	■	4-2FA-24	
		19			

续表

左侧端子排					
接入回路定义	外部接线	端子号		内部接线	备注
	202	20		2-4DK-2	
操作电源－		21		4n	
		22		2-4PD5	
		23			操作箱经防跳（四方专用）
中压侧至跳合闸线圈		2-4CD			中压侧至跳合闸线圈
合位监视		1		4n	
跳闸线圈	237	2			
		3			
跳位监视	205	4		4n	
合闸线圈	207	5		4n	
TBJV＋		6		4n	操作箱防跳取消

直通端子采用厚度为 6.2mm、额定截面积为 4mm^2 的菲尼克斯或成都瑞联端子；
试验端子采用厚度为 8.2mm、额定截面积为 6mm^2 的菲尼克斯或成都瑞联端子；
终端堵头采用厚度为 10～12mm；
本侧端子排共有直通端子 116 个、试验端子 94 个、终端堵头 11 个；
总体长度约为 1677mm，满足要求

注 除南瑞继保采用魏德米勒端子外（直通端子厚度 6.1mm、试验端子厚度 7.9mm、终端堵头厚度 10～12mm），其他厂家均按上述要求执行。

（2）横担（续左）见表 5-5。

表 5-5　　　　　　　　　　　　　　　　横担（续左）

横担 1					
接入回路定义	外部接线（靠上）	端子号		内部接线（靠下）	备注
强电开入		3-4QD			低压侧操作回路
操作电源＋	301	1		3-4DK-4	至机构
至测控屏	301	2		4n	
		3		CD14	
		4			
		5			
		6			
		7			
保护跳闸		8		4n	
		9		KD14	
		10			
手跳、遥跳	333	11		4n	

续表

					横担1		
接入回路定义	外部接线（靠上）	端子号			内部接线（靠下）	备注	
		12					
		13					
手合、遥合	303	14			4n		
		15					
操作箱信号复归		17			4n		
		18			4-3FA-24		
		16					
	302	17			3-4DK-2		
操作电源一		18			4n		
		19			3-4PD5		
		20				操作箱经防跳（四方专用）	
低压侧出口		3-4CD				低压侧至跳合闸线圈	
合位监视		1			4n		
跳闸线圈	337	2					
		3					
跳位监视	305	4			4n		
合闸线圈	307	5			4n		
TBJV+		6			4n	操作箱防跳取消	
集中备用		1BD					
		1					
		2					
		3					
		4					
		5					
		6					
		7					
		8					
		9					
		10					

（3）右侧端子排见表 5-6。

表 5-6 　　　　　　　　　　　　　　横担（续左）

右侧端子排						
备注	内部接线			端子号	外部接线	接入回路定义
交流电压				UD		试验端子
U_{ha}	1-1ZKK1-1	■		1	A630Y	高压侧 A 相空开前
	2-1ZKK1-1			2		
U_{hb}	1-1ZKK1-3		■	3	B630Y	高压侧 B 相空开前
	2-1ZKK1-3			4		
U_{hc}	1-1ZKK1-5		■	5	C630Y	高压侧 C 相空开前
	2-1ZKK1-5			6		
U_{hn}	1-1n			7	N600Y	高压侧 N 相
	1-1n			8		
	2-1n			9	2-1n	
U_{h0}	1-1UD6	■		10	L630Y	高压侧开口三角
	2-1UD6			11		
				12		
U_{ma}	1-1ZKK2-1	■		13	A630U	中压侧 A 相空开前
	2-1ZKK2-1			14		
U_{mb}	1-1ZKK2-3		■	15	B630U	中压侧 B 相空开前
	2-1ZKK2-3			16		
U_{mc}	1-1ZKK2-5		■	17	C630U	中压侧 C 相空开前
	2-1ZKK2-5			18		
U_{mn}	1-1n	■		19	N600U	中压侧 N 相
	2-1n			20		
				21		
U_{la}	1-1ZKK3-1	■		22	A630S	低压侧 A 相空开前
	2-1ZKK3-1			23		
U_{lb}	1-1ZKK3-3		■	24	B630S	低压侧 B 相空开前
	2-1ZKK3-3			25		
U_{lc}	1-1ZKK3-5		■	26	C630S	低压侧 C 相空开前
	2-1ZKK3-5			27		
U_{ln}	1-1n	■		28	N600S	低压侧 N 相
	2-1n		■	29		
第一套交流电流				1-1ID		试验端子
I_{ha}	1-1n			1	A411	高压侧 A 相
I_{hb}	1-1n			2	B411	高压侧 B 相
I_{hc}	1-1n			3	C411	高压侧 C 相
		■		4	N411	高压侧 N 相

续表

备注	内部接线			端子号	外部接线	接入回路定义
			右侧端子排			
I_{han}	1-1n	■		5		
I_{hbn}	1-1n	■		6		
I_{hcn}	1-1n	■		7		
				8		
I_{h0}	1-1n			9	LL411	高压侧零序
I_{h0n}	1-1n			10	LN411	高压侧零序
				11		
I_{hj}	1-1n			12	LJ411	高压侧间隙
I_{hjn}	1-1n			13	NJ411	高压侧间隙
				14		
I_{ma}	1-1n			15	A461	中压侧 A 相
I_{mb}	1-1n			16	B461	中压侧 B 相
I_{mc}	1-1n			17	C461	中压侧 C 相
		■		18	N461	中压侧 N 相
I_{man}	1-1n	■		19		
I_{mbn}	1-1n	■		20		
I_{mcn}	1-1n	■		21		
				22		
I_{h0}	1-1n			23	LL411	中压侧零序
I_{h0n}	1-1n			24	LN411	中压侧零序
				25		
I_{la}	1-1n			26	A4121	低压侧 A 相
I_{lb}	1-1n			27	B4121	低压侧 B 相
I_{lc}	1-1n			28	C4121	低压侧 C 相
		■		29	N4121	低压侧 N 相
I_{lan}	1-1n	■		30		
I_{lbn}	1-1n	■		31		
I_{lcn}	1-1n	■		32		
第二套交流电流				2-1ID		试验端子
I_{ha}	2-1n			1	A421	高压侧 A 相
I_{hb}	2-1n			2	B421	高压侧 B 相
I_{hc}	2-1n			3	C421	高压侧 C 相
		■		4	N421	高压侧 N 相
I_{han}	2-1nv			5		
I_{hbn}	2-1n	■		6		

备注	内部接线			端子号	外部接线	接入回路定义
右侧端子排						
I_{hcn}	2-1n	■		7		
				8		
I_{h0}	2-1n			9	LL421	高压侧零序
I_{h0n}	2-1n			10	LL422	高压侧零序
		■		11	LN411	录波 N 与电流 N 并接
				12	LN411	
				13		
I_{hj}	2-1n			14	LJ421	高压侧间隙
I_{hjn}	2-1n			15	LJ422	高压侧间隙
		■		16	NJ421	录波 N 与电流 N 并接
				17	NJ421	
				18		
I_{ma}	2-1n			19	A471	中压侧 A 相
I_{mb}	2-1n			20	B471	中压侧 B 相
I_{mc}	2-1n			21	C471	中压侧 C 相
		■		22	N471	中压侧 N 相
I_{man}	2-1n			23		
I_{mbn}	2-1n			24		
I_{mcn}	2-1n			25		
				26		
I_{m0}	2-1n			27	LL411	中压侧零序
I_{m0n}	2-1n			28	LL412	中压侧零序
		■		29	LN411	录波 N 与电流 N 并接
				30	LN411	
				31		
I_{la}	2-1n			32	A4131	低压侧 A 相
I_{lb}	2-1n			33	B4131	低压侧 B 相
I_{lc}	2-1n			34	C4131	低压侧 C 相
		■		35	N4131	低压侧 N 相
I_{lan}	2-1n			36		
I_{lbn}	2-1n			37		
I_{lcn}	2-1n			38		
与其他装置配合				1-4PD		与其他装置配合
	4n	■		1		STJ+
	4n			2		HHJ+

备注	内部接线		端子号	外部接线	接入回路定义
			右侧端子排		
	4n	■	3		跳位＋
	4n		4		STJ－
	4n		5		HHJ－
	4n		6		跳位－
			7		
	4n		9	136	高压侧测控绿灯
	4n		10	106	高压侧测控红灯
			11		
	1-4QD19	■	12	102	高压侧测控红绿灯公共端－
			13		
与其他装置配合			2-4PD		与其他装置配合
	4n	■	1		STJ＋
	4n		2		HHJ＋
	4n	■	3		跳位＋
	4n		4		STJ－
	4n		5		HHJ－
	4n		6		跳位－
			7		
	4n		9	236	中压侧测控绿灯
	4n		10	206	中压侧测控红灯
			11		
	2-4QD19	■	12	202	中压侧测控红绿灯公共端－
			13		
与其他装置配合			3-4PD		与其他装置配合
	4n	■	1		STJ＋
	4n		2		HHJ＋
	4n	■	3		跳位＋
	4n		4		STJ－
	4n		5		HHJ－
	4n		6		跳位－
			7		
	4n		9	236	低压侧测控绿灯
	4n		10	206	低压侧测控红灯
			11		
	3-4QD19	■	12	202	低压侧测控红绿灯公共端－

备注	内部接线			端子号	外部接线	接入回路定义
右侧端子排						
高压侧操作箱信号				1-4YD		
	4n			1	Jcom	信号公共端
				2		
				3		
	4n			4	J25	高压侧事故总
	4n			5	J26	控回断线
	4n			6	J27	压力低禁止合闸
	4n			7	J28	压力低禁止跳闸
中压侧操作箱信号				2-4YD		
	4n			1	JCOM	信号公共端
				2		
				3		
	4n			4	J29	中压侧事故总
	4n			5	J30	控回断线
低压侧操作箱信号				3-4YD		
	4n			1	JCOM	信号公共端
				2		
				3		
	4n			4	J33	低压侧事故总
	4n			5	J34	控回断线
第一套保护装置信号				1-1YD		
	1-1n			1	JCOM	信号公共端
	1-1n			2		
	1-1n			3		
				4		
	1-1n			5	J01	保护动作
	1-1n			6	J02	过负荷告警
	1-1n			7	J03	运行异常
	1-1n			8	J04	装置故障
	1-1n			9	J05	装置失电
第二套保护装置信号				2-1YD		
	2-1n			1	JCOM	信号公共端
	2-1n			2		
	2-1n			3		
				4		

续表

备注	内部接线			端子号	外部接线	接入回路定义
			右侧端子排			
	2-1n			5	J06	保护动作
	2-1n			6	J07	过负荷告警
	2-1n			7	J08	运行异常
	2-1n			8	J09	装置故障
	2-1n			9	J10	装置失电
非电量保护装置信号				5YD		
	5n			1	JCOM	非电量公共端
	5n			2		
	5n			3		
				4		
	5n			5	J01	本体重瓦斯
	5n			6	J02	调压重瓦斯
	5n			7	J03	本体轻瓦斯告警
	5n			8	J04	调压轻瓦斯告警
	5n			9	J05	本体压力释放
	5n			10	J06	本体油温高
	5n			11	J07	本体油位高
	5n			12	J08	本体油位低
	5n			13	J09	调压油位高
				14	J10	调压油位低
				15	J11	备用非电量信号1
可选	5n			16	J12	备用非电量信号2
可选	5n			17	J13	保护装置异常（运行）
可选	5n			18	J14	保护装置故障
	5n			19	J15	装置电源失电
录波信号				LD		
	1-1n			1	LCOM	信号公共端
	2-1n			2		
	5n			3		
				4		
	1-1n			5	L01	第一套保护动作
	2-1n			6	L02	第二套保护动作
	5n			7	L03	非电量保护动作

直通端子采用厚度为 6.2mm、额定截面积为 4mm² 的菲尼克斯或成都瑞联端子；

试验端子采用厚度为 8.2mm、额定截面积为 6mm² 的菲尼克斯或成都瑞联端子；

终端堵头采用厚度为 10～12mm；

本侧端子排共有直通端子 96 个、试验端子 99 个、终端堵头 13 个；

总体长度约为 1628mm，满足要求。

注　除南瑞继保采用魏德米勒端子外（直通端子厚度 6.1mm、试验端子厚度 7.9mm、终端堵头厚度 10～12mm），其他厂家均按上述要求执行。

（4）横担 2（续右）见表 5-7。

表 5-7 横担 2（续右）

备注	内部接线（靠下）			端子号	外部接线（靠上）	接入回路定义
横担 2						
录波信号				4LD		
	1-1n	■		1	LCOM	信号公共端
	2-1n			2		
	5n			3		
				4		
	1-1n			5	L01	第一套保护动作
	2-1n			6	L02	第二套保护动作
用于对时、网络通信				TD		网络通信
对时正、负采用 TD1、TD3 端子	1-1n	■		1		对时＋
	2-1n			2	5n	对时－
	1-1n		■	3		对时＋
	2-1n			4	5n	对时－
				5		
				6		
				7		
				8		
				9		
				10		
				11		
				12		
				13		
				14		
				15		
				16		
				17		
				18		
				19		
				20		
				21		
				22		
照明打印电源				JD		交流电源
打印电源	PP-L	■		1	L	220V 单相交流电源火线

续表

横担2					
备注	内部接线（靠下）		端子号	外部接线（靠上）	接入回路定义
照明空开	AK-1		2	L	
			3	L	
			4		
打印电源	PP-N		5	N	220V单相交流电源零线
照明	LAMP-2		6	N	
			7	N	
			8		
打印电源地	PP-E		9	接地	
铜排	接地		10		
			2BD		备用端子
			1		
			2		
			3		
			4		
			5		
			6		
			7		
			8		
			9		
			10		

（5）压板布置表见表5-8。

表 5-8　　　　　　　压 板 布 置

1-1CLP1	1-1CLP2	1-1CLP3	1-1CLP4	1-1CLP5	1-1CLP6	1-1CLP7	1-1CLP8	1-1CLP9
第一套保护跳高压侧断路器	第一套保护跳高压侧分段	第一套保护跳中压侧断路器	第一套保护跳中压侧分段	第一套保护跳低压侧断路器	第一套保护跳低压侧分段	第一套保护闭锁高备自投	第一套保护闭锁中备自投	第一套保护闭锁低备自投
1-1CLP10	1-1CLP11	1-1CLP12	1-1CLP13	1-1CLP14	1-1CLP15	1-1CLP16	1-1CLP17	1-1CLP18
第一套保护联切电源1	第一套保护联切电源2	第一套保护启动风冷	第一套保护闭锁有载调压（常开）	第一套保护闭锁有载调压（常闭）	备用	备用	备用	备用
1-1KLP1	1-1KLP2	1-1KLP3	1-1KLP4	1-1KLP5	1-1KLP6	1-1KLP7	1-1KLP8	1-1KLP9
第一套主保护投退	第一套保护高压侧后备保护投退	第一套保护高压侧电压投退	第一套保护中压侧后备保护投退	第一套保护中压侧电压投退	第一套保护低压侧后备保护投退	第一套保护低压侧电压投退	第一套保护装置远方操作投退	第一套保护装置检修投退

2-1CLP1	2-1CLP2	2-1CLP3	2-1CLP4	2-1CLP5	2-1CLP6	2-1CLP7	2-1CLP8	2-1CLP9
第二套保护跳高压侧断路器	第二套保护跳高压侧分段	第二套保护跳中压侧断路器	第二套保护跳中压侧分段	第二套保护跳低压侧断路器	第二套保护跳低压侧分段	第二套保护闭锁高备自投	第二套保护闭锁中备自投	第二套保护闭锁低备自投
2-1CLP10	2-1CLP11	2-1CLP12	2-1CLP13	2-1CLP14	2-1CLP15	2-1CLP16	2-1CLP17	2-1CLP18
第二套保护联切电源1	第二套保护联切电源2	第二套保护启动风冷	第二套保护闭锁有载调压	第二套保护闭锁有载调压（常闭）	备用	备用	备用	备用
2-1KLP1	2-1KLP2	2-1KLP3	2-1KLP4	2-1KLP5	2-1KLP6	2-1KLP7	2-1KLP8	2-1KLP9
第二套主保护投退	第二套保护高压侧后备保护投退	第二套保护高压侧电压投退	第二套保护中压侧后备保护投退	第二套保护中压侧电压投退	第二套保护低压侧后备保护投退	第二套保护低压侧电压投退	第二套保护装置远方操作投退	第二套保护装置检修投退
5CLP1	5CLP2	5CLP3	5CLP4	5KLP1	5KLP2	5KLP3	5KLP4	5KLP5
非电量保护跳高压侧断路器	非电量保护跳中压侧断路器	非电量保护跳低压侧断路器	备用	本体重瓦斯跳闸投退	有载重瓦斯跳闸投退	油温高跳闸投退	非电量保护装置远方操作投退	非电量保护装置检修投退

第三节　110kV 母线保护

1. 适用范围

本规范中 110kV 母线保护为常规站母线保护，以双母线接线、双母单分段接线为基础型号，单母线接线、单母分段接线、双母双分段接线和单母三分段等接线参照执行。

2. 保护屏（柜）背面端子排设计原则

（1）背面左侧端子排，自上而下依次排列如下。

1）直流电源段（ZD）：本屏（柜）所有装置直流电源均取自该段；

2）强电开入段（1QD）：母联跳闸位置、分段跳闸位置等开入信号；

3）出口段（1CD）：各支路跳闸出口、刀闸位置开入等；

4）保护配合段（1BD）：闭锁备自投等。

（2）背面右侧端子排，自上而下依次排列如下。

1）交流电压段（UD）：外部输入电压；

2）交流电压段（1UD）：保护装置输入电压；

3）交流电流段（1ID）：各支路交流电流输入；

4）中央信号段（1XD）：差动动作、跳母联（分段）等信号；

5）遥信段（1YD）：差动动作、跳母联（分段）、母线互联告警、TA/PT 断线告警、刀闸位置异常告警、运行异常、装置故障告警、装置失电等信号；

6）录波段（1LD）：差动动作、跳母联（分段）等信号；

7）网络通信段（TD）：网络通信和 IRIG-B（DC）时码对时；

8）交流电源段（JD）：照明、打印等电源；

9）集中备用段（2BD）。

（3）母线保护支路定义。

1）支路 1：分段（母联）；

2）支路 2～3：主变压器 1～2；

3）支路 4～13：线路 1～10；

4）支路 14～15：主变压器 3～4；

5）支路 16～17：线路 11～12。

备注：（1）对于单母分段接线，支路 12、支路 13 为备用。

　　　　（2）对于支路 1 为备用。

3. 各厂家差异说明

各厂家差异说明见表 5-9。

表 5-9　　　　　　　　　　　　各 厂 家 差 异 说 明

装置厂家	南瑞继保	国电南自	北京四方	国电南瑞	许继电气	长园深瑞
差异	功能压板投退、复归采用强电	功能压板投退、复归采用弱电	功能压板投退、复归采用强电	功能压板投退、复归采用弱电	功能压板投退、复归采用强电	功能压板投退、复归采用强电

4. 端子排图

（1）左侧端子排见表 5-10。

表 5-10　　　　　　　　　　　　左 侧 端 子 排

左侧端子排						
接入回路定义	外部接线	端子号			内部接线	备注
直流电源		ZD				本屏所有装置直流电源
直流电源＋		1			1DK	空开前

接入回路定义	外部接线	端子号			内部接线	备注
左侧端子排						
		2		■		
		3				
		4				
直流电源－		5		■	1DK	空开前
		6				
强电开入		1QD				母差保护开入
装置电源正		1			1DK	
装置开入公共端		2			1n	
压板开入公共端		3			1KLP1-1	
信号复归按钮开入公共端		4			1FA-1	
短接至各支路公共端		5			1C2D5	
模拟盘公共端＋		6			2n	
扩展公共端＋		7			3n	
		8				
母联 1TWJ 接点开入		9			1n	
		10				
母联 1 手合充电开入		11			1n	
		12				
信号复归		13		■	1n	
		14			1FA-2	
		15				
装置电源负		16		■	1DK	
模拟盘公共端－		17			2n	
扩展公共端－		18			3n	
		19				
		20		■		
出口		1C1D				母联 1 出口
母联 1 出口公共端 1		1			1n	试验端子
		2				试验端子
母联 1 出口出口端 1		3			1CLP1-1	试验端子
出口		1C2D				主变压器 1 出口
主变压器 1 出口公共端 1		1			1n	试验端子
		2				试验端子
主变压器 1 出口出口端 1		3			1CLP2-1	试验端子
		4				
强电开入公共端		5		■	1QD5	

续表

左侧端子排					
接入回路定义	外部接线	端子号		内部接线	备注
		6	■	1C3D5	
		7			
Ⅰ母刀闸位置		8		1n	
Ⅱ母刀闸位置		9		1n	
出口		1C3D			主变压器2出口
主变压器2出口公共端1		1		1n	试验端子
		2			试验端子
主变压器2出口出口端1		3		1CLP3-1	试验端子
		4			
强电开入公共端		5	■	1C2D6	
		6		1C4D5	
		7			
Ⅰ母刀闸位置		8		1n	
Ⅱ母刀闸位置		9		1n	
出口		1C4D			线路1出口
线路1出口公共端1		1		1n	试验端子
		2			试验端子
线路1出口出口端1		3		1CLP4-1	试验端子
		4			
强电开入公共端		5	■	1C3D6	
		6		1C5D5	
		7			
Ⅰ母刀闸位置		8		1n	
Ⅱ母刀闸位置		9		1n	
出口		1C5D			线路2出口
线路2出口公共端1		1		1n	试验端子
		2			试验端子
线路2出口出口端1		3		1CLP5-1	试验端子
		4			
强电开入公共端		5	■	1C4D6	
		6		1C6D5	
		7			
Ⅰ母刀闸位置		8		1n	
Ⅱ母刀闸位置		9		1n	
出口		1C6D			线路3出口
线路3出口公共端1		1		1n	试验端子

续表

接入回路定义	外部接线	端子号			内部接线	备注
				左侧端子排		
		2				试验端子
线路 3 出口出口端 1		3			1CLP6-1	试验端子
		4				
强电开入公共端		5		■	1C5D6	
		6		■	1C7D5	
		7				
Ⅰ母刀闸位置		8			1n	
Ⅱ母刀闸位置		9			1n	
出口		**1C7D**				**线路 4 出口**
线路 4 出口公共端 1		1			1n	试验端子
		2				试验端子
线路 4 出口出口端 1		3			1CLP7-1	试验端子
		4				
强电开入公共端		5		■	1C6D6	
		6		■	1C8D5	
		7				
Ⅰ母刀闸位置		8			1n	
Ⅱ母刀闸位置		9			1n	
出口		**1C8D**				**线路 5 出口**
线路 5 出口公共端 1		1			1n	试验端子
		2				试验端子
线路 5 出口出口端 1		3			1CLP8-1	试验端子
		4				
强电开入公共端		5		■	1C7D6	
		6		■	1C9D5	
		7				
Ⅰ母刀闸位置		8			1n	
Ⅱ母刀闸位置		9			1n	
出口		**1C9D**				**线路 6 出口**
线路 6 出口公共端 1		1			1n	试验端子
		2				试验端子
线路 6 出口出口端 1		3			1CLP9-1	试验端子
		4				
强电开入公共端		5		■	1C8D6	
		6		■	1C10D5	
		7				
Ⅰ母刀闸位置		8			1n	
Ⅱ母刀闸位置		9			1n	
出口		**1C10D**				**线路 7 出口**

续表

左侧端子排					
接入回路定义	外部接线	端子号		内部接线	备注
线路 7 出口公共端 1		1		1n	试验端子
		2			试验端子
线路 7 出口出口端 1		3		1CLP10-1	试验端子
		4			
强电开入公共端		5	■	1C9D6	
		6		1C11D5	
		7			
Ⅰ母刀闸位置		8		1n	
Ⅱ母刀闸位置		9		1n	
出口		1C11D			线路 8 出口
线路 8 出口公共端 1		1		1n	试验端子
		2			试验端子
线路 8 出口出口端 1		3		1CLP11-1	试验端子
		4			
强电开入公共端		5	■	1C10D6	
		6		1C12D5	
		7			
Ⅰ母刀闸位置		8		1n	
Ⅱ母刀闸位置		9		1n	
出口		1C12D			线路 9 出口
线路 9 出口公共端 1		1		1n	试验端子
		2			试验端子
线路 9 出口出口端 1		3		1CLP12-1	试验端子
		4			
强电开入公共端		5	■	1C11D6	
		6		1C13D5	
		7			
Ⅰ母刀闸位置		8		1n	
Ⅱ母刀闸位置		9		1n	
出口		1C13D			线路 10 出口
线路 10 出口公共端 1		1		1n	试验端子
		2			试验端子
线路 10 出口出口端 1		3		1CLP13-1	试验端子
		4			
强电开入公共端		5	■	1C12D6	
		6		1C14D5	
		7			
Ⅰ母刀闸位置		8		1n	
Ⅱ母刀闸位置		9		1n	

续表

接入回路定义	外部接线	端子号			内部接线	备注
左侧端子排						
出口		1C14D				主变压器 3 出口
主变压器 3 出口公共端 1		1			1n	试验端子
		2				试验端子
主变压器 3 出口出口端 1		3			1CLP14-1	试验端子
		4				
强电开入公共端		5	■		1C13D6	
		6			1C15D5	
		7				
Ⅰ母刀闸位置		8			1n	
Ⅱ母刀闸位置		9			1n	
出口		1C15D				主变压器 4 出口
主变压器 4 出口公共端 1		1			1n	试验端子
		2				试验端子
主变压器 4 出口出口端 1		3			1CLP15-1	试验端子
		4				
强电开入公共端		5	■		1C14D6	
		6			1C16D5	
		7				
Ⅰ母刀闸位置		8			1n	
Ⅱ母刀闸位置		9			1n	
出口		1C16D				线路 11 出口
线路 11 出口公共端 1		1			1n	试验端子
		2				试验端子
线路 11 出口出口端 1		3			1CLP16-1	试验端子
		4				
强电开入公共端		5	■		1C15D6	
		6			1C17D5	
		7				
Ⅰ母刀闸位置		8			1n	
Ⅱ母刀闸位置		9			1n	
出口		1C17D				线路 12 出口
线路 12 出口公共端 1		1			1n	试验端子
		2				试验端子
线路 12 出口出口端 1		3			1CLP17-1	试验端子
		4				
强电开入公共端		5	■		1C16D6	
		6				

续表

左侧端子排					
接入回路定义	外部接线	端子号		内部接线	备注
		7			
Ⅰ母刀闸位置		8		1n	
Ⅱ母刀闸位置		9		1n	
集中备用		1BD			
Ⅰ母动作闭锁备自投公共端		1	■	1n	
Ⅱ母动作闭锁备自投公共端		2	■	1n	
		3			
Ⅰ母动作闭锁备自投出口端		4	■	1n	
Ⅱ母动作闭锁备自投出口端		5	■	1n	
		6			
		7			
		8			
		9			
		10			

电流端子采用菲尼克斯 URTK/S，厚度为 8.2mm；
电压端子采用菲尼克斯 UK2.5B，厚度为 6.2mm；
分段标记板采用菲尼克斯 UBE/D 标记板，厚度为 17mm；
本段端子共采用电流端子 51 个、电压端子 132 个、标记板为 20 个；
总体长度为 1576.6mm，满足要求

注 内部接线在满足功能的前提下，模拟盘及扩展装置可根据各厂家实际装置配置和编号情况可自行变更。

（2）右侧端子排见表 5-11。

表 5-11   右 侧 端 子 排

右侧端子排					
备注	内部接线		端子号	外部接线	接入回路定义
交流电压			UD		交流电压
空开前	1ZKK1-1		1		110kV Ⅰ母 A 相电压
空开前	1ZKK1-3		2		110kV Ⅰ母 B 相电压
空开前	1ZKK1-5		3		110kV Ⅰ母 C 相电压
空开前	1ZKK2-1		4		110kV Ⅱ母 A 相电压
空开前	1ZKK2-3		5		110kV Ⅱ母 B 相电压
空开前	1ZKK2-5		6		110kV Ⅱ母 C 相电压
	1UD7		7		110kV 母线电压 N600
保护装置输入电压			1UD		交流电压
	1n		1	1ZKK1-2	110kV Ⅰ母 A 相电压装置输入
	1n		2	1ZKK1-4	110kV Ⅰ母 B 相电压装置输入
	1n		3	1ZKK1-6	110kV Ⅰ母 C 相电压装置输入

续表

备注	内部接线			端子号	外部接线	接入回路定义
						右侧端子排
	1n			4	1ZKK2-2	110kV Ⅱ母 A 相电压装置输入
	1n			5	1ZKK2-4	110kV Ⅱ母 B 相电压装置输入
	1n			6	1ZKK2-6	110kV Ⅱ母 C 相电压装置输入
	1n	■		7	UD7	110kV Ⅰ母母线 N600 装置输入
	1n			8		110kV Ⅱ母母线 N600 装置输入
母联 1 交流电流				1I1D		交流电流
	1n			1		母联 A 相电流装置进端
	1n			2		母联 B 相电流装置进端
	1n			3		母联 C 相电流装置进端
		■		4		
	1n			5		母联 A 相电流装置出端
	1n			6		母联 B 相电流装置出端
	1n			7		母联 C 相电流装置出端
主变压器 1 交流电流				1I2D		交流电流
	1n			1		主变压器 1A 相电流
	1n			2		主变压器 1B 相电流
	1n			3		主变压器 1C 相电流
	1n	■		4		主变压器 1N 相电流
	1n			5	1n	
主变压器 2 交流电流				1I3D		交流电流
	1n			1		主变压器 2A 相电流
	1n			2		主变压器 2B 相电流
	1n			3		主变压器 2C 相电流
	1n	■		4		主变压器 2N 相电流
	1n			5	1n	
线路 1 交流电流				1I4D		交流电流
	1n			1		线路 1A 相电流
	1n			2		线路 1B 相电流
	1n			3		线路 1C 相电流
	1n	■		4		线路 1N 相电流
	1n			5	1n	
线路 2 交流电流				1I5D		交流电流
	1n			1		线路 2A 相电流
	1n			2		线路 2B 相电流
	1n			3		线路 2C 相电流

备注	内部接线			端子号	外部接线	接入回路定义
	1n			4		线路2N 相电流
	1n			5	1n	
线路3 交流电流				1I6D		交流电流
	1n			1		线路3A 相电流
	1n			2		线路3B 相电流
	1n			3		线路3C 相电流
	1n			4		线路3N 相电流
	1n			5	1n	
线路4 交流电流				1I7D		交流电流
	1n			1		线路4A 相电流
	1n			2		线路4B 相电流
	1n			3		线路4C 相电流
	1n			4		线路4N 相电流
	1n			5	1n	
线路5 交流电流				1I8D		交流电流
	1n			1		线路5A 相电流
	1n			2		线路5B 相电流
	1n			3		线路5C 相电流
	1n			4		线路5N 相电流
	1n			5	1n	
线路6 交流电流				1I9D		交流电流
	1n			1		线路6A 相电流
	1n			2		线路6B 相电流
	1n			3		线路6C 相电流
	1n			4		线路6N 相电流
	1n			5	1n	
线路7 交流电流				1I10D		交流电流
	1n			1		线路7A 相电流
	1n			2		线路7B 相电流
	1n			3		线路7C 相电流
	1n			4		线路7N 相电流
	1n			5	1n	
线路8 交流电流				1I11D		交流电流
	1n			1		线路8A 相电流
	1n			2		线路8B 相电流

续表

备注	内部接线			端子号	外部接线	接入回路定义
右侧端子排						
	1n			3		线路 8C 相电流
	1n	■		4		线路 8N 相电流
	1n			5	1n	
线路 9 交流电流				1I12D		交流电流
	1n			1		线路 9A 相电流
	1n			2		线路 9B 相电流
	1n			3		线路 9C 相电流
	1n	■		4		线路 9N 相电流
	1n			5	1n	
线路 10 交流电流				1I13D		交流电流
	1n			1		线路 10A 相电流
	1n			2		线路 10B 相电流
	1n			3		线路 10C 相电流
	1n			4		线路 10N 相电流
	1n			5	1n	
主变压器 3 交流电流				1I14D		交流电流
	1n			1		主变压器 3A 相电流
	1n			2		主变压器 3B 相电流
	1n			3		主变压器 3C 相电流
	1n	■		4		主变压器 3N 相电流
	1n			5	1n	
主变压器 4 交流电流				1I15D		交流电流
	1n			1		主变压器 4A 相电流
	1n			2		主变压器 4B 相电流
	1n			3		主变压器 4C 相电流
	1n	■		4		主变压器 4N 相电流
	1n			5	1n	
线路 11 交流电流				1I16D		交流电流
	1n			1		线路 11A 相电流
	1n			2		线路 11B 相电流
	1n			3		线路 11C 相电流
	1n	■		4		线路 11N 相电流
	1n			5	1n	
线路 12 交流电流				1I17D		交流电流
	1n			1		线路 12A 相电流

续表

备注	内部接线			端子号	外部接线	接入回路定义
				右侧端子排		
	1n			2		线路12B相电流
	1n			3		线路12C相电流
	1n		■	4		线路12N相电流
	1n			5	1n	
中央信号				1XD		信号
	1n		■	1	JCOM	信号公共端
				2	1YD1	
				3		
				4		
	1n			5		Ⅰ母差动动作
	1n			6		Ⅱ母差动动作
	1n			7		跳母联（分段）
远动遥信				1YD		遥信
	1n		■	1	1XD2	信号公共端
				2		
				3		
				4		
				5		
				6		
	1n			7		Ⅰ母差动动作
	1n			8		Ⅱ母差动动作
	1n			9		跳母联（分段）
	1n			10		母线互联告警
	1n			11		TA/PT断线告警
	1n			12		刀闸位置告警
	1n			13		装置异常（运行异常）
	1n			14		装置故障（闭锁）
	1n			15		失电（电源）
录波信号				1LD		录波
	1n		■	1		录波公共端
				2		
				3		
				4		
	1n			5		母差跳Ⅰ母
	1n			6		母差跳Ⅱ母

续表

备注	内部接线			端子号	外部接线	接入回路定义
	右侧端子排
	1n			7		母联动作
网络通信				**TD**		**网络通信**
	1n			1		B 码对时＋
				2		
	1n			3		B 码对时－
				4		
				5		
				6		
				7		
				8		
				9		
				10		
				11		
				12		
				13		
				14		
				15		
				16		
				17		
				18		
				19		
				20		
				21		
				22		
照明打印电源				**JD**		**交流电源**
打印电源（可选）	PP-L	■		1	L	交流电源火线
照明空开	AK-1			2	L	
插座电源（可选）	CZ-L			3	L	
				4		
打印电源（可选）	PP-N		■	5	N	交流电源零线
照明	LAMP-2		■	6	N	
插座电源（可选）	CZ-N		■	7	N	
				8		
打印电源地	PP-E	■		9	接地	
铜排	接地	■		10		

续表

右侧端子排						
备注	内部接线			端子号	外部接线	接入回路定义
				2BD		集中备用
				1		
				2		
				3		
				4		
				5		
				6		
				7		
				8		
				9		
				10		

电流端子采用：菲尼克斯 URTK/S，厚度为 8.2mm；
电压端子采用：菲尼克斯 UK2.5B，厚度为 6.2mm；
分段标记板采用：菲尼克斯 UBE/D 标记板，厚度为 17mm；
本段端子共采用：电流端子 102 个、电压端子 72 个、标记板为 25 个；
总体长度为 1707.8mm，满足要求

（3）压板布置表见表 5-12。

表 5-12 压 板 布 置

1CLP1	1CLP2	1CLP3	1CLP4	1CLP5	1CLP6	1CLP7	1CLP8	1CLP9
母联 1 跳闸出口投退	主变压器 1 跳闸出口投退	主变压器 2 跳闸出口投退	线路 1 跳闸出口投退	线路 2 跳闸出口投退	线路 3 跳闸出口投退	线路 4 跳闸出口投退	线路 5 跳闸出口投退	线路 6 跳闸出口投退
1CLP10	1CLP11	1CLP12	1CLP13	1CLP14	1CLP15	1CLP16	1CLP17	1CLP18
线路 7 跳闸出口投退	线路 8 跳闸出口投退	线路 9 跳闸出口投退	线路 10 跳闸出口投退	主变压器 3 跳闸出口投退	主变压器 4 跳闸出口投退	线路 11 跳闸出口投退	线路 12 跳闸出口投退	母差动作闭锁备自投投退
1KLP1	1KLP2	1KLP3	1KLP4	1KLP5	1KLP6	1KLP7	1KLP8	1KLP9
差动保护投退	母线互联投退	备用	备用	备用	备用	备用	远方操作投退	装置检修投退

第四节 110kV 母联（分段）保护

1. 适用范围

本规范中 110kV 母联（分段）保护，适用于双母线接线、单母分段线接线，操作箱采用保护、操作一体化装置内的操作插件。

2. 保护屏（柜）背面端子排设计原则

屏（柜）背面右侧端子排，自上而下依次排列如下。

（1）交流电流段（8ID）：母联（分段）输入电流；

（2）直流电源段（ZD）：母联（分段）保护及操作箱直流电源均取自该段；

（3）强电开入段（8QD）：保护装置电源；

（4）弱电开入段（8RD）：用于保护；

（5）出口段（8CD）：保护跳闸出口正端；

（6）出口段（8KD）：保护跳闸出口负端；

（7）强电开入段（4QD）：接收保护跳闸，合闸等开入信号；

（8）出口段（4CD）：至断路器跳、合闸线圈；

（9）出口段（4PD）：与保护配合；

（10）遥信段（8YD）：保护动作、运行异常、装置故障告警等信号；

（11）信号段（4YD）：含控制回路断线、保护跳闸、事故音响等；

（12）录波段（8LD）：保护动作信号；

（13）网络通信段（TD）：网络通信、IRIG-B（DC）时码对时；

（14）集中备用段（1BD）。

3. 各厂家差异说明

各厂家差异说明见表 5-13。

表 5-13 各厂家差异说明

装置厂家	南瑞继保	国电南自	北京四方	国电南瑞	许继电气	长园深瑞
差异	功能压板投退、复归采用强电	功能压板投退、复归采用弱电	功能压板投退、复归采用强电	功能压板投退、复归采用弱电	功能压板投退、复归采用强电	功能压板投退、复归采用强电

4. 端子排图

（1）左侧端子排图空置备用。

（2）右侧端子排见表 5-14。

表 5-14 右侧端子排

备注	内部接线			端子号	外部接线	接入回路定义
				右侧端子排		
保护用电流				8ID		交流电流
	8n			1	A411	IA
	8n			2	B411	IB
	8n			3	C411	IC
				4	N411	IN
				5		
	8n			6		IA'
	8n			7		IB'
	8n			8		IC'
保护及操作电源	空开前			ZD		直流电源
	8DK			1	+BM	装置电源＋
				2		
	4DK			3	+KM	控制电源＋
				4		
				5		
	8DK			6	-BM	装置电源－
				7		
	4DK			8	-KM	控制电源－
保护开入				8QD		强电开入
公共端＋	8DK			1		空开后正电
	8KLP1-1			2		压板公共端＋
	8n			3		装置电源＋
	8FA			4		复归＋
				5		
				6		
	8n			7		
	8FA			8		复归－
				9		
公共端－	8DK			10		空开后负电
	8n			11		装置电源－
				12		
				13		
保护出口＋				8CD		出口
	8n			1	4QD6	保护跳闸1＋
	8n			2		保护跳闸2＋

备注	内部接线			端子号	外部接线	接入回路定义
				右侧端子排		
保护出口一				8KD		出口
	8CLP1-1			1	4QD11	保护跳闸1一
	8CLP2-1			2		保护跳闸2一
操作开入				4QD		强电开入
空开后控制电源＋	4DK			1	101I	至机构箱 控制电源＋
	8n			2		
	8n			3		
				4	101I	母线保护跳母联＋
				5	101I	至测控公共端＋
母联保护跳闸开入＋	8CD1			6	101I	主变压器保护跳母联＋
				7		
				8		
	8n			9	R133I	母线保护跳闸 TJR 开入一
				10	137I	主变压器保护跳母联一
	8KD1			11		母联保护跳闸 TJR 开入一
				12		
	8n			13	103	手合
				14		
				15		
	8n			16	133	手跳
				17		
				18		
	8n			19		压力低禁止操作
				20		
	8n			21		压力低禁止分闸（四方无此点）
	8n			22		压力低禁止合闸
				23		
	4DK1			24		空开后控制电源一
	8n			25	102I	至机构控制电源一
	4PD11			26		
				27		
				28		
	8n			29		经操作箱防跳
操作出口				4CD		出口
	8n			1		跳闸回路监视

续表

备注	内部接线			端子号	外部接线	接入回路定义
				右侧端子排		
	8n		■	2	137I	至机构跳闸回路
				3		
	8n			4	105	合闸回路监视
	8n		■	5	107	至机构合闸回路
	8n			6		不经操作箱防跳
与保护配合				4PD		出口
	8n			1		手合母联开出＋
	8n			2		手合母联开出－
				3		
	8n		■	4		位置公共端＋
	8n			5		
	8n			6		
				7		
	8n			8		手跳 STJ－
	8n			9		合后 HH－
	8n			10		跳位 TWJ－
				11		
	8n			12	136	测控绿灯（分位）
				13		
	8n			14	106	测控红灯（合位）
				15		
	4QD30		■	16	102I	测控红绿灯公共端－
				17		
保护遥信				8YD		遥信
	8n		■	1	801	遥信公共端＋
	8n			2		
	4YD3			3		
				4		
				5		
				6		
	8n			7	811	保护跳闸
	8n			8	812	装置异常（运行异常）
	8n			9	813	装置故障（闭锁）
	8n			10	814	失电（电源）
操作信号				4YD		信号

续表

备注	内部接线			端子号	外部接线	接入回路定义
				右侧端子排		
	8n		■	1	801	测控信号公共端＋
	8n		■	2		
	8YD3		■	3		
			■	4		
				5		
	8n			6	841	事故总
	8n			7	842	控制回路断线
	8n			8	843	压力低禁止合闸
	8n			9	844	压力低禁止分闸
				8LD		录波
	8n		■	1	LCOM	录波公共端＋
			■	2		
				3		
	8n			4	L01	保护动作
				TD		网络通信
	8n			1		对时＋
				2		
	8n			3		对时－
				4		
				5		
				6		
				7		
				8		
				9		
				10		
				11		
				12		
				13		
				14		
				15		
				16		
				17		
				18		
				19		
				20		

备注	内部接线			端子号	外部接线	接入回路定义
				21		
				22		
				JD		**交流电源**
打印	PP-L			1	L	交流电源火线
照明空开	AK-1			2	L	
				3	L	
				4		
打印	PP-N			5	N	交流电源零线
照明	LAMP-2			6	N	
				7	N	
				8		
打印	PP-E			9		接地
铜排				10		
				1BD		**集中备用**
				1		
				2		
				3		
				4		
				5		
				6		
				7		
				8		
				9		
				10		

（表头栏：右侧端子排）

直通端子采用厚度为 6.2mm、额定截面积为 4mm^2 的菲尼克斯或成都瑞联端子；
试验端子采用厚度为 8.2mm、额定截面积为 6mm^2 的菲尼克斯或成都瑞联端子；
终端堵头采用厚度为 10～12mm；
本侧端子排共有直通端子 131 个、试验端子 18 个、终端堵头 15 个；
总体长度约为 1139.8mm，满足要求

注 除南瑞继保采用魏德米勒端子外（直通端子厚度 6.1mm、试验端子厚度 7.9mm、终端堵头厚度 10～12mm），其他厂家均按上述要求执行。

（3）压板布置表见表 5-15。

表 5-15　　　　　　　　　　　　　压　板　布　置

8CLP1	8CPL2	8BLP1	8BLP2	8KLP1	8BLP3	8BLP4	8KLP2	8KLP3
母联（分段）跳闸出口	备用（母联跳闸出口）	备用	备用	充电过流保护投退	备用	备用	远方操作投退	检修状态投退

第五节　110kV 备自投

1. 适用范围

本规范中 110kV 备自投为常规保护，主接线形式为单母线分段接线，功能为进线备自投、母联备自投方式。

2. 保护屏（柜）背面端子排设计原则

当屏（柜）内仅布置一台装置时，端子排固定在布置屏（柜）背面右侧，自上而下依次排列如下：

（1）交流电压段（31U_D）：按Ⅰ段母线电压 U_{a1}、U_{b1}、U_{c1}，Ⅱ段母线电压 U_{a2}、U_{b2}、U_{c2}，电源 1 电压 U_{L1}、电源 2 电压 U_{L2} 排列；

（2）交流电流段（31I_D）：按分段（内桥）Ia、Ib、Ic，电源 1 电流 I_{L1}，电源 2 电流 I_{L2} 排列；

（3）直流电源段（31ZD）：备自投装置电源取自该段；

（4）强电开入段（31QD）：用于开关量输入；

（5）弱电开入段（31RD）：用于备自投；

（6）出口正段（31CD）：装置出口回路正端；

（7）出口负段（31KD）：装置出口回路负端；

（8）遥信段（31YD）：备自投动作、装置告警等信号；

（9）网络通信段（TD）：网络通信、打印接线和 IRIG-B（DC）时码对时；

（10）集中备用段（1BD）。

备注：TD 按屏（柜）设置。

3. 各厂家差异说明

（1）南瑞继保端子排布置在右侧，其他厂家端子排布置在左侧；

（2）南瑞继保：开入包含"Ⅰ母联切开关跳位、Ⅱ母联切开关跳位"，其他厂家无此开入；

（3）除 9.2 所描述开入区别外，北京四方、国电南自：开入包含"进线一跳位、进线二跳位、分段跳位、1 号主变压器保护动作、2 号主变压器保护动作、备投总闭锁"，南瑞继保、南瑞科技、许继电气、长园深瑞：开入包含"进线一跳位、进线一合后位置、进线二跳位、进线二合后位置、分段跳位、分段合后位置、备投总闭锁"；

（4）南瑞继保、国电南自：信号包含"装置失电"，南瑞科技、四方、许继、长园深瑞：信号不含"装置失电"；

（5）南瑞科技：压板 31CLP9 布置在第二排第一个，其他厂家：压板 31CLP9 布置在第一排第九个。

4. 端子排图

（1）左侧端子排见表 5-16。

表 5-16 左侧端子排

左侧端子排					
接入回路定义	外部接线	端子号		内部接线	备注
交流电压		31UD			试验端子
110kV Ⅰ 母 A 相电压	A630Y	1		31ZKK1-1	空开前
110kV Ⅰ 母 B 相电压	B630Y	2		31ZKK1-3	空开前
110kV Ⅰ 母 C 相电压	C630Y	3		31ZKK1-5	空开前
		4			
110kV Ⅱ 母 A 相电压	A640Y	5		31ZKK2-1	空开前
110kV Ⅱ 母 B 相电压	B640Y	6		31ZKK2-3	空开前
110kV Ⅱ 母 C 相电压	C640Y	7		31ZKK2-5	空开前
		8			
母线电压 N 相	N600Y	9		31n	
		10		31n	
		11			
进线 1 线路电压	A609	12		31n	
进线 1 线路电压 N	N600	13		31n	
		14			
进线 2 线路电压	A609	15		31n	
进线 2 线路电压 N	N600	16		31n	
		17			
110kV Ⅰ 母 A 相电压	31ZKK1-2	18		31n	空开后

续表

左侧端子排					
接入回路定义	外部接线	端子号		内部接线	备注
110kV Ⅰ母 B 相电压	31ZKK1-4	19		31n	空开后
110kV Ⅰ母 C 相电压	31ZKK1-6	20		31n	空开后
		21			
110kV Ⅱ母 A 相电压	31ZKK2-2	22		31n	空开后
110kV Ⅱ母 B 相电压	31ZKK2-4	23		31n	空开后
110kV Ⅱ母 C 相电压	31ZKK2-6	24		31n	空开后
		25			
交流电流		31ID			试验端子
分段电流 Ia	A422	1		31n	
分段电流 Ib	B422	2		31n	
分段电流 Ic	C422	3		31n	
	N411	4			
分段电流 Ian		5		31n	
分段电流 Ibn		6		31n	
分段电流 Icn		7		31n	
		8			
进线一电流 I1	A422	9		31n	
进线一电流 I1n	N421	10		31n	
		11			
进线二电流 I2	A422	12		31n	
进线二电流 I2n	N421	13		31n	
		14			
装置电源		31ZD			装置电源
装置电源＋	＋BM	1		31DK-*	空开前
		2			
		3			
		4			
装置电源－	-BM	5		31DK-*	空开前
		6			
强电开入		31QD			
装置电源＋	B01	1		31DK-*	空开后
	B01	2		31n	
	B01	3		31FA-*	
	B01	4			
	B01	5			

续表

左侧端子排					
接入回路定义	外部接线	端子号		内部接线	备注
		6	■		
		7		31KLP1-1	
		8			
进线一跳位	B02	9		31n	
进线一合后位置	B03	10		31n	
进线二跳位	B04	11		31n	
进线二合后位置	B05	12		31n	
分段跳位	B06	13		31n	
分段合后位置	B07	14		31n	
Ⅰ母联切开关跳位	B08	15			（可选）
Ⅱ母联切开关跳位	B09	16			
		17			
		18			
		19			预留桥接线方式
		20			
		21			
		22	■	31KLP1-2	备自投总闭锁
		23		31n	
		24			
		25			
信号复归		26	■	31FA-＊	
		27		31n	
		28			
装置电源－		29	■	31DK-＊	空开后
		30		31n	
		31		31n	
出口正端		31CD			试验端子
进线一出口＋		1	■	31n	跳进线一正电
		2	■	31n	合进线一正电
闭锁进线一重合闸＋		3		31n	
进线二出口＋		4	■	31n	跳进线二正电
		5	■	31n	合进线二正电
闭锁进线二重合闸＋		6		31n	
分段出口＋		7	■	31n	跳分段正电
		8	■	31n	合分段正电

续表

左侧端子排						
接入回路定义	外部接线	端子号			内部接线	备注
Ⅰ母联切出口1＋		9			31n	Ⅰ母联切出口1＋
Ⅰ母联切出口2＋		10			32n	Ⅰ母联切出口2＋
Ⅱ母联切出口1＋		11			33n	Ⅱ母联切出口1＋
Ⅱ母联切出口2＋		12			31n	Ⅱ母联切出口2＋
出口负端		31KD				试验端子
跳进线一出口－		1			31CLP1-1	
合进线一出口－		2			31CLP2-1	
闭锁进线一重合闸－		3			31CLP3-1	
跳进线二出口－		4			31CLP4-1	
合进线二出口－		5			31CLP5-1	
闭锁进线二重合闸－		6			31CLP6-1	
跳分段出口－		7			31CLP7-1	
合分段出口－		8			31CLP8-1	
Ⅰ母联切出口1－		9			31CLP9-1	
Ⅰ母联切出口2－		10			31CLP10-1	
Ⅱ母联切出口1－		11			31CLP11-1	
Ⅱ母联切出口2－		12			31CLP12-1	
遥信		31YD				
公共端	JCOM	1			31n	
		2	■		31n	
		3				
备自投动作	J01	4			31n	
装置告警	J02	5			31n	
装置故障	J03	6			31n	
装置失电	J04	7			31n	
录波信号		LD				
信号公共端	LCOM	1			31n	
		2	■			
		3				
备自投动作	L01	4			31n	
通信网络		TD				
对时＋		1			B＋	
屏蔽地		2				
对时－		3			B－	
		4				

续表

接入回路定义	外部接线	端子号			内部接线	备注
左侧端子排						
		5				
		6				
		7				
		8				
		9				
		10				
		11				
		12				
		13				
		14				
		15				
		16				
		17				
		18				
		19				
		20				
		21				
		22				
交流电源		JD				
打印电源（可选）	PP-L	1			L	交流 220V 火线
照明空开	AK-1	2			L	
插座电源（可选）	CZ-L	3			L	
		4				
打印电源（可选）	PP-N	5			N	交流 220V 零线
照明	LAMP-2	6			N	
插座电源（可选）	CZ-N	7			N	
		8				
打印电源地	PP-E	9				交流 220V 地线
铜排	接地	10				
备用端子		1BD				
		1				
		2				
		3				
		4				
		5				

续表

左侧端子排					
接入回路定义	外部接线	端子号		内部接线	备注
		6			
		7			
		8			
		9			
		10			

直通端子采用：厚度为 6.2mm、额定截面为 4mm^2、菲尼克斯或成都瑞联端子；

试验端子采用：厚度为 8.2mm、额定截面为 6mm^2、菲尼克斯或成都瑞联端子；

终端堵头采用：厚度为 10～12mm；

本侧端子排共有：直通端子 93 个、试验端子 61 个、终端堵头 10 个；

总体长度约为 1246.8mm，满足要求

注　除南瑞继保采用魏德米勒端子外（直通端子厚度 6.1mm、试验端子厚度 7.9mm、终端堵头厚度 10～12mm），其他厂家均按上述要求执行。

（2）右侧端子排图。

无。

（3）压板布置表见表 5-17。

表 5-17　　　　　　　　　　　　　　　压板布置

31CLP1	31CLP2	31CLP3	31CLP4	31CLP5	31CLP6	31CLP7	31CLP8	31CLP9
跳进线一出口	合进线一出口	闭锁进线一重合闸	跳进线二出口	合进线二出口	闭锁进线二重合闸	跳分段出口	合分段出口	Ⅰ母联切出口 1
31CLP10	31CLP11	31CLP12	31BLP1	31BLP2	31BLP3	31KLP1	31KLP2	31KLP3
Ⅰ母联切出口 2	Ⅱ母联切出口 1	Ⅱ母联切出口 2	备用	备用	备用	闭锁备自投投退	远方操作投退	备自投装置检修投退

第六章 220kV智能站光纤配线架图

由于智能站改变了传统端子排布局型式，故通过规范控制柜光纤配线架达到智能站规范接线的目的。受 500kV 智能站应用面所限，本章仅收录了 220、110kV 整站的规范光纤配线架图，规范中对跳线编号、类型、光配端口及功能进行要求和统一。

220kV 智能站采用的是典型设计中 B-2 型式，为 220kV 采用双母线（单）分段接线。

1. 220kV I 母智能控制柜光纤配线架图（如图 6-1）

图 6-1 220kV I 母智能控制柜光纤配线架图（一）

220kVⅠ母智能控制柜								
跳线编号	跳线类型	装置光纤接口	信息传输方向	光配端口	功能说明		1	
TX-IGIR(B)-01	LC-ST	装置13n XX板卡 IRIG-B	← - -	E01	GPS同步时钟装置		2	
TX-IGIR(B)-02	LC-ST	备用	← - -	E02	备用		3	
TX-IGIR(B)-03	LC-ST	装置4n XX板卡 IRIG-B	← - -	E03	GPS同步时钟装置		4	
TX-IGIR(B)-04	LC-ST	备用	← - -	E04	备用		5	
TX-SG-MU-A-01	LC-LC	装置13n XX板卡 光口TX:X	- - →	E05	SV/GOOSE组网 220kV过程层中心交换机A	GL-1EPT-G101A	6	至220kV母线保护屏1
TX-SG-MU-A-02	LC-LC	装置13n XX板卡 光口RX:X	← - -	E06	SV/GOOSE组网 220kV过程层中心交换机A		7	12芯多模光缆
TX-GOOSE-IT-A-01	LC-LC	装置43n XX板卡 光口TX:X	- - →	E07	GOOSE组网 220kV过程层中心交换机A		8	
TX-GOOSE-IT-A-02	LC-LC	装置4n XX板卡 光口RX:X	← - -	E08	GOOSE组网 220kV过程层中心交换机A		9	
TX-SV-BP-01	LC-LC	装置13n XX板卡 光口TX:X	- - →	E09	SV点对点 220kV母线保护1电压,电流		10	
TX-SV-BP-02	LC-LC	装置13n XX板卡 光口RX:X	← - -	E10	SV点对点 220kV母线保护1电压,电流		11	
			- - →	E11	备用		12	
			← - -	E12	备用			
跳线编号	跳线类型	装置光纤接口	信息传输方向	光配端口	功能说明		1	
			- - →	F01			2	
			- - →	F02			3	
			- - →	F03			4	
			← - -	F04			5	
	LC-LC		- - →	F05		GL-1EPT-G101B	6	至220kV母线保护屏2
	LC-LC		- - →	F06			7	12芯多模光缆
TX-GOOSE-IT-B-01	LC-LC	装置4n XX板卡 光口TX:X	- - →	F07	GOOSE组网 220kV过程层中心交换机B		8	
TX-GOOSE-IT-B-02	LC-LC	装置4n XX板卡 光口RX:X	← - -	F08	GOOSE组网 220kV过程层中心交换机B		9	
			- - →	F09			10	
			← - -	F10			11	
			- - →	F11			12	
			← - -	F12				
跳线编号	跳线类型	装置光纤接口	信息传输方向	光配端口	功能说明			
			- - →	G01				
			← - -	G02				
			- - →	G03				
			← - -	G04				
			- - →	G05				
			← - -	G06				
			- - →	G07				
			- - →	G08				
			- - →	G09				
			← - -	G10				
			- - →	G11				
			- - →	G12				
跳线编号	跳线类型	装置光纤接口	信息传输方向	光配端口	功能说明			
			- - →	H01				
			← - -	H02				
			- - →	H03				
			← - -	H04				
			- - →	H05				
			← - -	H06				
			- - →	H07				
			← - -	H08				
			- - →	H09				
			- - →	H10				
				H11				
			← - -	H12				

图 6-1 220kVⅠ母智能控制柜光纤配线架图（二）

2．220kV Ⅱ母智能控制柜光纤配线架图（见图6-2）

跳线编号	跳线类型	装置光纤接口	信息传输方向	光配端口	功能说明		
			220kVⅠ母智能控制柜				
跳线编号	跳线类型	装置光纤接口	信息传输方向	光配端口	功能说明		
TX-(9-2)-01	LC-LC	装置13n ××板卡 光口TX:X	- - -▶	A01	220kV线路1合并单元B 级联	1 2 3 4	GL-1E-W100B 至220kV线路1智能控制柜 4芯多模光缆
				A02	备用		
				A03	备用		
				A04	备用		
TX-(9-2)-03	LC-LC	装置13n ××板卡 光口TX:X	- - -▶	A05	220kV线路2合并单元B 级联	1 2 3 4	GL-2E-W100B 至220kV线路2智能控制柜 4芯多模光缆
	LC-LC			A06	备用		
				A07	备用		
				A08	备用		
TX-(9-2)-05	LC-LC	装置13n ××板卡 光口TX:X	- - -▶	A09	220kV线路3合并单元B 级联	1 2 3 4	GL-3E-W100B 至220kV线路3智能控制柜 4芯多模光缆
				A10	备用		
				A11	备用		
				A12	备用		
跳线编号	跳线类型	装置光纤接口	信息传输方向	光配端口	功能说明		
TX-(9-2)-07	LC-LC	装置13n ××板卡 光口TX:X	- - -▶	B01	220kV线路4合并单元B 级联	1 2 3 4	GL-4E-W100B 至220kV线路4智能控制柜 4芯多模光缆
				B02	备用		
				B03	备用		
				B04	备用		
TX-(9-2)-09	LC-LC	装置13n ××板卡 光口TX:X	- - -▶	B05	220kV线路5合并单元B 级联	1 2 3 4	GL-5E-W100B 至220kV线路5智能控制柜 4芯多模光缆
				B06	备用		
				B07	备用		
				B08	备用		
TX-(9-2)-11	LC-LC	装置13n ××板卡 光口TX:X	- - -▶	B09	220kV线路6合并单元B 级联	1 2 3 4	GL-6E-W100B 至220kV线路6智能控制柜 4芯多模光缆
				B10	备用		
				B11	备用		
				B12	备用		
跳线编号	跳线类型	装置光纤接口	信息传输方向	光配端口	功能说明		
TX-(9-2)-13	LC-LC	装置13n ××板卡 光口TX:X	- - -▶	C01	220kV线路7合并单元B 级联	1 2 3 4	GL-7E-W100B 至220kV线路7智能控制柜 4芯多模光缆
				C02	备用		
				C03	备用		
				C04	备用		
TX-(9-2)-15	LC-LC	装置13n ××板卡 光口TX:X	- - -▶	C05	220kV线路8合并单元B 级联	1 2 3 4	GL-8E-W100B 至220kV线路8智能控制柜 4芯多模光缆
				C06	备用		
				C07	备用		
				C08	备用		
TX-(9-2)-17	LC-LC	装置13n ××板卡 光口TX:X	- - -▶	C09	220kV母联合并单元B 级联	1 2 3 4	GL-FEP-W100B 至220kV母联智能控制柜 4芯多模光缆
				C10	备用		
				C11	备用		
				C12	备用		
跳线编号	跳线类型	装置光纤接口	信息传输方向	光配端口	功能说明		
TX-(9-2)-19	LC-LC	装置13n ××板卡 光口TX:X	- - -▶	D01	220kV1号主变压器合并单元B 级联	1 2 3 4	GL-1TP-W100B 至220kV1号主变压器智能控制柜 4芯多模光缆
				D02	备用		
				D03	备用		
				D04	备用		
TX-(9-2)-21	LC-LC	装置13n ××板卡 光口TX:X	- - -▶	D05	220kV2号主变压器合并单元B 级联	1 2 3 4	GL-2TP-W100B 至220kV2号主变压器智能控制柜 4芯多模光缆
				D06	备用		
				D07	备用		
				D08	备用		
				D09			
				D10			
				D11			
				D12			

图6-2　220kV Ⅱ母智能控制柜光纤配线架图（一）

220kVⅡ母智能控制柜						
跳线编号	跳线类型	装置光纤接口	信息传输方向	光配端口	功能说明	
TX-IGIR(B)-01	LC-ST	装置13n ××板卡 IRIG-B	← - -	E01	GPS同步时钟装置	1
TX-IGIR(B)-02	LC-ST	备用	← - -	E02	备用	2
TX-IGIR(B)-03	LC-ST	装置4n ××板卡 IRIG-B	← - -	E03	GPS同步时钟装置	3
TX-IGIR(B)-04	LC-ST	备用	← - -	E04	备用	4
	LC-LC		- - →	E05		5
	LC-LC		← - -	E06		6
TX-GOOSE-IT-A-01	LC-LC	装置4n ××板卡 光口TX:X	- - →	E07	GOOSE组网 220kV过程层中心交换机A	7
TX-GOOSE-IT-A-02	LC-LC	装置4n ××板卡 光口RX:X	← - -	E08	GOOSE组网 220kV过程层中心交换机A	8
			- - →	E09		9
			← - -	E10		10
				E11	备用	11
				E12	备用	12
跳线编号	跳线类型	装置光纤接口	信息传输方向	光配端口	功能说明	
TX-SG-MU-B-01	LC-LC	装置13n ××板卡 光口TX:X	- - →	F01	SV/GOOSE组网 220kV过程层中心交换机B	1
TX-SG-MU-B-02	LC-LC	装置13n ××板卡 光口RX:X	← - -	F02	SV/GOOSE组网 220kV过程层中心交换机B	2
			- - →	F03		3
			← - -	F04		4
TX-GOOSE-IT-B-01	LC-LC	装置4n ××板卡 光口TX:X	- - →	F05	GOOSE组网 220kV过程层中心交换机B	5
TX-GOOSE-IT-B-02	LC-LC	装置4n ××板卡 光口RX:X	← - -	F06	GOOSE组网 220kV过程层中心交换机B	6
			- - →	F07		7
			← - -	F08		8
TX-SV-BP-01	LC-LC	装置13n ××板卡 光口TX:X	- - →	F09	SV点对点 220kV母线保护2电压,电流	9
TX-SV-BP-02	LC-LC	装置13n ××板卡 光口RX:X	← - -	F10	SV点对点 220kV母线保护2电压,电流	10
			- - →	F11		11
			← - -	F12		12
跳线编号	跳线类型	装置光纤接口	信息传输方向	光配端口	功能说明	
			- - →	G01		
			← - -	G02		
			- - →	G03		
			← - -	G04		
			- - →	G05		
			← - -	G06		
			- - →	G07		
			← - -	G08		
			- - →	G09		
			← - -	G10		
			- - →	G11		
			← - -	G12		
跳线编号	跳线类型	装置光纤接口	信息传输方向	光配端口	功能说明	
			- - →	H01		
			← - -	H02		
			- - →	H03		
			← - -	H04		
			- - →	H05		
			← - -	H06		
			- - →	H07		
			← - -	H08		
			- - →	H09		
			← - -	H10		
			- - →	H11		
			← - -	H12		

2EPTa-G101A 至220kV母线保护屏1 12芯多模光缆

2EPTa-G101B 至220kV母线保护屏2 12芯多模光缆

图 6-2　220kVⅡ母智能控制柜光纤配线架图（二）

3. 220kV Ⅱb母线智能组件光缆配线图（见图6-3）

220kV Ⅱb母线智能组件光缆配线表

光缆纤芯序号	航空插头编号	光配单元端子号	光配光口类型	装置光口类型	柜内设备配线 装置名称	装置插件	端口号	注释	说明
1		A01	LC	LC	4n:智能终端		TXX	GOOSE组网	GOOSE组网（220kV过程层中心交换机A）
2		A02	LC	LC	4n:智能终端		RXX	GOOSE组网	
3		A03	LC						
4		A04	LC						
5		A05	LC	LC	21n:220kV母线测控		TXX	SV/GOOSE组网	SV/GOOSE组网（220kV过程层中心交换机A）
6	G1	A06	LC	LC	21n:220kV母线测控		RXX	SV/GOOSE组网	
7		A07	LC						
8		A08	LC						
9		A09	LC	LC	4n:智能终端		IRIG-B	GPS对时	GPS同步时钟装置
10		A10	LC						
11		A11	LC						
12		A12	LC						
1		B01	LC	LC	4n:智能终端		TXX	GOOSE组网	GOOSE组网（220kV过程层中心交换机B）
2		B02	LC	LC	4n:智能终端		RXX	GOOSE组网	
3		B03	LC						
4		B04	LC						
5		B05	LC	LC	21n:220kV母线测控		TXX	SV/GOOSE组网	SV/GOOSE组网（220kV过程层中心交换机B）
6	G1	B06	LC	LC	21n:220kV母线测控		RXX	SV/GOOSE组网	
7		B07	LC						
8		B08	LC						
9		B09	LC						
10		B10	LC						
11		B11	LC						
12		B12	LC						

220kV母线保护屏1　2EPTb-G101A 12芯多模光缆

220kV母线保护屏2　2EPTb-G101B 12芯多模光缆

图6-3　220kV Ⅱb母线智能组件光缆配线图

4. 220kV 线路智能汇控柜光纤配线架图（见图6-4）

220kV线路智能组件光缆配线表

跳线编号	跳线类型	装置光纤接口	信息传输方向	光配端口	功能说明		
TX-IGIR(A)-01	LC-ST	装置1-13n XX板卡 IRIG-B	←---	A01	GPS同步时钟装置	1	
				A02		2	
TX-IGIR(A)-03	LC-ST	装置1-4n XX板卡 IRIG-B	←---	A03	GPS同步时钟装置	3	
				A04		4	
TX-GOOSE-IT-A-01	LC-LC	1-40n:220kV过程层交换机A	--→	A05	GOOSE组网 220kV过程层中心交换机A级联	5	
TX-GOOSE-IT-A-02	LC-LC	1-40n:220kV过程层交换机A	←--	A06	GOOSE组网 220kV过程层中心交换机A级联	6	E-G101A 至220kV母线保护屏1 12芯多模光缆
TX-GOOSE-BP-A-01	LC-LC	1-4n:智能组件1 XX板卡 TXX	--→	A07	GOOSE点对点 220kV母线保护1跳闸	7	
TX-GOOSE-BP-A-02	LC-LC	1-4n:智能组件1 XX板卡 RXX	←--	A08	GOOSE点对点 220kV母线保护1跳闸	8	
TX-SV-BP-A-01	LC-LC	1-13n:合并单元1 XX板卡 TXX	--→	A09	SV点对点 220kV母线保护1电压,电流	9	
				A10		10	
				A11		11	
				A12		12	

跳线编号	跳线类型	装置光纤接口	信息传输方向	光配端口	功能说明		
TX-IGIR(B)-01	LC-ST	装置2-13n XX板卡 IRIG-B	--→	B01	GPS同步时钟装置	1	
				B02		2	
TX-IGIR(B)-03	LC-ST	装置2-4n XX板卡 IRIG-B	--→	B03	GPS同步时钟装置	3	
				B04		4	
TX-GOOSE-IT-B-01	LC-LC	1-40n:220kV过程层交换机B	--→	B05	GOOSE组网 220kV过程层中心交换机B级联	5	
TX-GOOSE-IT-B-02	LC-LC	1-40n:220kV过程层交换机B	←--	B06	GOOSE组网 220kV过程层中心交换机B级联	6	E-G101B 至220kV母线保护屏2 12芯多模光缆
TX-GOOSE-BP-B-01	LC-LC	2-4n:智能组件2 XX板卡 TXX	--→	B07	GOOSE点对点 220kV母线保护2跳闸	7	
TX-GOOSE-BP-B-02	LC-LC	2-4n:智能组件2 XX板卡 RXX	←--	B08	GOOSE点对点 220kV母线保护2跳闸	8	
TX-SV-BP-B-01	LC-LC	2-13n:合并单元2 XX板卡 TXX	--→	B09	SV点对点 220kV母线保护2电压,电流	9	
				B10		10	
				B11		11	
				B12		12	

跳线编号	跳线类型	装置光纤接口	信息传输方向	光配端口	功能说明		
TX-(9-2A)-01	LC-LC	装置1-13n XX板卡 光口RX:X	←---	C01	220kV线路1合并单元A 级联	1	
				C02		2	GL-1E-W100A 220kV I母TV智能控制柜 4芯多模光缆
				C03		3	
				C04		4	
				C05			
				C06			
				C07			
				C08			
				C09			
				C10			
				C11			
				C12			

跳线编号	跳线类型	装置光纤接口	信息传输方向	光配端口	功能说明		
TX-(9-2B)-01	LC-LC	装置2-13n XX板卡 光口RX:X	←---	D01	220kV线路1合并单元B 级联	1	
				D02		2	GL-1E-W100A 220kV IIa母TV智能控制柜 4芯多模光缆
				D03		3	
				D04		4	
				D05			
				D06			
				D07			
				D08			
				D09			
				D10			
				D11			
				D12			

图6-4 220kV线路智能汇控柜光纤配线架图（一）

220kV线路智能控制柜跳纤示意图

柜内跳纤光纤接口类型	起点设备	装置插件	端口号	柜内跳纤接口类型	终点设备	装置插件	端口号	注释	说明
LC	1-13n:合并单元1		TXX	LC	1-40n:220kV过程层交换机A		R1	SV/GOOSE 组网	220kV线路合并单元1 进220kV过程层网络A
LC	1-13n:合并单元1		RXX	LC	1-40n:220kV过程层交换机A		T1	SV/GOOSE 组网	
LC	1-4n:智能终端1		TXX	LC	1-40n:220kV过程层交换机A		R2	SV/GOOSE 组网	220kV线路智能终端1 进220kV过程层网络A
LC	1-4n:智能终端1		RXX	LC	1-40n:220kV过程层交换机A		T2	SV/GOOSE 组网	
LC	1n:220kV线路保护1		TXX	LC	1-40n:220kV过程层交换机A		R3	SV/GOOSE 组网	220kV线路保护1 进220kV过程层网络A
LC	1n:220kV线路保护1		RXX	LC	1-40n:220kV过程层交换机A		T3	SV/GOOSE 组网	
LC	1-21n:220kV线路测控		TXX	LC	1-40n:220kV过程层交换机A		R4	SV/GOOSE 组网	220kV线路测控 进220kV过程层网络A
LC	1-21n:220kV线路测控		RXX	LC	1-40n:220kV过程层交换机A		T4	SV/GOOSE 组网	
LC	2-13n:合并单元2		TXX	LC	2-40n:220kV过程层交换机B		R1	SV/GOOSE 组网	220kV线路合并单元2 进220kV过程层网络B
LC	2-13n:合并单元2		RXX	LC	2-40n:220kV过程层交换机B		T1	SV/GOOSE 组网	
LC	2-4n:智能终端2		TXX	LC	2-40n:220kV过程层交换机B		R2	SV/GOOSE 组网	220kV线路智能终端2 进220kV过程层网络B
LC	2-4n:智能终端2		RXX	LC	2-40n:220kV过程层交换机B		T2	SV/GOOSE 组网	
LC	2-1n:220kV线路保护2		TXX	LC	2-40n:220kV过程层交换机B		R3	SV/GOOSE 组网	220kV线路保护2 进220kV过程层网络B
LC	2-1n:220kV线路保护2		RXX	LC	2-40n:220kV过程层交换机B		T3	SV/GOOSE 组网	
LC	1-21n:220kV线路测控		TXX	LC	2-40n:220kV过程层交换机B		R4	SV/GOOSE 组网	220kV线路测控 进220kV过程层网络B
LC	1-21n:220kV线路测控		RXX	LC	2-40n:220kV过程层交换机B		T4	SV/GOOSE 组网	
LC	1-13n:合并单元1		TXX	LC	1n:220kV线路保护1		RXX	SV 点对点	220kV线路保护1 采电压,电流
LC	1-4n:智能终端1		TXX	LC	1n:220kV线路保护1		RXX	GOOSE 点对点	220kV线路保护1 跳闸
LC	1-4n:智能终端1		RXX	LC	1n:220kV线路保护1		TXX		
LC	2-13n:合并单元2		TXX	LC	2-1n:220kV线路保护2		RXX	SV 点对点	220kV线路保护2 采电压,电流
LC	2-4n:智能终端2		TXX	LC	2-1n:220kV线路保护2		RXX	GOOSE 点对点	220kV线路保护2 跳闸
LC	2-4n:智能终端2		RXX	LC	2-1n:220kV线路保护2		TXX		

图6-4　220kV线路智能汇控柜光纤配线架图（二）

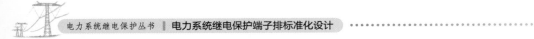

5. 220kV 母联智能汇控柜光纤配线架图（见图 6-5）

220kV母联智能组件光缆配线表								
跳线编号	跳线类型	装置光纤接口	信息传输方向	光配端口	功能说明			
TX-IGIR(A)-01	LC-ST	装置1-13n ××板卡 IRIG-B	←－－	A01	GPS同步时钟装置			
				A02				
TX-IGIR(A)-03	LC-ST	装置1-4n ××板卡 IRIG-B	←－－	A03	GPS同步时钟装置			
				A04				
TX-GOOSE-IT-A-01	LC-LC	1-40n:220kV过程层交换机A	－－→	A05	GOOSE组网 220kV过程层中心交换机A级联			
TX-GOOSE-IT-A-02	LC-LC	1-40n:220kV过程层交换机A	←－－	A06	GOOSE组网 220kV过程层中心交换机A级联	EML-G101A	至220kV母线保护屏1	
TX-GOOSE-BP-A-01	LC-LC	1-4n:智能组件1 ××板卡 TXX	－－→	A07	GOOSE点对点 220kV母线保护1跳闸		12芯多模光缆	
TX-GOOSE-BP-A-02	LC-LC	1-4n:智能组件1 ××板卡 RXX	←－－	A08	GOOSE点对点 220kV母线保护1跳闸			
TX-SV-BP-A-01	LC-LC	1-13n:合并单元1 ××板卡 TXX	－－→	A09	SV点对点 220kV母线保护1电压,电流			
				A10				
				A11				
				A12				
跳线编号	跳线类型	装置光纤接口	信息传输方向	光配端口	功能说明			
TX-IGIR(B)-01	LC-ST	装置2-13n ××板卡 IRIG-B	－－→	B01	GPS同步时钟装置			
			←－－	B02				
TX-IGIR(B)-03	LC-ST	装置2-4n ××板卡 IRIG-B	－－→	B03	GPS同步时钟装置			
				B04				
TX-GOOSE-IT-B-01	LC-LC	1-40n:220kV过程层交换机B		B05	GOOSE组网 220kV过程层中心交换机B级联			
TX-GOOSE-IT-B-02	LC-LC	1-40n:220kV过程层交换机B		B06	GOOSE组网 220kV过程层中心交换机B级联	EML-G101B	至220kV母线保护屏2	
TX-GOOSE-BP-B-01	LC-LC	2-4n:智能组件2 XX板卡 TXX		B07	GOOSE点对点 220kV母线保护2跳闸		12芯多模光缆	
TX-GOOSE-BP-B-02	LC-LC	2-4n:智能组件2 XX板卡 RXX		B08	GOOSE点对点 220kV母线保护2跳闸			
TX-SV-BP-B-01	LC-LC	2-13n:合并单元2 XX板卡 TXX	－－→	B09	SV点对点 220kV母线保护2电压,电流			
				B10				
				B11				
				B12				
跳线编号	跳线类型	装置光纤接口	信息传输方向	光配端口	功能说明			
TX-(9-2 A)-01	LC-LC	装置1-13n ××板卡 光口RX:X	←－－	C01	220kV母联合并单元A 级联			
				C02		EML-W100A	220kV Ⅰ母TV智能控制柜	
				C03			4芯多模光缆	
				C04				
				C05				
				C06				
				C07				
				C08				
				C09				
				C10				
				C11				
				C12				
跳线编号	跳线类型	装置光纤接口	信息传输方向	光配端口	功能说明			
TX-(9-2 B)-01	LC-LC	装置2-13n ××板卡 光口RX:X	←－－	D01	220kV母联合并单元B 级联			
				D02		EML-W100B	220kV Ⅱ母TV智能控制柜	
				D03			4芯多模光缆	
				D04				
				D05				
				D06				
				D07				
				D08				
				D09				
				D10				
				D11				
				D12				

图 6-5　220kV 母联智能汇控柜光纤配线架图（一）

220kV母联智能汇控柜控制柜跳纤示意图

柜内跳纤接口类型	起点设备	装置插件	端口号	柜内跳纤接口类型	终点设备	装置插件	端口号	注释	说明
LC	1-13n:合并单元1		TXX	LC	1-40n:220kV过程层交换机A		R1	SV/GOOSE 组网	220kV母联合并单元1进220kV过程层网络A
LC	1-13n:合并单元1		RXX	LC	1-40n:220kV过程层交换机A		T1		
LC	1-4n:智能终端1		TXX	LC	1-40n:220kV过程层交换机A		R2	SV/GOOSE 组网	220kV母联智能终端1进220kV过程层网络A
LC	1-4n:智能终端1		RXX	LC	1-40n:220kV过程层交换机A		T2		
LC	1n:220kV母联保护1		TXX	LC	1-40n:220kV过程层交换机A		R3	SV/GOOSE 组网	220kV母联保护1进220kV过程层网络A
LC	1n:220kV母联保护1		RXX	LC	1-40n:220kV过程层交换机A		T3		
LC	1-21n:220kV母联测控		TXX	LC	1-40n:220kV过程层交换机A		R4	SV/GOOSE 组网	220kV母联测控进220kV过程层网络A
LC	1-21n:220kV母联测控		RXX	LC	1-40n:220kV过程层交换机A		T4		
LC	2-13n:合并单元2		TXX	LC	2-40n:220kV过程层交换机B		R1	SV/GOOSE 组网	220kV母联合并单元2进220kV过程层网络B
LC	2-13n:合并单元2		RXX	LC	2-40n:220kV过程层交换机B		T1		
LC	2-4n:智能终端2		TXX	LC	2-40n:220kV过程层交换机B		R2	SV/GOOSE 组网	220kV母联智能终端2进220kV过程层网络B
LC	2-4n:智能终端2		RXX	LC	2-40n:220kV过程层交换机B		T2		
LC	2-8n:220kV母联保护2		TXX	LC	2-40n:220kV过程层交换机B		R3	SV/GOOSE 组网	220kV母联保护2进220kV过程层网络B
LC	2-8n:220kV母联保护2		RXX	LC	2-40n:220kV过程层交换机B		T3		
LC	1-21n:220kV母联测控		TXX	LC	2-40n:220kV过程层交换机B		R4	SV/GOOSE 组网	220kV母联测控进220kV过程层网络B
LC	1-21n:220kV母联测控		RXX	LC	2-40n:220kV过程层交换机B		T4		
LC	1-13n:合并单元1		TXX	LC	1n:220kV母联保护1		RXX	SV 点对点	220kV母联保护1采电压,电流
LC	1-4n:智能终端1		TXX	LC	1n:220kV母联保护1		RXX	GOOSE 点对点	220kV母联保护1跳闸
LC	1-4n:智能终端1		RXX	LC	1n:220kV母联保护1		TXX		
LC	2-13n:合并单元2		TXX	LC	2-8n:220kV母联保护2		RXX	SV 点对点	220kV母联保护2采电压,电流
LC	2-4n:智能终端2		TXX	LC	2-8n:220kV母联保护2		RXX	GOOSE 点对点	220kV母联保护2跳闸
LC	2-4n:智能终端2		RXX	LC	2-8n:220kV母联保护2		TXX		

图6-5　220kV母联智能汇控柜光纤配线架图（二）

6. 220kV 母线保护柜 A 光纤配线架图（见图 6-6）

图6-6　220kV母线保护柜A光纤配线架图（一）

220kV母联保护柜1光缆配线表

跳线编号	跳线类型	装置光纤接口	信息传输方向	光配端口	功能说明
		装置13n ××板卡 IRIG-B		E01	GPS同步时钟装置
				E02	GPS同步时钟装置
		装置4n ××板卡 IRIG-B		E03	GPS同步时钟装置
				E04	
TX-SG-MU-A-01	LC-LC	1-40n:过程层中心交换机	→	E05	GOOSE组网 220kV过程层中心交换机A级联
TX-SG-MU-A-02	LC-LC	1-40n:过程层中心交换机	→	E06	GOOSE组网 220kV过程层中心交换机A级联
TX-GOOSE-TT-A-01	LC-LC	1-40n:过程层中心交换机	→	E07	GOOSE点对点 220kV母线保护1跳闸
TX-GOOSE-TT-A-02	LC-LC	1-40n:过程层中心交换机	→	E08	GOOSE点对点 220kV母线保护1跳闸
TX-SV-BP-01	LC-LC	1n:母线保护装置1 板卡 RXX	→	E09	SV点对点 220kV母线保护1电压、电流
				E10	
				E11	备用
				E12	备用

跳线编号	跳线类型	装置光纤接口	信息传输方向	光配端口	功能说明
		装置13n ××板卡 IRIG-B		F01	GPS同步时钟装置
				F02	GPS同步时钟装置
		装置4n ××板卡 IRIG-B		F03	GPS同步时钟装置
				F04	
				F05	
				F06	
TX-GOOSE-TT-B-01	LC-LC	1-40n:过程层中心交换机	→	F07	GOOSE组网 220kV过程层中心交换机B
TX-GOOSE-TT-B-02	LC-LC	1-40n:过程层中心交换机	→	F08	GOOSE组网 220kV过程层中心交换机B
				F09	
				F10	
				F11	
				F12	

跳线编号	跳线类型	装置光纤接口	信息传输方向	光配端口	功能说明
				G01	
				G02	
				G03	
				G04	
				G05	
				G06	
				G07	
				G08	
				G09	
				G10	
				G11	
				G12	

跳线编号	跳线类型	装置光纤接口	信息传输方向	光配端口	功能说明
				H01	
				H02	
				H03	
				H04	
				H05	
				H06	
				H07	
				H08	
				H09	
				H10	
				H11	
				H12	

1EPT-G101A 至220kV I 母智能控制柜 12芯多模光缆

2EPTa-G101A 至220kV II 母智能控制柜 12芯多模光缆

1IEML-W101A 同步时钟扩展柜 4芯多模尾缆 LC-ST

1IEML-W101B 同步时钟扩展柜 4芯多模尾缆 LC-ST

图6-6　220kV母线保护柜A光纤配线架图(二)

220kV母线保护柜1尾缆配线表

尾缆	装置	装置名称	装置插件	端口号	注释		说明
纤芯序号	光口类型						
1	LC	2~40m:220kV过程层中心交换机A		GTXX	SV/GOOSE	SV/GOOSE采集	
2	LC	2~40m:220kV过程层中心交换机A		GRXX	组网	220kV故障录波网采	
3							
4							
1							
2							
3							
4							
1							
2							
3							
4							
1							
2							
3							
4							

220kV故障录波器柜C-LC　4芯多模尾缆
EGL-W101A

图6-6　220kV母线保护柜A光纤配线架图(三)

220kV母线保护柜1光缆配线表

光缆/尾缆	纤芯序号	航空插头编号	光配单元端子号	光配光口	装置光口	装置名称	端口号	注释	说明
网络分析仪柜1 LC-LC 4芯多模光缆 WF-W101A	1	G8	A01	LC	LC	2~40m: 220kV过程层中心交换机A	GRXX	SV/GOOSE组网	SV/GOOSE采集网络分析仪采网采
	2		A02	LC	LC		GTXX		
	3		A03	LC					
	4		A04	LC					
1号主变压器保护柜1 LC-LC 4芯多模光缆 1B-G600A	1		XX	LC	LC	1~40m: 220kV过程层中心交换机A	GRXX	交换机级联	1号主变压器220kV过程层交换机A
	2		B02	LC	LC		GTXX		
	3		B03	LC					
	4		B04	LC					
	1		C01	LC					
	2		C02	LC					
	3		C03	LC					
	4		C04	LC					
主变压器故障录波器柜 LC-LC 4芯多模光缆 ZGL-G101A	1	G9	A01	LC	LC	2~40m: 220kV过程层中心交换机A	GRXX	SV/GOOSE组网	ESV/GOOSE采集主变压器故障录波网采
	2		A02	LC	LC		GTXX		
	3		A03	LC					
	4		A04	LC					
	1		B01	LC					
	2		B02	LC					
	3		B03	LC					
	4		B04	LC					
	1		C01	LC					
	2		C02	LC					
	3		C03	LC					
	4		C04	LC					

图6-6 220kV母线线保护柜A光纤配线架图（四）

7. 220kV 母线保护柜 B 光纤配线架图（见图 6-7）

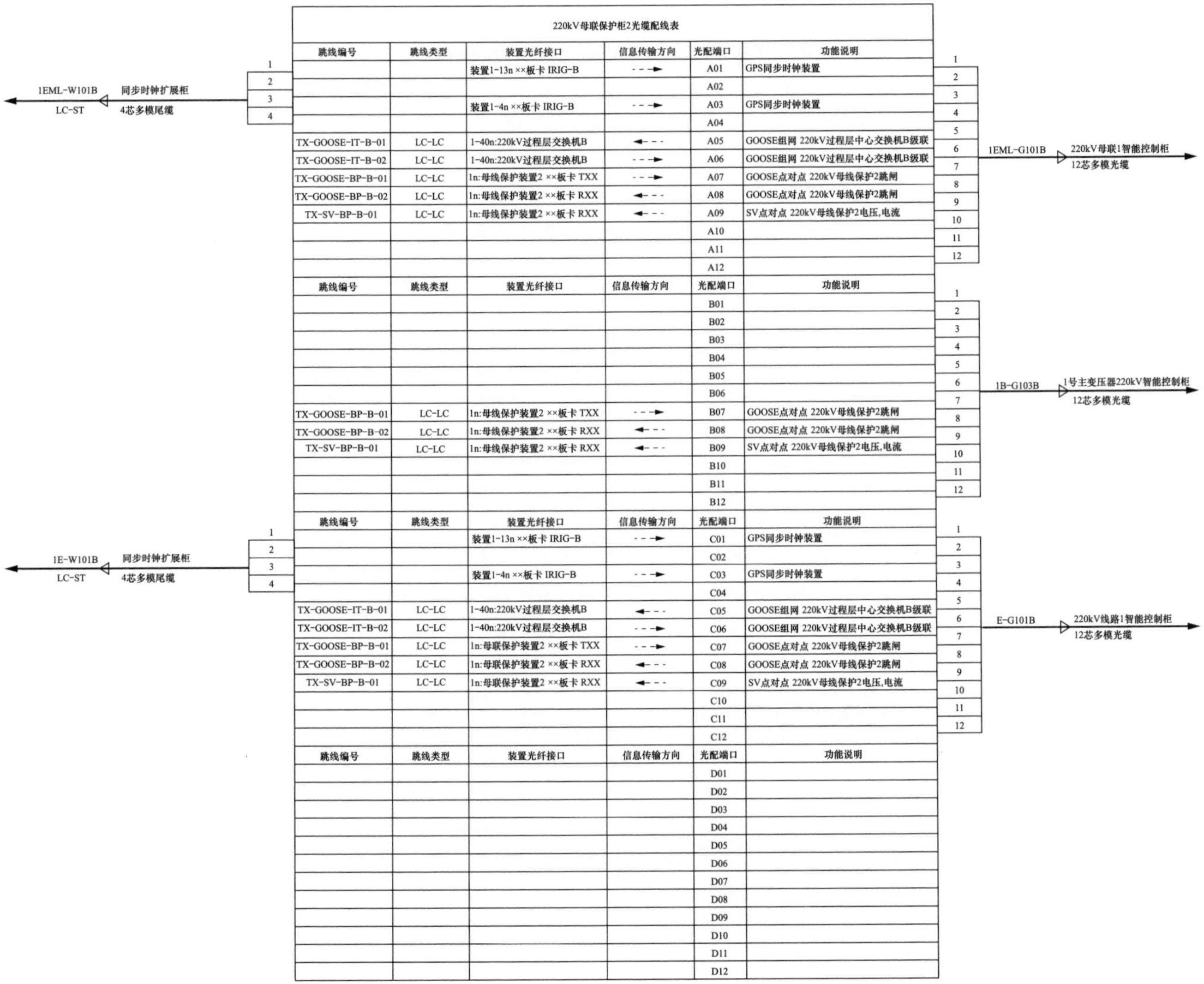

图 6-7　220kV 母线保护柜 B 光纤配线架线图（一）

220kV母联保护柜2光缆配线表								
跳线编号	跳线类型	装置光纤接口	信息传输方向	光配端口	功能说明			
				E01		1		
				E02		2		
				E03		3		
				E04		4		
				E05		5		
				E06		6	1EPT-G101A	至220kV Ⅰ母智能控制柜
TX-GOOSE-IT-A-01	LC-LC	1-40n:过程层中心交换机	←- -	E07	GOOSE组网 220kV过程层中心交换机A	7		12芯多模光缆
TX-GOOSE-IT-A-02	LC-LC	1-40n:过程层中心交换机	- -→	E08	GOOSE组网 220kV过程层中心交换机A	8		
				E09		9		
				E10		10		
				E11	备用	11		
				E12	备用	12		
跳线编号	跳线类型	装置光纤接口	信息传输方向	光配端口	功能说明			
TX-SG-MU-B-01	LC-LC	1-40n:过程层中心交换机	- -→	F01	SV/GOOSE组网 220kV过程层中心交换机B	1		
TX-SG-MU-B-02	LC-LC	1-40n:过程层中心交换机	←- -	F02	SV/GOOSE组网 220kV过程层中心交换机B	2		
				F03		3		
				F04		4		
TX-GOOSE-IT-B-01	LC-LC	1-40n:过程层中心交换机	- -→	F05	GOOSE组网 220kV过程层中心交换机B	5		
TX-GOOSE-IT-B-02	LC-LC	1-40n:过程层中心交换机	←- -	F06	GOOSE组网 220kV过程层中心交换机B	6	2EPTa-G101A	至220kV Ⅱ母智能控制柜
				F07		7		12芯多模光缆
				F08		8		
TX-SV-MU-01	LC-LC	1n:母线保护装置2	←- -	F09	SV点对点 220kV母线保护2电压,电流	9		
				F10		10		
				F11		11		
				F12		12		
跳线编号	跳线类型	装置光纤接口	信息传输方向	光配端口	功能说明			
				G01				
				G02				
				G03				
				G04				
				G05				
				G06				
				G07				
				G08				
				G09				
				G10				
				G11				
				G12				
跳线编号	跳线类型	装置光纤接口	信息传输方向	光配端口	功能说明			
				H01				
				H02				
				H03				
				H04				
				H05				
				H06				
				H07				
				H08				
				H09				
				H10				
				H11				
				H12				

图 6-7 220kV 母线保护柜 B 光纤配线架图（二）

220kV母线保护柜2尾缆配线表

光缆		装置名称	装置插件	端口号	注释	说明
纤芯序号	光配光口类型					
1	LC	2-40n:220kV过程层中心交换机B		GTXX	SV/GOOSE组网	SV/GOOSE采集 220kV故障录波网采
2	LC	2-40n:220kV过程层中心交换机B		GRXX		
3						
4						
1						
2						
3						
4						
1						
2						
3						
4						
1						
2						
3						
4						

220kV故障录波器柜C-LC 4芯多模尾缆

EGL-W101A

图6-7 220kV母线保护柜B光纤配线架图(三)

220kV母线保护柜2光缆配线表

光缆/尾缆	航空插头编号	光配单元端子号	光配光口	装置光口	屏内设备配线 装置名称	端口号	注释	说明
纤芯序号								
1		A01	LC	LC	2~40n:	GTXX	SV/GOOSE 组网	SV/GOOSE采集网络分析仪采
2		A02	LC	LC	220kV过程层中心交换机B	GTXX		
3		A03	LC					
4		A04	LC					
1		B01	LC	LC	1~40n:	GRXX	交换机级联	1号主变压器220kV过程层交换机B
2	G8	B02	LC	LC	220kV过程层中心交换机B	GTXX		
3		B03	LC					
4		B04	LC					
1		C01	LC					
2		C02	LC					
3		C03	LC					
4		C04	LC					
1		A01	LC	LC	2~40n:	GTXX	SV/GOOSE 组网	ESV/GOOSE采集主变压器故障录波网采
2		A02	LC	LC	220kV过程层中心交换机B	GRXX		
3		A03	LC					
4	G9	A04	LC					
1		B01	LC					
2		B02	LC					
3		B03	LC					
4		B04	LC					
1		C01	LC					
2		C02	LC					
3		C03	LC					
4		C04	LC					

网络分析仪柜2　LC-LC
WF-G101B　4芯多模光缆

1号主变压器保护柜2 LC-LC
1B-G600B　4芯多模光缆

主变压器故障录波器柜 LC-LC
ZGL-G101B　4芯多模光缆

图6-7　220kV母线保护柜B光纤配线架图（四）

8. 110kV Ⅰ母智能汇控柜光纤配线架图（见图6-8）

跳线编号	跳线类型	装置光纤接口	信息传输方向	光配端口	功能说明			
					110kV Ⅰ母智能控制柜			
TX-(9-2)-01	LC-LC	装置13n ××板卡 光口TX:X	- - ►	A01	110kV线路1合并单元A 级联	1	GL-1Y-W100A 4芯多模光缆	至110kV线路1智能控制柜 ►
				A02		2		
				A03		3		
				A04		4		
TX-(9-2)-03	LC-LC	装置13n ××板卡 光口TX:X	- - ►	A05	110kV线路2合并单元A 级联	1	GL-2Y-W100A 4芯多模光缆	至110kV线路2智能控制柜 ►
				A06		2		
				A07		3		
				A08		4		
TX-(9-2)-05	LC-LC	装置13n ××板卡 光口TX:X	- - ►	A09	110kV线路3合并单元A 级联	1	GL-3Y-W100A 4芯多模光缆	至110kV线路3智能控制柜 ►
				A10		2		
				A11		3		
				A12		4		
跳线编号	**跳线类型**	**装置光纤接口**	**信息传输方向**	**光配端口**	**功能说明**			
TX-(9-2)-07	LC-LC	装置13n ××板卡 光口TX:X	- - ►	B01	110kV线路4合并单元A 级联	1	GL-4Y-W100A 4芯多模光缆	至110kV线路4智能控制柜 ►
				B02		2		
				B03		3		
				B04		4		
TX-(9-2)-09	LC-LC	装置13n ××板卡 光口TX:X	- - ►	B05	110kV线路5合并单元A 级联	1	GL-5Y-W100A 4芯多模光缆	至110kV线路5智能控制柜 ►
				B06		2		
				B07		3		
				B08		4		
TX-(9-2)-11	LC-LC	装置13n ××板卡 光口TX:X	- - ►	B09	110kV线路6合并单元A 级联	1	GL-6Y-W100A 4芯多模光缆	至110kV线路6智能控制柜 ►
				B10		2		
				B11		3		
				B12		4		
跳线编号	**跳线类型**	**装置光纤接口**	**信息传输方向**	**光配端口**	**功能说明**			
TX-(9-2)-13	LC-LC	装置13n ××板卡 光口TX:XX	- - ►	C01	110kV线路7合并单元A 级联	1	GL-7Y-W100A 4芯多模光缆	至110kV线路7智能控制柜 ►
				C02		2		
				C03		3		
				C04		4		
TX-(9-2)-15	LC-LC	装置13n ××板卡 光口TX:XX	- - ►	C05	110kV线路8合并单元A 级联	1	GL-8Y-W100A 4芯多模光缆	至110kV线路8智能控制柜 ►
				C06		2		
				C07		3		
				C08		4		
TX-(9-2)-17	LC-LC	装置13n ××板卡 光口TX:XX	- - ►	C09	110kV母联合并单元A 级联	1	GL-FYP-W100A 4芯多模光缆	至110kV母联智能控制柜 ►
				C10		2		
				C11		3		
				C12		4		
跳线编号	**跳线类型**	**装置光纤接口**	**信息传输方向**	**光配端口**	**功能说明**			
TX-(9-2)-19	LC-LC	装置13n ××板卡 光口TX:X	- - ►	D01	110kV 1号主变压器合并单元A 级联	1	GL-1TP-W200A 4芯多模光缆	至110kV 1号主变压器智能控制柜 ►
				D02		2		
				D03		3		
				D04		4		
TX-(9-2)-21	LC-LC	装置13n ××板卡 光口TX:X	- - ►	D05	110kV 2号主变压器合并单元A 级联	1	GL-2TP-W200A 4芯多模光缆	至110kV 2号主变压器智能控制柜 ►
				D06		2		
				D07		3		
				D08		4		
				D09				
				D10				
				D11				
				D12				

图6-8 110kV Ⅰ母智能汇控柜光纤配线架图（一）

		110kV Ⅰ母智能控制柜			
跳线编号	跳线类型	装置光纤接口	信息传输方向	光配端口	功能说明
TX-IGIR(B)-01	LC-ST	装置13n ××板卡 IRIG-B	←− − −	E01	GPS同步时钟装置
				E02	
TX-IGIR(B)-03	LC-ST	装置4n ××板卡 IRIG-B	←− − −	E03	GPS同步时钟装置
				E04	
TX-SG-MU-A-01	LC-LC	装置13n ××板卡 光口TX:X	− − −▶	E05	SV/GOOSE组网 110kV过程层中心交换机A
TX-SG-MU-A-02	LC-LC	装置13n ××板卡 光口RX:X	←− − −	E06	SV/GOOSE组网 110kV过程层中心交换机A
TX-GOOSE-IT-A-01	LC-LC	装置4n ××板卡 光口TX:X	− − −▶	E07	GOOSE组网 110kV过程层中心交换机A
TX-GOOSE-IT-A-02	LC-LC	装置4n ××板卡 光口RX:X	←− − −	E08	GOOSE组网 110kV过程层中心交换机A
TX-GOOSE-IT-B-01	LC-LC	装置4n ××板卡 光口TX:X	− − −▶	E09	GOOSE组网 110kV过程层中心交换机B
TX-GOOSE-IT-B-02	LC-LC	装置4n ××板卡 光口RX:X	←− − −	E10	GOOSE组网 110kV过程层中心交换机B
				E11	
				E12	
跳线编号	跳线类型	装置光纤接口	信息传输方向	光配端口	功能说明
TX-SV-BP-01	LC-LC	装置13n ××板卡 光口TX:X	− − −▶	F01	SV点对点 110kV母线保护1电压,电流
				F02	
				F03	
				F04	
				F05	
				F06	
				F07	
				F08	
				F09	
				F10	
				F11	
				F12	
跳线编号	跳线类型	装置光纤接口	信息传输方向	光配端口	功能说明
				G01	
				G02	
				G03	
				G04	
				G05	
				G06	
				G07	
				G08	
				G09	
				G10	
				G11	
				G12	
跳线编号	跳线类型	装置光纤接口	信息传输方向	光配端口	功能说明
				H01	
				H02	
				H03	
				H04	
				H05	
				H06	
				H07	
				H08	
				H09	
				H10	
				H11	
				H12	

右侧端子（E块）：1 2 3 4 5 6 7 8 9 10 11 12　GL-1YPT-G101　至110kV过程层交换机柜　12芯多模光缆

右侧端子（F块）：1 2 3 4 5 6 7 8 9 10 11 12　GL-1YPT-G102　至110kV母线保护屏　12芯多模光缆

图 6-8　110kV Ⅰ母智能汇控柜光纤配线架图（二）

285

9. 110kV Ⅱ母智能汇控柜光纤配线架图（见图6-9）

110kV Ⅱ母智能控制柜

跳线编号	跳线类型	装置光纤接口	信息传输方向	光配端口	功能说明		
TX-(9-2)-01	LC-LC	装置13n XX板卡 光口TX:X	- →	A01	110kV1号主变压器合并单元A级联	1	
				A02		2	GL-1TP-W200A 至110kV1号主变压器智能控制柜 4芯多模光缆
				A03		3	
				A04		4	
TX-(9-2)-03	LC-LC	装置13n XX板卡 光口TX:X	- →	A05	110kV2号主变压器合并单元A级联	1	
				A06		2	GL-2TP-W200A 至110kV2号主变压器智能控制柜 4芯多模光缆
				A07		3	
				A08		4	
				A09			
				A10			
				A11			
				A12			

跳线编号	跳线类型	装置光纤接口	信息传输方向	光配端口	功能说明
				B01	
				B02	
				B03	
				B04	
				B05	
				B06	
				B07	
				B08	
				B09	
				B10	
				B11	
				B12	

110kV Ⅱ母智能控制柜

跳线编号	跳线类型	装置光纤接口	信息传输方向	光配端口	功能说明		
TX-IGIR(B)-01	LC-ST	装置13n XX板卡 IRIG-B	← - -	E01	GPS同步时钟装置	1	
				E02		2	
TX-IGIR(B)-03	LC-ST	装置4n XX板卡 IRIG-B	← - -	E03	GPS同步时钟装置	3	
				E04		4	
TX-SG-MU-A-01	LC-LC	装置13n XX板卡 光口TX:X	- - →	E05	SV/GOOSE组网 110kV过程层中心交换机A	5	
TX-SG-MU-A-02	LC-LC	装置13n XX板卡 光口RX:X	← - -	E06	SV/GOOSE组网 110kV过程层中心交换机A	6	GL-1YPT-G101 至110kV过程层中心交换机柜 12芯多模光缆
TX-GOOSE-IT-A-01	LC-LC	装置4n XX板卡 光口TX:X	- - →	E07	GOOSE组网 110kV过程层中心交换机A	7	
TX-GOOSE-IT-A-02	LC-LC	装置4n XX板卡 光口RX:X	← - -	E08	GOOSE组网 110kV过程层中心交换机A	8	
TX-GOOSE-IT-B-01	LC-LC	装置4n XX板卡 光口TX:X	- - →	E09	GOOSE组网 110kV过程层中心交换机B	9	
TX-GOOSE-IT-B-02	LC-LC	装置4n XX板卡 光口RX:X	← - -	E10	GOOSE组网 110kV过程层中心交换机B	10	
				E11		11	
				E12		12	

跳线编号	跳线类型	装置光纤接口	信息传输方向	光配端口	功能说明
				F01	
				F02	
				F03	
				F04	
				F05	
				F06	
				F07	
				F08	
				F09	
				F10	
				F11	
				F12	

跳线编号	跳线类型	装置光纤接口	信息传输方向	光配端口	功能说明
				G01	
				G02	
				G03	
				G04	
				G05	
				G06	
				G07	
				G08	
				G09	
				G10	
				G11	
				G12	

跳线编号	跳线类型	装置光纤接口	信息传输方向	光配端口	功能说明
				H01	
				H02	
				H03	
				H04	
				H05	
				H06	
				H07	
				H08	
				H09	
				H10	
				H11	
				H12	

图6-9 110kV Ⅱ母智能汇控柜光纤配线架图

10. 110kV 线路智能汇控柜光纤配线（见图 6-10）

110kV线路智能组件光缆配线表

跳线编号	跳线类型	装置光纤接口		信息传输方向	光配端口	功能说明	连接去向
		装置	光纤接口				
TX-GOOSE-BP-01	LC-LC	合智一体装置14n	××板卡TXX	→	A01	GOOSE点对点 110kV母线保护跳闸	Y-G101　至110kV母线保护屏　12芯多模光缆
TX-GOOSE-BP-02	LC-LC	合智一体装置14n	××板卡RXX	←	A02	GOOSE点对点 110kV母线保护跳闸	
					A03		
					A04		
TX-SV-BP-01	LC-LC	合智一体装置14n	××板卡TXX	→	A05	SV点对点 110kV母线保护电压、电流	
					A06		
					A07		
					A08		
					A09		
					A10		
					A11		
					A12		
跳线编号	跳线类型	装置	光纤接口	信息传输方向	光配端口	功能说明	
TX-IGIR-01	LC-ST	合智一体装置14n	××板卡IRIG-B	←	B01	GPS同步时钟装置	Y-G101　至110kV过程层交换机柜　12芯多模光缆
					B02		
					B03		
					B04		
TX-SOOSE-BP-01	LC-LC	合智一体装置14n	××板卡TXX	→	B05	SV/GOOSE组网 110kV过程层交换机	
TX-SOOSE-BP-02	LC-LC	合智一体装置14n	××板卡RXX	←	B06	SV/GOOSE组网 110kV过程层交换机	
					B07		
					B08		
TX-SV-BP-01	LC-LC	1n:110kV线路保护	××板卡TXX	→	B09	SV/GOOSE组网 110kV过程层交换机	
TX-SV-BP-02	LC-LC	1n:110kV线路保护	××板卡RXX	←	B10	SV/GOOSE组网 110kV过程层交换机	
					B11		
					B12		
跳线编号	跳线类型	装置	光纤接口	信息传输方向	光配端口	功能说明	
TX-(9-2)-01	LC-LC	合智一体装置14n	××板卡RXX	→	C01	110kV线路1台并单元级联	GL-1Y-W100A　至110kVTV母TV智能控制柜
					C02		
					C03		
					C04		
					C05		
					C06		
					C07		
					C08		
					C09		
					C10		
					C11		
					C12		

图6-10　110kV线路智能汇控柜光纤配线（一）

110kV线路智能控制柜控制柜跳纤示意图

柜内跳纤接口类型	起点设备	装置插件	端口号	柜内跳纤接口类型	终点设备	装置插件	端口号	注释	说明
LC	合智一体装置14n		TXX	LC	1n:110kV线路保护	××	RXX	SV 点对点	110kV线路保护采电压、电流
LC									
LC	合智一体装置14n		RXX	LC	1n:110kV线路保护	××	TXX	GOOSE 点对点	110kV线路保护跳闸
LC	合智一体装置14n		TXX	LC	1n:110kV线路保护	××	RXX		

图6-10 110kV线路智能汇控柜光纤配线(二)

11. 110kV母联智能汇控柜光纤配线架图（见图6-11）

110kV母联智能组件光缆配线表

（YML-GI01　至110kV母线保护屏　12芯多模光缆）

跳线编号	跳线类型	装置光纤接口	信息传输方向	光配端口	功能说明
TX-GOOSE-BP-01	LC-LC	合智一体装置14n XX板卡TXX	—·—→	A01	GOOSE点对点 110kV母线保护跳闸
TX-GOOSE-BP-02	LC-LC	合智一体装置14n XX板卡PXX	←—·—	A02	GOOSE点对点 110kV母线保护跳闸
				A03	
				A04	
TX-SV-BP-01	LC-LC	合智一体装置14n XX板卡TXX	—·—→	A05	SV点对点 110kV母线保护电压、电流
				A06	
				A07	
				A08	
				A09	
				A10	
				A11	
				A12	

（YML-GI02　至110kV过程层交换机柜　12芯多模光缆）

跳线编号	跳线类型	装置光纤接口	信息传输方向	光配端口	功能说明
TX-IGIR-01	LC-ST	合智一体装置14n XX板卡IRIG-B	←—·—	B01	GPS同步时钟装置
				B02	
				B03	
				B04	
TX-GOOSE-BP-01	LC-LC	合智一体装置14n XX板卡TXX	—·—→	B05	SV/GOOSE组网 110kV过程层交换机
TX-GOOSE-BP-02	LC-LC	合智一体装置14n XX板卡RXX	←—·—	B06	SV/GOOSE组网 110kV过程层交换机
				B07	
				B08	
TX-SV-BP-01	LC-LC	1n:110kV线路保护 XX板卡TXX	—·—→	B09	SV/GOOSE组网 110kV过程层交换机
TX-SV-BP-02	LC-LC	1n:110kV线路保护 XX板卡RXX	←—·—	B10	SV/GOOSE组网 110kV过程层交换机
				B11	
				B12	

（GL-YML-W100A　至110kV Ⅰ母TV智能控制柜　4芯多模光缆）

跳线编号	跳线类型	装置光纤接口	信息传输方向	光配端口	功能说明
TX-(9-2)-01	LC-LC	合智一体装置14n XX板卡RXX	—·—→	C01	110kV母联合并单元 级联
				C02	
				C03	
				C04	
				C05	
				C06	
				C07	
				C08	
				C09	
				C10	
				C11	
				C12	

图6-11　110kV母联智能汇控柜光纤配线架图(一)

110kV母联智能控制柜控制柜跳纤示意图

柜内跳纤接口类型	起点设备	装置插件	端口号	柜内跳纤接口类型	终点设备	装置插件	端口号	注释	说明
LC	合智一体装置14n	12	TXX	LC	1n:110kV母联保护	XX	RXX	SV 点对点	110kV母联保护采电压、电流
LC									
LC	合智一体装置14n	12	RXX	LC	1n:110kV母联保护	XX	TXX	GOOSE 点对点	110kV母联保护跳闸
LC	合智一体装置14n	12	TXX	LC	1n:110kV母联保护	XX	RXX		

图6-11 110kV母联智能汇控柜光纤配线架图(二)

12. 110kV 母线保护柜光纤配线架图（见图 6-12）

220kV母线保护柜1光缆配线表									
跳线编号	跳线类型	装置光纤接口	信息传输方向	光配端口	功能说明				
TX-GOOSE-BP-01	LC-LC	1n:母线保护主机 ××板卡 RXX	◄- - -	A01	GOOSE点对点 110kV母联智能终端跳闸	1			
TX-GOOSE-BP-02	LC-LC	1n:母线保护主机 ××板卡 TXX	- - -►	A02	GOOSE点对点 110kV母联智能终端跳闸	2			
				A03		3			
				A04		4			
TX-SV-BP-A-01	LC-LC	1n:母线保护装置1 ××板卡 RXX	◄- - -	A05	SV点对点 110kV母线电压,电流	5			
				A06		6	YML-G101A	至110kV母联智能控制柜	
				A07		7		12芯多模光缆	
				A08		8			
				A09		9			
				A10		10			
				A11		12			
				A12					
跳线编号	跳线类型	装置光纤接口	信息传输方向	光配端口	功能说明				
TX-GOOSE-BP-03	LC-LC	1n:母线保护装置1 ××板卡 TXX	- - -►	B01	GOOSE点对点 1号变压器110kV智能组件A跳闸	1			
TX-GOOSE-BP-03	LC-LC	1n:母线保护装置1 ××板卡 RXX	◄- - -	B02	GOOSE点对点 1号变压器110kV智能组件A跳闸	2			
				B03		3			
				B04		4			
TX-SV-BP-04	LC-LC	1n:母线保护装置1 ××板卡 RXX	◄- - -	B05	SV点对点 1号变压器110kV智能组件A电流	5			
				B06		6	1B-G104A	至1号主变压器110kV智能控制柜	
				B07		7		12芯多模光缆	
				B08		8			
				B09		9			
				B10		10			
				B11		11			
				B12		12			
跳线编号	跳线类型	装置光纤接口	信息传输方向	光配端口	功能说明				
TX-GOOSE-BP-05	LC-LC	1n:母线保护主机 ××板卡 RXX	- - -►	C01	GOOSE点对点 110kV线路1智能终端跳闸	1			
TX-GOOSE-BP-05	LC-LC	1n:母线保护主机 ××板卡 TXX	◄- - -	C02	GOOSE点对点 110kV线路1智能终端跳闸	2			
				C03		3			
				C04		4			
TX-SV-BP-A-06	LC-LC	1n:母线保护装置1 ××板卡 RXX	◄- - -	C05	SV点对点 110kV线路1电压,电流	5			
				C06		6	Y-G101A	至110kV线路1智能控制柜	
				C07		7		12芯多模光缆	
				C08		8			
				C09		9			
				C10		10			
				C11		11			
				C12		12			
跳线编号	跳线类型	装置光纤接口	信息传输方向	光配端口	功能说明				
TX-SV-BP-A-07	LC-LC	1n:母线保护装置1 ××1板卡 RXX	◄- - -	D01	SV点对点 110kV母线电压采集	1			
				D02		2			
				D03		3			
				D04		4			
				D05		5			
				D06		6	1YPT-G102	至110kV Ⅰ母TV智能控制柜	
				D07		7		12芯多模光缆	
				D08		8			
				D09		9			
				D10		10			
				D11		11			
				D12		12			

110kV母线保护柜尾缆配线表						
尾缆纤芯序号	装置光口类型	装置名称	装置插件	端口号	注释	说明
1	LC	1n:母联保护主机	B11	TXX	SV/GOOSE组网	110kV过程层交换机
2	LC	1n:母联保护主机	B11	RXX		
3						
4						

110kV过程层交换机柜　LC-LC
◄—　YMC-W100　4芯多模尾缆

图 6-12　110kV 母线保护柜光纤配线架图

13. 110kV过程层交换机柜（见图6-13）

110kV过程层交换机柜光缆配线表

区块一（YML-G102 至110kV母联智能控制柜 12芯多模光缆；YML-W101 同步时钟扩展柜 4芯多模尾缆 LC-ST）

跳线编号	跳线类型	装置光纤接口	信息传输方向	光缆端口	功能说明
		合并一体装置14n×板卡 IRIG-B		A01	GPS同步对时装置
				A02	
				A03	
				A04	
TX-SV/GOOSE-01	LC-LC	1~40n:110kV过程层交换机A1	→	A05	SV/GOOSE组网 110kV母联智能终端
TX-SV/GOOSE-02	LC-LC	1~40n:110kV过程层交换机A1	→	A06	SV/GOOSE组网 110kV母联智能终端
				A07	
				A08	
TX-SG-FYP-01	LC-LC	1~40n:110kV过程层交换机A1	→	A09	SV/GOOSE组网 110kV母联保护装置
TX-SG-FYP-02	LC-LC	1~40n:110kV过程层交换机A1	→	A10	SV/GOOSE组网 110kV母联保护装置
				A11	
				A12	

区块二（Y-G102 至110kV线路智能控制柜 12芯多模光缆；Y-W101 同步时钟扩展柜 4芯多模尾缆 LC-ST）

跳线编号	跳线类型	装置光纤接口	信息传输方向	光缆端口	功能说明
		合并一体装置14n×板卡 IRIG-B		B01	GPS同步对时装置
				B02	
				B03	
				B04	
TX-SV/GOOSE-03	LC-LC	1~40n:110kV过程层交换机A1	→	B05	SV/GOOSE组网 110kV线路智能终端
TX-SV/GOOSE-04	LC-LC	1~40n:110kV过程层交换机A1	→	B06	SV/GOOSE组网 110kV线路智能终端
				B07	
				B08	
TX-SG-LC-01	LC-LC	1~40n:110kV过程层交换机A1	→	B09	SV/GOOSE组网 110kV线路保护装置
TX-SG-LC-02	LC-LC	1~40n:110kV过程层交换机A1	→	B10	SV/GOOSE组网 110kV线路保护装置
				B11	
				B12	

区块三（1YPT-G101 至110kV I 母智能控制柜 12芯多模光缆；1YPT-W101 同步时钟扩展柜 4芯多模尾缆 LC-ST）

跳线编号	跳线类型	装置光纤接口	信息传输方向	光缆端口	功能说明
		装置3n XX板卡 IRIG-B		C01	GPS同步对时装置
				C02	
				C03	
				C04	
TX-SG-MU-01	LC-LC	2~40n:110kV过程层交换机A2	→	C05	SV/GOOSE组网 110kV I 母TV合并单元
TX-SG-MU-02	LC-LC	2~40n:110kV过程层交换机A2	→	C06	SV/GOOSE组网 110kV I 母TV合并单元
TX-GOOSE-TT-01	LC-LC	2~40n:110kV过程层交换机A2	→	C07	SV/GOOSE组网 110kV I 母TV智能终端
TX-GOOSE-TT-02	LC-LC	2~40n:110kV过程层交换机A2	→	C08	SV/GOOSE组网 110kV I 母TV智能终端
TX-GOOSE-TT-03	LC-LC	2~40n:110kV过程层交换机B	→	C09	SV/GOOSE组网 110kV I 母TV智能终端
TX-GOOSE-TT-04	LC-LC	2~40n:110kV过程层交换机B	→	C10	SV/GOOSE组网 110kV I 母TV智能终端
				C11	
				C12	

区块四（2YPT-G101 至110kV II 母智能控制柜 12芯多模光缆；2YPT-W101 同步时钟扩展柜 4芯多模尾缆 LC-ST）

跳线编号	跳线类型	装置光纤接口	信息传输方向	光缆端口	功能说明
		装置4n XX板卡 IRIG-B		D01	GPS同步对时装置
				D02	
				D03	
				D04	
TX-SG-MU-03	LC-LC	2~40n:110kV过程层交换机A2	→	D05	SV/GOOSE组网 110kV II 母TV合并单元
TX-SG-MU-04	LC-LC	2~40n:110kV过程层交换机A2	→	D06	SV/GOOSE组网 110kV II 母TV合并单元
TX-GOOSE-TT-05	LC-LC	2~40n:110kV过程层交换机A2	→	D07	SV/GOOSE组网 110kV II 母TV智能终端
TX-GOOSE-TT-06	LC-LC	2~40n:110kV过程层交换机A2	→	D08	SV/GOOSE组网 110kV II 母TV智能终端
TX-GOOSE-TT-07	LC-LC	2~40n:110kV过程层交换机B	→	D09	SV/GOOSE组网 110kV II 母TV智能终端
TX-GOOSE-TT-08	LC-LC	2~40n:110kV过程层交换机B	→	D10	SV/GOOSE组网 110kV II 母TV智能终端
				D11	
				D12	

图6-13 110kV过程层交换机柜（一）

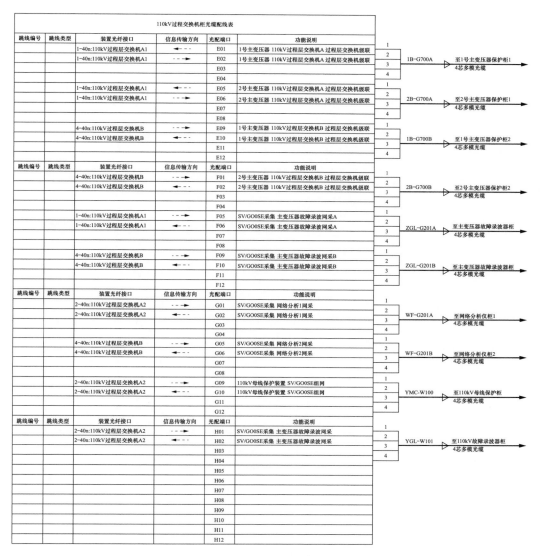

110kV过程交换机柜光缆配线表				
跳线编号	跳线类型	装置光纤接口	信息传输方向	光配端口	功能说明
		1-40n:110kV过程层交换机A1	←---	E01	1号主变压器 110kV过程层交换机A 过程层交换机级联
		1-40n:110kV过程层交换机A1	---→	E02	1号主变压器 110kV过程层交换机A 过程层交换机级联
				E03	
				E04	
		1-40n:110kV过程层交换机A1	←---	E05	2号主变压器 110kV过程层交换机A 过程层交换机级联
		1-40n:110kV过程层交换机A1	---→	E06	2号主变压器 110kV过程层交换机A 过程层交换机级联
				E07	
				E08	
		4-40n:110kV过程层交换机B	---→	E09	1号主变压器 110kV过程层交换机B 过程层交换机级联
		4-40n:110kV过程层交换机B	←---	E10	1号主变压器 110kV过程层交换机B 过程层交换机级联
				E11	
				E12	

跳线编号	跳线类型	装置光纤接口	信息传输方向	光配端口	功能说明
		4-40n:110kV过程层交换机B	---→	F01	2号主变压器 110kV过程层交换机B 过程层交换机级联
		4-40n:110kV过程层交换机B	←---	F02	2号主变压器 110kV过程层交换机B 过程层交换机级联
				F03	
				F04	
		1-40n:110kV过程层交换机A1	---→	F05	SV/GO0SE采集 主变压器故障录波网采A
		1-40n:110kV过程层交换机A1	←---	F06	SV/GO0SE采集 主变压器故障录波网采A
				F07	
				F08	
		4-40n:110kV过程层交换机B	---→	F09	SV/GO0SE采集 主变压器故障录波网采B
		4-40n:110kV过程层交换机B	←---	F10	SV/GO0SE采集 主变压器故障录波网采B
				F11	
				F12	

跳线编号	跳线类型	装置光纤接口	信息传输方向	光配端口	功能说明
		2-40n:110kV过程层交换机A2	---→	G01	SV/GO0SE采集 网络分析1网采
		2-40n:110kV过程层交换机A2	←---	G02	SV/GO0SE采集 网络分析1网采
				G03	
				G04	
		4-40n:110kV过程层交换机B	---→	G05	SV/GO0SE采集 网络分析2网采
		4-40n:110kV过程层交换机B	←---	G06	SV/GO0SE采集 网络分析2网采
				G07	
				G08	
		2-40n:110kV过程层交换机A2	---→	G09	110kV母线保护装置 SV/GO0SE组网
		2-40n:110kV过程层交换机A2	←---	G10	110kV母线保护装置 SV/GO0SE组网
				G11	
				G12	

跳线编号	跳线类型	装置光纤接口	信息传输方向	光配端口	功能说明
		2-40n:110kV过程层交换机A2	---→	H01	SV/GO0SE采集 主变压器故障录波网采
		2-40n:110kV过程层交换机A2	←---	H02	SV/GO0SE采集 主变压器故障录波网采
				H03	
				H04	
				H05	
				H06	
				H07	
				H08	
				H09	
				H10	
				H11	
				H12	

光缆接口标注：
- 1B-G700A 至1号主变压器保护柜1 4芯多模光缆
- 2B-G700A 至2号主变压器保护柜1 4芯多模光缆
- 1B-G700B 至1号主变压器保护柜2 4芯多模光缆
- 2B-G700B 至2号主变压器保护柜2 4芯多模光缆
- ZGL-G201A 至主变压器故障录波器柜 4芯多模光缆
- ZGL-G201B 至主变压器故障录波器柜 4芯多模光缆
- WF-G201A 至网络分析仪柜1 4芯多模光缆
- WF-G201B 至网络分析仪柜2 4芯多模光缆
- YMC-W100 至110kV母线保护柜 4芯多模光缆
- YGL-W101 至110kV故障录波器柜 4芯多模光缆

110kV过程层交换机柜跳纤示意图									
柜内跳纤接口类型	起点设备	装置插件	端口号	柜内跳纤接口类型	终点设备	装置插件	端口号	注释	说明
LC	1-40n:110kV过程层交换机A1	GTXX	LC	3-40n:110kV过程层中心交换机A3		GTXX	级联		过程层交换机1级联
LC	1-40n:110kV过程层交换机A1	GRXX	LC	3-40n:110kV过程层中心交换机A3		GRXX			
LC	2-40n:110kV过程层交换机A2	GTXX	LC	3-40n:110kV过程层中心交换机A3		GTXX	级联		过程层交换机2级联
LC	2-40n:110kV过程层交换机A2	GRXX	LC	3-40n:110kV过程层中心交换机A3		GRXX			

图 6-13　110kV过程层交换机柜（二）

14. 主变压器 220kV 侧智能汇控柜光纤配线架图（见图 6-14）

主变压器220kV侧智能组件光缆配线表

跳线编号	跳线类型	装置光纤接口	信息传输方向	光配端口	功能说明
TX-IGIR(A)-01	LC-ST	装置1-13n ××板卡 IRIG-B	←---	A01	GPS同步时钟装置
				A02	
TX-IGIR(A)-03	LC-ST	装置1-4n ××板卡 IRIG-B	←---	A03	GPS同步时钟装置
				A04	
TX-GOOSE-IT-A-01	LC-LC	1-4n:智能组件1 ××板卡TXX	---→	A05	SV/GOOSE组网 220kV过程层交换机A
TX-GOOSE-IT-A-02	LC-LC	1-4n:智能组件1 ××板卡RXX	←---	A06	SV/GOOSE组网 220kV过程层交换机A
				A07	
				A08	
TX-SG-MU-A-01	LC-LC	1-13n:合并单元1 ××板卡TXX	---→	A09	SV/GOOSE组网 220kV过程层交换机A
TX-SG-MU-A-02	LC-LC	1-13n:合并单元1 ××板卡RXX	←---	A10	SV/GOOSE组网 220kV过程层交换机A
				A11	
				A12	
跳线编号	**跳线类型**	**装置光纤接口**	**信息传输方向**	**光配端口**	**功能说明**
TX-GOOSE-TP-A-01	LC-LC	1-4n:智能组件1 ××板卡TXX	---→	B01	GOOSE点对点 主变压器保护1跳闸
TX-GOOSE-TP-A-02	LC-LC	1-4n:智能组件1 ××板卡RXX	←---	B02	GOOSE点对点 主变压器保护1跳闸
				B03	
				B04	
TX-SV-TP-A-01	LC-LC	1-13n:合并单元1 ××板卡TXX	---→	B05	SV点对点 主变压器保护1电压,电流
				B06	
				B07	
				B08	
				B09	
				B10	
				B11	
				B12	
跳线编号	**跳线类型**	**装置光纤接口**	**信息传输方向**	**光配端口**	**功能说明**
TX-GOOSE-BP-A-01	LC-LC	1-4n:智能组件1 ××板卡TXX	---→	C01	GOOSE点对点 220kV母线保护1跳闸
TX-GOOSE-BP-A-02	LC-LC	1-4n:智能组件1 ××板卡RXX	←---	C02	GOOSE点对点 220kV母线保护1跳闸
				C03	
				C04	
TX-SV-BP-A-01	LC-LC	1-13n:合并单元1 ××板卡TXX	---→	C05	SV点对点 220kV母线保护1电压,电流
				C06	
				C07	
				C08	
				C09	
				C10	
				C11	
				C12	
跳线编号	**跳线类型**	**装置光纤接口**	**信息传输方向**	**光配端口**	**功能说明**
TX-GOOSE-BP-B-01	LC-LC	2-4n:智能组件2 ××板卡TXX	---→	D01	GOOSE点对点 220kV母线保护2跳闸
TX-GOOSE-BP-B-02	LC-LC	2-4n:智能组件2 ××板卡RXX	←---	D02	GOOSE点对点 220kV母线保护2跳闸
				D03	
				D04	
TX-SV-BP-B-01	LC-LC	2-13n:合并单元2 ××板卡TXX	---→	D05	SV点对点 220kV母线保护2电压,电流
				D06	
				D07	
				D08	
				D09	
				D10	
				D11	
				D12	

右侧光配端子（1~12）及光缆去向：

- B-G102A（端子6）：至主变压器保护柜1 12芯多模光缆
- B-G101A（端子6）：至主变压器保护柜1 12芯多模光缆
- B-G103A（端子6）：至220kV母线保护柜1 12芯多模光缆
- B-G103B（端子6）：至220kV母线保护柜2 12芯多模光缆

图 6-14 主变压器 220kV 侧智能汇控柜光纤配线架图（一）

主变压器220kV侧智能组件光缆配线表					
跳线编号	跳线类型	装置光纤接口	信息传输方向	光配端口	功能说明
TX-IGIR(B)-01	LC-ST	装置2-13n ×××板卡 IRIG-B	←- -	E01	GPS同步时钟装置
				E02	
TX-IGIR(B)-03	LC-ST	装置2-4n XX板卡 IRIG-B	←- -	E03	GPS同步时钟装置
				E04	
TX-GOOSE-IT-B-01	LC-LC	2-4n:智能组件2 ××板卡TXX	- -→	E05	SV/GOOSE组网 220kV过程层交换机B
TX-GOOSE-IT-B-02	LC-LC	2-4n:智能组件2 ××板卡RXX	←- -	E06	SV/GOOSE组网 220kV过程层交换机B
				E07	
				E08	
TX-SG-MU-B-01	LC-LC	2-13n:合并单元2 ××板卡TXX	- -→	E09	SV/GOOSE组网 220kV过程层交换机B
TX-SG-MU-B-02	LC-LC	2-13n:合并单元2 ××板卡RXX	←- -	E10	SV/GOOSE组网 220kV过程层交换机B
				E11	
				E12	
跳线编号	跳线类型	装置光纤接口	信息传输方向	光配端口	功能说明
TX-GOOSE-TP-B-01	LC-LC	2-4n:智能组件2 ××板卡TXX	- -→	F01	GOOSE点对点 主变压器保护2跳闸
TX-GOOSE-TP-B-02	LC-LC	2-4n:智能组件2 ××板卡RXX	←- -	F02	GOOSE点对点 主变压器保护2跳闸
				F03	
				F04	
TX-SV-TP-B-01	LC-LC	2-13n:合并单元2 ××板卡TXX	- -→	F05	SV点对点 主变压器保护2电压,电流
				F06	
				F07	
				F08	
				F09	
				F10	
				F11	
				F12	

（E01~E12 对应端子 1~12）B-G102B 至主变压器保护柜1 12芯多模光缆

（F01~F12 对应端子 1~12）B-G101B 至主变压器保护柜1 12芯多模光缆

主变压器220kV侧智能组件尾缆配线表						
尾缆纤芯序号	装置光口类型	装置名称	装置插件	端口号	注释	说明
1	LC	1-13n:合并单元1		RXX	级联	220kV母线电压Ⅰ
2						
3						
4						
1	LC	2-13n:合并单元2		RXX	级联	220kV母线电压Ⅱ
2						
3						
4						

220kV Ⅰ母TV智能控制柜　LC-LC　B-W100A　4芯多模尾缆

220kV Ⅱa母TV智能控制柜　C-LC　B-W100B　4芯多模尾缆

图 6-14　主变压器 220kV 侧智能汇控柜光纤配线架图（二）

15. 主变压器110kV侧智能汇控柜光纤配线架图（见图6-15）

主变压器220kV侧智能组件光缆配线表

跳线编号	跳线类型	装置光纤接口	信息传输方向	光配端口	功能说明	端口	去向
TX-IGIR(A)-01	LC-ST	1-14n:合智一体1 ××板卡 IRIG-B	←---	A01	GPS同步时钟装置	1	
				A02		2	
TX-SG-MT-A-01	LC-LC	1-14n:合智一体1 ××板卡 TXX	--→	A03	SV/GOOSE组网 110kV过程层交换机A	3	
TX-SG-MT-A-02	LC-LC	1-14n:合智一体1 ××板卡 RXX	←---	A04	SV/GOOSE组网 110kV过程层交换机A	4	
TX-GOOSE-IT-A-01	LC-LC	1-14n:合智一体1 ××板卡 TXX	--→	A05	GOOSE点对点 主变压器保护1跳闸	5	B-G201A 至主变压器保护柜1 12芯多模光缆
TX-GOOSE-IT-A-02	LC-LC	1-14n:合智一体1 ××板卡 RXX	←---	A06	GOOSE点对点 主变压器保护1跳闸	6	
				A07		7	
				A08		8	
TX-SV-MU-A-01	LC-LC	1-14n:合智一体1 ××板卡 TXX	--→	A09	SV点对点 主变压器保护2电压,电流	9	
				A10		10	
				A11		11	
				A12		12	
跳线编号	跳线类型	装置光纤接口	信息传输方向	光配端口	功能说明	端口	去向
TX-GOOSE-TP-A-01	LC-LC	1-14n:合智一体1 ××板卡 TXX	--→	B01	GOOSE点对点 110kV母线保护跳闸	1	
TX-GOOSE-TP-A-02	LC-LC	1-14n:合智一体1 ××板卡 RXX	←---	B02	GOOSE点对点 110kV母线保护跳闸	2	
				B03		3	
				B04		4	
TX-SV-TP-A-01	LC-LC	1-14n:合智一体1 ××板卡 TXX	--→	B05	SV点对点 110kV母线保护电压,电流	5	B-G202 至110kV母线保护柜 12芯多模光缆
				B06		6	
				B07		7	
				B08		8	
				B09		9	
				B10		10	
				B11		11	
				B12		12	
跳线编号	跳线类型	装置光纤接口	信息传输方向	光配端口	功能说明	端口	去向
TX-IGIR(B)-01	LC-ST	2-14n:合智一体1 ××板卡 IRIG-B	←---	C01	GPS同步时钟装置	1	
				C02		2	
TX-SG-MT-B-01	LC-LC	2-14n:合智一体1 ××板卡 TXX	←---	C03	SV/GOOSE组网 110kV过程层交换机B	3	
TX-SG-MT-B-02	LC-LC	2-14n:合智一体1 ××板卡 RXX	←---	C04	SV/GOOSE组网 110kV过程层交换机B	4	
TX-GOOSE-IT-B-01	LC-LC	2-14n:合智一体1 ××板卡 TXX	--→	C05	GOOSE点对点 主变压器保护2跳闸	5	B-G201B 至主变压器保护柜2 12芯多模光缆
TX-GOOSE-IT-B-02	LC-LC	2-14n:合智一体1 ××板卡 RXX	←---	C06	GOOSE点对点 主变压器保护2跳闸	6	
				C07		7	
				C08		8	
TX-SG-MU-A-01	LC-LC	1-14n:合智一体1 ××板卡 TXX	--→	C09	SV点对点 主变压器保护2电压,电流	9	
				C10		10	
				C11		11	
				C12		12	
跳线编号	跳线类型	装置光纤接口	信息传输方向	光配端口	功能说明		
				D01			
				D02			
				D03			
				D04			
				D05			
				D06			
				D07			
				D08			
				D09			
				D10			
				D11			
				D12			

主变110kV侧智能组件尾缆配线表

尾缆纤芯序号	装置光口类型	装置名称	装置插件	端口号	注释	说明
1	LC	1-14n:合智一体1		RXX	级联	110kV母线电压Ⅰ
2						
3						
4						
1	LC	2-14n:合智一体2		RXX	级联	110kV母线电压Ⅱ
2						
3						
4						

110kV Ⅰ母TV智能控制柜　LC-LC　B-W200A　4芯多模尾缆
110kV Ⅱ母TV智能控制柜　LC-LC　B-W200B　4芯多模尾缆

图6-15　主变压器110kV侧智能汇控柜光纤配线架图

16. 主变压器10kV侧开关柜光纤配线架图（见图6-16）

主变压器10kV侧智能组件光缆配线表

屏线编号	跳线类型	装置光纤接口	信息传输方向	光配端口	功能说明
TX-IGIR(A)-01	LC-ST	1-1#n:合智一体1 XX板卡 IRIG-B		A01	GPS同步时钟装置
				A02	
TX-SG-MT-A-01	LC-LC	1-1#n:合智一体1 XX板卡TXX	---	A03	SV/GOOSE组网 110kV过程层交换机A
TX-SG-MT-A-02	LC-LC	1-1#n:合智一体1 XX板卡RXX	---	A04	SV/GOOSE组网 110kV过程层交换机A
TX-GOOSE-TT-A-01	LC-LC	1-1#n:合智一体1 XX板卡TXX	↓	A05	GOOSE点对点 主变压器保护1跳闸
TX-GOOSE-TT-A-02	LC-LC	1-1#n:合智一体1 XX板卡RXX	↓	A06	GOOSE点对点 主变压器保护1跳闸
TX-SG-MU-A-01	LC-LC	1-1#n:合智一体1 XX板卡TXX	↑	A07	SV点对点 主变压器保护1电压、电流
				A08	
			↓	A09	SV/GOOSE组网 10kV分段保护测控
			↓	A10	SV/GOOSE组网 10kV分段保护测控
				A11	SV/GOOSE组网 10kV备自投
				A12	SV/GOOSE组网 10kV备自投

屏线编号	跳线类型	装置光纤接口	信息传输方向	光配端口	功能说明
TX-IGIR(B)-01	LC-ST	2-1#n:合智一体2 XX板卡 IRIG-B		B01	GPS同步时钟装置
				B02	
TX-SG-MT-B-01	LC-LC	2-1#n:合智一体2 XX板卡TXX	---	B03	SV/GOOSE组网 110kV过程层交换机B
TX-SG-MT-B-02	LC-LC	2-1#n:合智一体2 XX板卡RXX	---	B04	SV/GOOSE组网 110kV过程层交换机B
TX-GOOSE-TT-B-01	LC-LC	2-1#n:合智一体2 XX板卡TXX	↓	B05	GOOSE点对点 主变压器保护2跳闸
TX-GOOSE-TT-B-02	LC-LC	2-1#n:合智一体2 XX板卡RXX	↓	B06	GOOSE点对点 主变压器保护2跳闸
TX-SG-MU-B-01	LC-LC	2-1#n:合智一体2 XX板卡TXX	↑	B07	SV点对点 主变压器保护2电压、电流
				B08	
			↓	B09	SV/GOOSE组网 10kV分段保护测控
			↓	B10	SV/GOOSE组网 10kV分段保护测控
				B11	SV/GOOSE组网 10kV备自投
				B12	SV/GOOSE组网 10kV备自投

屏线编号	跳线类型	装置光纤接口	信息传输方向	光配端口	功能说明
				C01	
				C02	
				C03	
				C04	
				C05	
				C06	
				C07	
				C08	
				C09	
				C10	
				C11	
				C12	

屏线编号	跳线类型	装置光纤接口	信息传输方向	光配端口	功能说明
				D01	
				D02	
				D03	
				D04	
				D05	
				D06	
				D07	
				D08	
				D09	
				D10	
				D11	
				D12	

B-G301A　至主变压器保护柜1　12芯多模光缆

B-G301B　至主变压器保护柜2　12芯多模光缆

B-W333A　10kV分段开关柜　4芯多模尾缆　LC-ST

B-W333B　10kV分段开关柜　4芯多模尾缆　LC-ST

图6-16　主变压器10kV侧开关柜光纤配线架图

17. 主变压器本体智能控制柜光纤配线架图（见图 6-17）

主变压器220kV侧智能组件光缆配线表								
跳线编号	跳线类型	装置光纤接口	信息传输方向	光配端口	功能说明			
TX-IGIR(A)-01	LC-ST	装置1-13n ××板卡 IRIG-B	◄- - -	A01	GPS同步时钟装置	1		
				A02		2		
TX-IGIR(A)-03	LC-ST	装置1-4n ××板卡 IRIG-B	◄- - -	A03	GPS同步时钟装置	3		
				A04		4		
TX-GOOSE-IT-A-01	LC-LC	1-4n:智能组件1 ××板卡T××	- - -►	A05	SV/GOOSE组网 110kV过程层交换机A	5		
TX-GOOSE-IT-A-02	LC-LC	1-4n:智能组件1 ××板卡R××	- - -►	A06	SV/GOOSE组网 110kV过程层交换机A	6	B-G501A	至主变压器保护柜1
TX-SG-MU-A-01	LC-LC	1-13n:合并单元1 ××板卡T××	◄- - -	A07	SV/GOOSE组网 110kV过程层交换机A	7		12芯多模光缆
TX-SG-MU-A-02	LC-LC	1-13n:合并单元1 ××板卡R××	◄- - -	A08	SV/GOOSE组网 110kV过程层交换机A	8		
TX-SG-MU-A-03	LC-LC	1-13n:合并单元1 ××板卡T××	- - -►	A09	SV点对点 主变压器保护1采中性点电流	9		
				A10		10		
				A11		11		
				A12		12		
跳线编号	跳线类型	装置光纤接口	信息传输方向	光配端口	功能说明			
TX-IGIR(B)-01	LC-ST	装置2-13n ××板卡 IRIG-B	◄- - -	B01	GPS同步时钟装置	1		
				B02		2		
				B03		3		
				B04		4		
TX-SG-MT-B-01	LC-LC	2-13n:合并单元1 ××板卡T××	- - -►	B05	SV/GOOSE组网 110kV过程层交换机B	5		
TX-SG-MT-B-02	LC-LC	2-13n:合并单元1 ××板卡R××	◄- - -	B06	SV/GOOSE组网 110kV过程层交换机B	6	B-G501B	至主变压器保护柜2
				B07		7		12芯多模光缆
				B08		8		
TX-SG-MU-B-03	LC-LC	2-13n:合并单元1 ××板卡T××	- - -►	B09	SV点对点 主变压器保护2采中性点电流	9		
				B10		10		
				B11		11		
				B12		12		
跳线编号	跳线类型	装置光纤接口	信息传输方向	光配端口	功能说明			
				C01				
				C02				
				C03				
				C04				
				C05				
				C06				
				C07				
				C08				
				C09				
				C10				
				C11				
				C12				

图 6-17　主变压器本体智能控制柜光纤配线架图

18. 主变压器测控柜光纤配线架图（见图6-18）

变压器测控柜尾缆配线表						
尾缆 纤芯序号	装置光口类型	装置名称	装置插件	端口号	注释	说明
1	LC	1-21n:主变压器高压测控	XX	TXX	SV/GOOSE组网	SV/GOOSE组网 （220kV过程层交换机A）
2	LC	1-21n:主变压器高压测控	XX	RXX		
3						
4						
1	LC	2-21n:主变压器中压测控	XX	TXX	SV/GOOSE组网	SV/GOOSE组网 （110kV过程层交换机A）
2	LC	2-21n:主变压器中压测控	XX	RXX		
3						
4						
5	LC	3-21n:主变压器低压1测控	XX	TXX	SV/GOOSE组网	SV/GOOSE组网 （110kV过程层交换机A）
6	LC	3-21n:主变压器低压1测控	XX	RXX		
7						
8						
9	LC	4-21n:主变压器本体测控	XX	TXX	SV/GOOSE组网	SV/GOOSE组网 （220kV过程层交换机A）
10	LC	4-21n:主变压器本体测控	XX	RXX		
11						
12						
1	LC	1-21n:主变压器高压测控	XX	TXX	SV/GOOSE组网	SV/GOOSE组网 （220kV过程层交换机B）
2	LC	1-21n:主变压器高压测控	XX	RXX		
3						
4						
1	LC	2-21n:主变压器中压测控	XX	TXX	SV/GOOSE组网	SV/GOOSE组网 （110kV过程层交换机B）
2	LC	2-21n:主变压器中压测控	XX	RXX		
3						
4						
5	LC	3-21n:主变压器低压1测控	XX	TXX	SV/GOOSE组网	SV/GOOSE组网 （110kV过程层交换机B）
6	LC	3-21n:主变压器低压1测控	XX	RXX		
7						
8						
9	LC	4-21n:主变压器本体测控	XX	TXX	SV/GOOSE组网	SV/GOOSE组网 （220kV过程层交换机B）
10	LC	4-21n:主变压器本体测控	XX	RXX		
11						
12						

主变压器保护柜1　LC-LC　B-W800A　4芯多模尾缆

主变压器保护柜1　LC-LC　B-W801A　12芯多模尾缆

主变压器保护柜2　LC-LC　B-W800B　4芯多模尾缆

主变压器保护柜2　LC-LC　B-W801B　12芯多模尾缆

图 6-18　主变压器测控柜光纤配线架图

19. 主变压器保护柜 A 光纤配线架图 1（见图 6-19）

图6-19　主变压器保护柜A光纤配线架图1（一）

主变压器保护柜1 光缆配线表

光缆 B-G102A（主变压器220kV智能控制柜，12芯多模光缆）

跳线编号	跳线类型	装置光纤接口	信息传输方向	功能说明	光缆端口
				GPS同步对时装置	A01
			↑	GPS同步对时	A02
					A03
					A04
TX-GOOSE-TP-A-01	LC-LC	1n:220kV过程层交换机A	↓---	SV/GOOSE组网 220kV侧智能终端1	A05
TX-GOOSE-TP-A-02	LC-LC	1n:220kV过程层交换机A	↓---	SV/GOOSE组网 220kV侧智能终端1	A06
					A07
					A08
TX-SV-TP-A-01	LC-LC	1n:220kV过程层交换机A	↓---	SV/GOOSE组网 220kV侧合并单元1	A09
TX-SV-TP-A-02	LC-LC	1n:220kV过程层交换机A	↓---	SV/GOOSE组网 220kV侧合并单元1	A10
					A11
					A12

光缆 B-G101A（主变压器220kV智能控制柜，12芯多模光缆）

跳线编号	跳线类型	装置光纤接口	信息传输方向	功能说明	光缆端口
				GPS同步对时装置	B01
			↑	GPS同步对时	B02
					B03
					B04
TX-GOOSE-TP-A-01	LC-LC	1n:220kV过程层交换机A	↓---	GOOSE点对点 主变压器保护1保护测量220kV进线	B05
TX-GOOSE-TP-A-02	LC-LC	1n:220kV过程层交换机A	↓---	GOOSE点对点 主变压器保护1保护测量220kV进线	B06
					B07
					B08
TX-SV-TP-A-01	LC-LC	1n:主变压器保护1 XX板卡 RXX	↓---	SV点对点 主变压器保护1来220kV侧测量电流	B09
					B10
					B11
					B12

光缆 B-G201A（主变压器光缆，12芯多模光缆）

跳线编号	跳线类型	装置光纤接口	信息传输方向	功能说明	光缆端口
				GPS同步对时装置	C01
			↑	GPS同步对时	C02
TX-GOOSE-MT-A-03	LC-LC	1n:110kV过程层交换机A	↓---	SV/GOOSE组网 110kV过程层交换机A	C03
TX-GOOSE-MT-A-04	LC-LC	1n:110kV过程层交换机A	↓---	SV/GOOSE组网 110kV过程层交换机A	C04
TX-GOOSE-TP-A-05	LC-LC	1n:主变压器保护1 XX板卡 RXX	↓---	GOOSE点对点 主变压器保护1来110kV进线	C05
TX-GOOSE-TP-A-06	LC-LC	1n:主变压器保护1 XX板卡 RXX	↓---	GOOSE点对点 主变压器保护1来110kV进线	C06
					C07
					C08
TX-SV-TP-A-03	LC-LC	1n:主变压器保护1 XX板卡 TXX	↓---	SV点对点 主变压器保护1来110kV侧测量电压、电流	C09
					C10
					C11
					C12

光缆 B-G301A（主变压器110kV进线光缆，12芯多模光缆）

跳线编号	跳线类型	装置光纤接口	信息传输方向	功能说明	光缆端口
				GPS同步对时装置	D01
			↑	GPS同步对时	D02
TX-GOOSE-MT-A-03	LC-LC	1n:110kV过程层交换机A	↓---	SV/GOOSE组网 110kV过程层交换机A	D03
TX-GOOSE-MT-A-04	LC-LC	1n:110kV过程层交换机A	↓---	SV/GOOSE组网 110kV过程层交换机A	D04
TX-GOOSE-TP-A-05	LC-LC	1n:主变压器保护1 XX板卡 RXX	↓---	GOOSE点对点 主变压器保护1来110kV进线	D05
TX-GOOSE-TP-A-06	LC-LC	1n:主变压器保护1 XX板卡 RXX	↓---	GOOSE点对点 主变压器保护1来110kV进线	D06
					D07
					D08
TX-SV-TP-A-05	LC-LC	1n:主变压器保护1 XX板卡 TXX	↓---	SV点对点 主变压器保护1来110kV侧测量电压、电流	D09
					D10
					D11
					D12

尾缆：B-W101A 同步时钟扩展柜 4芯多模尾缆 LC-ST（1、3、4）；LC-W201A 同步时钟扩展柜 4芯多模尾缆 LC-ST（2）；B-W301A 同步时钟扩展柜 4芯多模尾缆 LC-ST（2）

主变压器保护柜1跳纤示意图

柜内跳纤接口类型	起点设备	装置插件	端口号	柜内跳纤接口类型	终点设备	装置插件	端口号	注释	说明
LC	1n:1主变压器保护1	XX	TXX	LC	1-40n:220kV过程层交换机A	XX	R1	SV/GOOSE组网	主变压器保护1 进220kV过程层网络A
LC	1n:1主变压器保护1	XX	RXX	LC	1-40n:220kV过程层交换机A	XX	T1		
LC	1n:1主变压器保护1	XX	TXX	LC	2-40n:110kV过程层交换机A	XX	R1	SV/GOOSE组网	主变压器保护1 进110kV过程层网络A
LC	1n:1主变压器保护1	XX	RXX	LC	2-40n:110kV过程层交换机A	XX	T1		

主变压器保护柜1光缆配线表

跳线编号	跳线类型	装置光纤接口	信息传输方向	光配端口	功能说明
TX-1GIR(B)-01	LC-ST	装置1-13n XX板卡 IRIG-B	←---	E01	GPS间步时钟装置
				E02	
TX-1GIR(B)-03	LC-ST	装置1-4n XX板卡 IRIG-B	←---	E03	GPS间步时钟装置
				E04	
TX-GOOSE-IP-A-01	LC-LC	2-40n:220kV过程层交换机A	→---	E05	SV/GOOSE组网 中性点智能终端
TX-GOOSE-IP-A-02	LC-LC	2-40n:220kV过程层交换机A	←---	E06	SV/GOOSE组网 中性点智能终端1
TX-SG-MU-A-01	LC-LC	2-40n:110kV过程层交换机A	→---	E07	SV/GOOSE组网 中性点合并单元1
TX-SG-MU-A-02	LC-LC	2-40n:110kV过程层交换机A	←---	E08	SV/GOOSE组网 中性点合并单元
TX-SG-MU-A-03	LC-LC	1n:主变压器保护1 XX板卡 RXX	→---	E09	SV点对点 主变压器保护1采主变中性点电流
				E10	
				E11	
				E12	
跳线编号	跳线类型	装置光纤接口	信息传输方向	光配端口	功能说明
				F01	
				F02	
				F03	
				F04	
				F05	
				F06	
				F07	
				F08	
				F09	
				F10	
				F11	
				F12	

B-W401A　LC-ST　同步时钟扩展柜　4芯多模尾缆

B-G501A　至主变压器本体智能控制柜　12芯多模光缆

图6-19 主变压器保护柜A光纤配线架图1(二)

主变压器保护柜1光缆配线表

尾缆纤芯序号	航空插头编号	光源单元端子号	光配光关口	装置光口类型	装置名称	装置插件	端口号	注释	说明
1		A01	LC	LC	1-40n:220kV过程层交换机A		GTXX	级联	220kV过程层交换级联
2		A02	LC	LC	1-40n:220kV过程层交换机A		GRXX		
3		A03							
4		A04							
1		B01	LC	LC	2-40n:110kV过程层交换机A		GTXX	级联	110kV过程层交换级联
2		B02	LC	LC	2-40n:110kV过程层交换机A		GRXX		
3		B03							
4		B04							
		C01							
		C02							
		C03							
		C04							

220kV母线保护柜1 LC-LC B-W600A 4芯多模光缆

110kV过程层交换机柜 LC-LC B-W700A 4芯多模光缆

图6-19 主变压器保护柜A光纤配线架图1(三)

20. 主变压器保护柜 A 光纤配线架图 2（见图 6-20）

主变压器保护柜1尾缆配线表						
尾缆 纤芯序号	装置光口 类型	装置名称	装置插件	端口号	注释	说明
1	LC	1-40n:220kV过程层交换机A			SV/GOOSE 组网	SV/GOOSE组网 主变压器高压测控
2	LC	1-40n:220kV过程层交换机A				
3						
4						
1	LC	2-40n:110kV过程层交换机A			SV/GOOSE 组网	SV/GOOSE组网 主变压器中压测控
2	LC	2-40n:110kV过程层交换机A				
3						
4						
5	LC	2-40n:110kV过程层交换机A			SV/GOOSE 组网	SV/GOOSE组网 主变压器低压测控
6	LC	2-40n:110kV过程层交换机A				
7						
8						
9	LC	2-40n:110kV过程层交换机A			SV/GOOSE 组网	SV/GOOSE组网 主变压器本体测控
10	LC	2-40n:110kV过程层交换机A				
11						
12						

主变压器测控柜 LC-LC
B-W800A 4芯多模尾缆

主变压器测控柜 LC-LC
B-W801A 12芯多模尾缆

图 6-20 主变压器保护柜 A 光纤配线架图 2

21. 主变压器保护柜 B 光纤配线架图 1（见图 6-21）

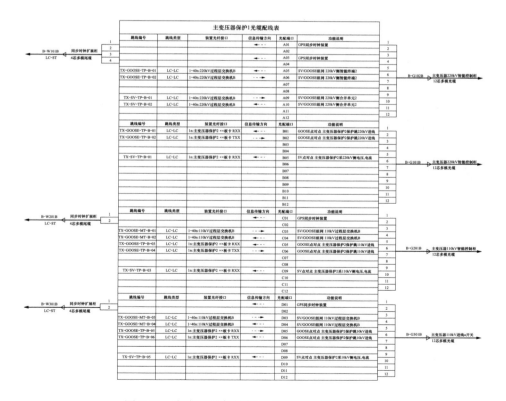

图 6-21 主变压器保护柜 B 光纤配线架图 1（一）

主变压器保护柜B跳纤示意图

柜内跳纤接口类型	起点设备	装置插件	端口号	柜内跳纤接口类型	终点设备	装置插件	端口号	注释	说明
LC	1n:主变压器保护2	XX	TXX	LC	1-40m:220kV过程层交换机B		R1	SV/GOOSE	主变压器保护2
LC	1n:主变压器保护2	XX	RXX	LC	1-40m:220kV过程层交换机B		T1	组网	进220kV过程层网络B
LC	1n:主变压器保护2	XX	TXX	LC	2-40m:110kV过程层交换机B		R1	SV/GOOSE	主变压器保护B
LC	1n:主变压器保护2	XX	RXX	LC	2-40m:110kV过程层交换机B		T1	组网	进110kV过程层网络B

主变压器保护柜B光纤配线架图

跳线编号	跳线类型	装置光纤接口	信息传输方向	光配端口	功能说明
TX-1GIR(B)-01	LC-ST	装置1-13n:×板卡 IRIG-B	←----	E01	GPS同步时钟装置
				E02	
				E03	
				E04	
TX-SV-MU-B-01	LC-LC	2-40n:110kV过程层交换机B	----→	E05	SV/GOOSE组网 中性点合并单元1
TX-SV-MU-B-02	LC-LC	2-40n:110kV过程层交换机B	←---	E06	SV/GOOSE组网 中性点合并单元1
				E07	
				E08	
TX-SV-MU-B-03	LC-LC	1n:主变压器保护1×板卡 RXX	←---	E09	SV 点对点 主变压器保护1采 主变压器中性点电流
				E10	
				E11	
				E12	
跳线编号	跳线类型	装置光纤接口	信息传输方向	光配端口	功能说明
				F01	
				F02	
				F03	
				F04	
				F05	
				F06	
				F07	
				F08	
				F09	
				F10	
				F11	
				F12	

B-W401A 同步时钟扩展柜 LC-ST 4芯多模尾缆 （端口 1、2、3、4）

B-G501B 至主变压器本体智能控制柜 12芯多模光缆 （端口 1～12）

图6-21　主变压器保护柜B光纤配线架图1(二)

主变压器保护柜B光缆配线表

尾缆纤芯序号	航空插头编号	光源单元端子号	光配关口	装置光口类型	装置名称	装置插件	端口号	注释	说明
1		A01	LC	LC	1~40m:220kV过程层交换机B		GTXX	级联	220kV过程层交换级联
2		A02	LC	LC	1~40m:220kV过程层交换机B		GRXX		
3		A03							
4		A04							
1		B01	LC	LC	2~40m:110kV过程层交换机B		GTXX	级联	110kV过程层交换级联
2		B02	LC	LC	2~40m:110kV过程层交换机B		GRXX		
3		B03							
4		B04							
		C01							
		C02							
		C03							
		C04							

220kV母线保护柜B　LC-LC　B-W600B　4芯多模光缆

110kV过程层交换机柜　LC-LC　B-W700B　4芯多模光缆

图6-21　主变压器保护柜B光纤配线架图1(三)

305

22. 主变压器保护柜 B 光纤配线架图 2（见图 6-22）

主变压器保护柜1尾缆配线表							
尾缆纤芯序号	装置光口类型	装置名称	装置插件	端口号	注释	说明	
1	LC	1-40n:220kV过程层交换机B			SV/GOOSE组网	SV/GOOSE组网主变压器高压测控	
2	LC	1-40n:220kV过程层交换机B					
3							
4							
1	LC	2-40n:110kV过程层交换机B			SV/GOOSE组网	SV/GOOSE组网主变压器中压测控	
2	LC	2-40n:110kV过程层交换机B					
3							
4							
5	LC	2-40n:110kV过程层交换机B			SV/GOOSE组网	SV/GOOSE组网主变压器低压测控	
6	LC	2-40n:110kV过程层交换机B					
7							
8							
9	LC	2-40n:110kV过程层交换机B			SV/GOOSE组网	SV/GOOSE组网主变压器本体测控	
10	LC	2-40n:110kV过程层交换机B					
11							
12							

主变压器测控柜　LC-LC
B-W800B　4芯多模尾缆

主变压器测控柜　LC-LC
B-W801B　12芯多模尾缆

图 6-22　主变压器保护柜 B 光纤配线架图 2

110kV智能站采用的是典型设计中C-4及C-8典型间隔，110kV采用单母线分段接线。

第一节 110kV I母智能控制柜（光纤配线架1）

110kV I母智能控制柜（光纤配线架1）见图7-1。

110kV I母智能控制柜（光纤配线架1）

跳线编号	跳线类型	装置光纤接口	信息传输方向	光配端口	功能说明
TX-IGIR(B)-01		装置15n ××板卡 光口IGIR(B)	↓	A01	合并单元对时
				A02	备用
TX-IGIR(B)-02		装置4n ××板卡 光口IGIR(B)	↓	A03	智能终端端对时
				A04	备用
TX-SV-BP-01		装置15n ××板卡 光口TX:**	→	A05	合并单元SV点对点(母线保护)
				A06	备用
				A07	备用
				A08	备用
TX-SG-MU-A-01		装置15n ××板卡 光口TX:**	→	A09	合并单元SV/GOOSE组网(发)
				A10	备用
TX-GOOSE-IT-A-01		装置4n ××板卡 光口TX:**	→	A11	智能终端GOOSE组网(发)
TX-GOOSE-IT-A-02		装置4n ××板卡 光口RX:**	→	A12	智能终端GOOSE组网(收)
跳线编号	跳线类型	装置光纤接口	信息传输方向	光配端口	功能说明
TX-(9-2)-01		装置4n ××板卡 光口TX:**	→	B01	1号主变压器110kV侧A套合智一体合并线电压级联
				B02	备用
				B03	备用
				B04	备用

GL-1YYH-101　至集中接线柜A

GL-1YYH-161　至1号主变压器110kV侧 智能汇控柜

图7-1　110kV I母智能控制柜（光纤配线架1）（一）

跳线编号	跳线类型	装置光纤接口	信息传输方向	光配端口	功能说明		GL编号	去向
TX-(9-2)-02		装置4n ××板卡 光口TX:**	→	B05	2号主变压器110kV侧A套合智—母线电压级联	1	GL-1YYH-162	至2号主变压器110kV侧智能汇控柜
				B06	备用	2		
				B07	备用	3		
				B08	备用	4		
TX-(9-2)-03		装置4n ××板卡 光口TX:**	→	B09	3号主变压器110kV侧A套合智—母线电压级联	1	GL-1YYH-163	至3号主变压器110kV侧智能汇控柜
				B10	备用	2		
				B11	备用	3		
				B12	备用	4		
TX-(9-2)-04		装置4n ××板卡 光口TX:**	→	C01	110kV分段合并单元母线电压级联(9-2)	1	GL-1YYH-164	至110kV分段智能汇控柜
				C02	备用	2		
				C03	备用	3		
				C04	备用	4		
TX-(9-2)-05		装置4n ××板卡 光口TX:**	→	C05	110kV 1Y线路合智—母线电压级联(9-2)	1	GL-1YYH-181	至110kV 1Y线路智能汇控柜
				C06	备用	2		
				C07	备用	3		
				C08	备用	4		
TX-(9-2)-06		装置4n ××板卡 光口TX:**	→	C09	110kV 2Y线路合智—母线电压级联(9-2)	1	GL-1YYH-182	至110kV 2Y线路智能汇控柜
				C10	备用	2		
				C11	备用	3		
				C12	备用	4		

跳线编号	跳线类型	装置光纤接口	信息传输方向	光配端口	功能说明		GL编号	去向
TX-(9-2)-07		装置4n ××板卡 光口TX:**	→	D01	110kV 3Y线路合智—母线电压级联(9-2)	1	GL-1YYH-183	至110kV 3Y线路智能汇控柜
				D02	备用	2		
				D03	备用	3		
				D04	备用	4		
TX-(9-2)-08		装置4n ××板卡 光口TX:**	→	D05	110kV 4Y线路合智—母线电压级联(9-2)	1	GL-1YYH-184	至110kV 4Y线路智能汇控柜
				D06	备用	2		
				D07	备用	3		
				D08	备用	4		
				D09	备用			
				D10	备用			
				D11	备用			
				D12	备用			

图7-1　110kV Ⅰ母智能控制柜(光纤配线架1)(二)

第二节 110kV II母智能控制柜（光纤配线架1）

110kV II母智能控制柜（光纤配线架1）见图7-2。

110kV II母智能控制柜（光纤配线架1）

跳线编号	跳线类型	装置光纤接口	信息传输方向	光配端口	功能说明
TX-IGIR(B)-01		装置13n ××板卡 光口I IGIR(B)	→	A01	合并单元对时
				A02	备用
TX-IGIR(B)-02		装置4n ××板卡 光口II IGIR(B)	→	A03	智能终端对时
				A04	备用
				A05	备用
				A06	备用
				A07	备用
				A08	备用
TX-SG-MU-A-01		装置13n ××板卡 光口TX:**	→	A09	合并单元SV/GOOSE组网(发)
				A10	备用
TX-GOOSE-IT-A-01		装置4n ××板卡 光口TX:**	→	A11	智能终端GOOSE组网(发)
TX-GOOSE-IT-A-02		装置4n ××板卡 光口RX:**	←	A12	智能终端GOOSE组网(收)

跳线编号	跳线类型	装置光纤接口	信息传输方向	光配端口	功能说明
TX-(9-2)-01		装置4n ××板卡 光口TX:**	→	B01	1号主变压器110kV侧B套合智一体母线电压级联(9-2)
				B02	备用
				B03	备用
				B04	备用
TX-(9-2)-02		装置4n ××板卡 光口TX:**	→	B05	2号主变压器110kV侧B套合智一体母线电压级联(9-2)
				B06	备用
				B07	备用
				B08	备用
TX-(9-2)-03		装置4n ××板卡 光口TX:**	→	B09	3号主变压器110kV侧B套合智一体母线电压级联(9-2)
				B10	备用
				B11	备用
				B12	备用

GL-2YYH-101　至集中接线柜B

GL-2YYH-161　至1号主变压器110kV侧智能汇控柜

GL-2YYH-162　至2号主变压器110kV侧智能汇控柜

GL-2YYH-163　至3号主变压器110kV侧智能汇控柜

图7-2　110kV II母智能控制柜（光纤配线架1）

第三节　110kV 母线集中接线柜 A

110kV 母线集中接线柜 A 见图 7-3。

集中接线柜A					
跳线编号	跳线类型	装置光纤接口	信息传输方向	光配端口	功能说明
TX-IGIR(B)-01			←	A01	合并单元对时
				A02	备用
TX-IGIR(B)-02			←	A03	智能终端对时
				A04	备用
TX-SV-BP-01			→	A05	合并单元SV点对点(母线保护)
				A06	备用
				A07	备用
				A08	备用
TX-SG-MU-A-01			→	A09	合并单元SV/GOOSE组网(发)
				A10	备用
TX-GOOSE-IT-A-01			→	A11	智能终端GOOSE组网(发)
TX-GOOSE-IT-A-02			←	A12	智能终端GOOSE组网(收)

图 7-3　110kV 母线集中接线柜 A

第四节 110kV 母线集中接线柜 B

110kV 母线集中接线柜 B 见图 7-4。

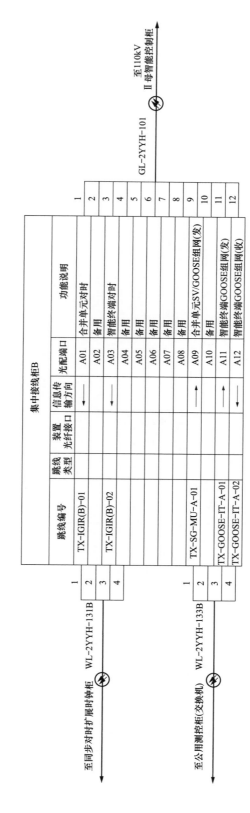

图 7-4 110kV 母线集中接线柜 B

第五节 110kV 主变压器高压侧智能汇控柜（光纤配线架1）

110kV 主变压器高压侧智能汇控柜（光纤配线架1）见图7-5。

110kV B号高压侧智能汇控柜(光纤配线架1)

跳线编号	跳线类型	装置光纤接口	信息传输方向	光配端口	功能说明	端口号		至集中接线柜A
TX-IGIR(B)-01		装置14n ×× 板卡 光口IGIR(B)	→	A01	合智一体A套对时	1		
				A02	备用	2		
				A03	备用	3		
				A04	备用	4		
TX-SV-TP-01		装置14n ×× 板卡 光口TX:**	→	A05	合智一体A套SV点对点(主变压器保护A)	5		
				A06	备用	6	GL-#B-101A	
TX-GOOSE-TP-01		装置14n ×× 板卡 光口TX:**	→	A07	合智一体A套GOOSE点对点(主变压器保护A)	7		
TX-GOOSE-TP-02		装置14n ×× 板卡 光口RX:**	←	A08	合智一体A套GOOSE点对点(主变压器保护A)	8		
TX-SV-BP-01		装置14n ×× 板卡 光口TX:**	→	A09	合智一体A套SV点对点(母线保护)	9		
				A10	备用	10		
TX-GOOSE-BP-01		装置14n ×× 板卡 光口TX:**	→	A11	合智一体A套GOOSE点对点(母线保护)	11		
TX-GOOSE-BP-02		装置14n ×× 板卡 光口RX:**	←	A12	合智一体A套GOOSE点对点(母线保护)	12		
跳线编号	跳线类型	装置光纤接口	信息传输方向	光配端口	功能说明	端口号		
				B01	备用	1		
				B02	备用	2		
				B03	备用	3		
				B04	备用	4		
TX-SG-MT-A-01		装置14n ×× 板卡 光口TX:**	→	B05	合智一体A套SV/GOOSE组网发	5		
TX-SG-MT-A-02		装置14n ×× 板卡 光口RX:**	←	B06	合智一体A套SV/GOOSE组网收	6	GL-#B-102A	
				B07	备用	7		
				B08		8		
				B09		9		
				B10		10		
				B11		11		
				B12		12		

图7-5 110kV 主变压器高压侧智能汇控柜（光纤配线架1）（一）

跳线编号	跳线类型	装置光纤接口	信息传输方向	光配端口	功能说明				
TX-(9-2)-01		装置14n××板卡 光口RX:**	→→→	C01	110kV B号高压侧合智一体A套母线电压级联			1	GL-1YYH-16号 至110kV Ⅰ 母智能控制柜
				C02	备用			2	
				C03	备用			3	
				C04	备用			4	
				C05					
				C06					
				C07					
				C08					
				C09					
				C10					
				C11					
				C12					

图 7-5　110kV 主变压器高压侧智能汇控柜（光纤配线架 1）（二）

第六节 110kV 主变压器高压侧智能汇控柜（光纤配线架 2）

110kV 主变压器高压侧智能汇控柜（光纤配线架 2）见图 7-6。

110kV B号高压侧智能汇控柜(光纤配线架2)

跳线编号	跳线类型	装置光纤接口	信息传输方向	光配端口	功能说明	
TX-IGIR(B)-02		装置14n ××板卡 光口IGIR(B)	→	A01	合智一体B套对时	1
				A02	备用	2
				A03	备用	3
				A04	备用	4
TX-SV-TP-02		装置14n ××板卡 光口TX:**	←	A05	合智一体B套SV点对点(主变压器保护B)	5
				A06	备用	6
TX-GOOSE-TP-03		装置14n ××板卡 光口TX:**	→	A07	合智一体B套GOOSE点对点(主变压器保护B)	7
TX-GOOSE-TP-04		装置14n ××板卡 光口RX:**	←	A08	合智一体B套GOOSE点对点(主变压器保护B)	8
				A09	备用	9
				A10		10
				A11		11
				A12		12
跳线编号	跳线类型	装置光纤接口	信息传输方向	光配端口	功能说明	
TX-SV-DM-01			→	B01	合智一体B套SV点对点(计量)	1
				B02	备用	2
				B03	备用	3
				B04	备用	4
TX-SG-MT-B-01		装置14n ××板卡 光口TX:**	←	B05	合智一体B套SV/GOOSE组网(发)	5
TX-SG-MT-B-02		装置14n ××板卡 光口RX:**	←	B06	合智一体B套SV/GOOSE组网(收)	6
				B07	备用	7
				B08		8
				B09		9
				B10		10
				B11		11
				B12		12

GL-#B-101B 至集中接线柜B

GL-#B-102B 至集中接线柜B

图 7-6 110kV 主变压器高压侧智能汇控柜（光纤配线架 2）（一）

跳线编号	跳线类型	装置光纤接口		信息传输方向	光配端口	功能说明
			装置14n××板卡光口RX:**			
TX-(9-2)-02				→	C01	110kV B号高压侧智合智一体B套母线电压级联
					C02	备用
					C03	备用
					C04	备用
					C05	
					C06	
					C07	
					C08	
					C09	
					C10	
					C11	
					C12	

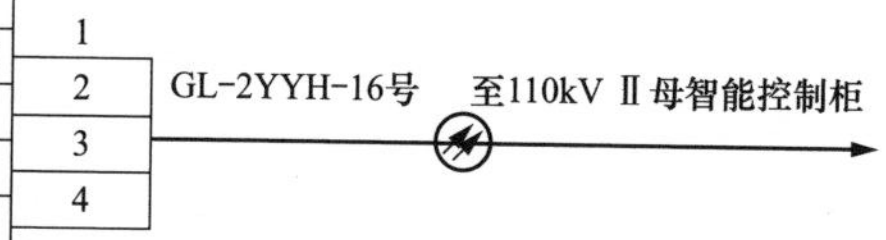

GL-2YYH-16号　至110kV Ⅱ母智能控制柜

1
2
3
4

图 7-6 110kV 主变压器高压侧智能汇控柜（光纤配线架 2）（二）

第七节　110kV 主变压器高压侧集中接线柜 A

110kV 主变压器高压侧集中接线柜 A 见图 7-7。

跳线编号	跳线类型	装置接口光纤接口	信息传输方向	光配端口	功能说明
					集中接线柜 A
TX-IGIR(B)-01			→	A01	合智一体A套对时
				A02	备用
				A03	备用
				A04	备用
TX-SV-TP-01			→	A05	合智一体A套SV点对点主变压器保护A
				A06	备用
TX-GOOSE-TP-01			→	A07	合智一体A套GOOSE点对点主变压器保护A
TX-GOOSE-TP-02			←	A08	合智一体A套GOOSE点对点主变压器保护A
TX-SV-BP-01			→	A09	合智一体A套SV点对点母线保护A
				A10	备用
TX-GOOSE-BP-01			→	A11	合智一体A套GOOSE点对点母线保护A
TX-GOOSE-BP-02			←	A12	合智一体A套GOOSE点对点母线保护A
跳线编号	跳线类型	装置接口光纤接口	信息传输方向	光配端口	功能说明
				B01	备用
				B02	备用
				B03	备用
				B04	备用
TX-SG-MT-A-01			→	B05	合智一体A套SV/GOOSE组网（发）
TX-SG-MT-A-02			←	B06	合智一体A套SV/GOOSE组网（收）
				B07	备用
				B08	备用
				B09	
				B10	
				B11	
				B12	

图 7-7　110kV 主变压器高压侧集中接线柜 A

WL-#B-131A　至同步对时扩展时钟柜

WL-#B-132A　至B号主变压器保护柜

WL-#B-133A　至110kV母线保护柜

WL-#B-135A　至B号主变压器保护柜（交换机）

GL-#B-101A　至110kV B号高压侧智能汇控柜

GL-#B-102A　至110kV B号高压侧智能汇控柜

第八节 110kV 主变压器高压侧集中接线柜 B

110kV 主变压器高压侧集中接线柜 B 见图 7-8。

集中接线柜B

跳线编号	跳线类型	装置光纤接口	信息传输方向	光配端口	功能说明
TX-IGIR(B)-02			→	A01	合智一体B套对时
				A02	备用
				A03	备用
				A04	备用
TX-SV-TP-02			→	A05	合智一体B套SV点对点(主变压器保护B)
				A06	备用
TX-GOOSE-TP-03			→	A07	合智一体B套GOOSE点对点(主变压器保护B)
TX-GOOSE-TP-04			→	A08	合智一体B套GOOSE点对点(主变压器保护B)
				A09	备用
				A10	备用
				A11	备用
				A12	备用

跳线编号	跳线类型	装置光纤接口	信息传输方向	光配端口	功能说明
TX-SV-DM-01			→	B01	合智一体B套SV点对点(计量)
				B02	备用
				B03	备用
				B04	备用
TX-SG-MT-B-01			→	B05	合智一体B套SV/GOOSE组网(发)
TX-SG-MT-B-02			→	B06	合智一体B套SV/GOOSE组网(收)
				B07	备用
				B08	备用
				B09	
				B10	
				B11	
				B12	

装置端连接：
- WL-#B-131B（1、2、3、4）至同步对时扩展时钟柜
- WL-#B-132B（1、2、3、4）至#B主变压器保护柜
- WL-#B-134（1、2、3、4）至主变压器电能计量柜
- WL-#B-135B（1、2、3、4）至#B主变压器保护柜(交换机)

光配端连接：
- GL-#B-101B（1～12）至110kV B号高压侧智能汇控柜
- GL-#B-102B（1～12）至110kV B号高压侧智能汇控柜

图 7-8 110kV 主变压器高压侧集中接线柜 B

第九节　35kV 主变压器中压侧智能开关柜（光纤配线架 1）

35kV 主变压器中压侧智能开关柜（光纤配线架 1）见图 7-9。

35kV B号中压测开关柜(光纤配线架1)

跳线编号	跳线类型	装置光纤接口	信息传输方向	光配端口	功能说明	
TX-IGIR(B)-01		装置14n××板卡 光口IGIR(B)	←	A01	合智一体A套对时	1
				A02	备用	2
				A03	备用	3
				A04	备用	4
TX-SV-TP-01		装置14n××板卡 光口TX.**	→	A05	合智一体A套SV点对点(主变压器保护A)	5
				A06	备用	6
TX-GOOSE-TP-01		装置14n××板卡 光口TX.**	→	A07	合智一体A套GOOSE点对点(主变压器保护A)	7
TX-GOOSE-TP-02		装置14n××板卡 光口RX.**	←	A08	合智一体A套GOOSE点对点(主变压器保护A)	8
				A09	备用	9
				A10	备用	10
				A11	备用	11
				A12	备用	12

跳线编号	跳线类型	装置光纤接口	信息传输方向	光配端口	功能说明	
				B01	备用	1
				B02	备用	2
				B03	备用	3
				B04	备用	4
TX-SG-MT-A-01		装置14n××板卡 光口TX.**	→	B05	合智一体A套SV/GOOSE组网(发)	5
TX-SG-MT-A-02		装置14n××板卡 光口RX.**	←	B06	合智一体A套SV/GOOSE组网(收)	6
				B07	备用	7
				B08	备用	8
				B09		9
				B10		10
				B11		11
				B12		12

GL-#B-201A　至集中接线柜A

GL-#B-202A　至集中接线柜A

图 7-9　35kV 主变压器中压侧智能开关柜（光纤配线架 1）

第十节 35kV 主变压器中压侧开关柜（光纤配线架 2）

35kV 主变压器中压侧开关柜（光纤配线架 2）见图 7-10。

35kV B号中压侧开关柜(光纤配线架2)

跳线编号	跳线类型	装置光纤接口	信息传输方向	光配端口	功能说明	序号
TX-IGIR(B)-02	装置14n 光口IGIR(B)		→	A01	合智一体B套对时	1
				A02	备用	2
				A03	备用	3
				A04	备用	4
TX-SV-TP-02	装置14n ××板卡 光口TX:**		→	A05	合智一体B套SV点对点(主变压器保护'B)	5
TX-GOOSE-TP-03	装置14n ××板卡 光口TX:**		←	A06	合智一体B套GOOSE点对点(主变压器保护'B)	6
TX-GOOSE-TP-04	装置14n ××板卡 光口RX:**		→	A07	合智一体B套GOOSE点对点(主变压器保护'B)	7
				A08	备用	8
				A09	备用	9
				A10	备用	10
				A11		11
				A12		12
跳线编号	跳线类型	装置光纤接口	信息传输方向	光配端口	功能说明	序号
TX-SV-DM-01	装置14n ××板卡 光口TX:**		→	B01	合智一体B套SV点对点(计量)	1
				B02	备用	2
				B03	备用	3
				B04	备用	4
TX-SG-MT-B-01	装置14n ××板卡 光口TX:**		→	B05	合智一体B套SV/GOOSE组网(发)	5
TX-SG-MT-B-02	装置14n ××板卡 光口RX:**		←	B06	合智一体B套SV/GOOSE组网(收)	6
				B07	备用	7
				B08	备用	8
				B09	备用	9
				B10		10
				B11		11
				B12		12

GL-#B-201B　至集中接线柜B

GL-#B-202B　至集中接线柜B

图 7-10　35kV 主变压器中压侧开关柜（光纤配线架 2）

319

第十一节 35kV 主变压器中压侧集中接线柜 A

35kV 主变压器中压侧集中接线柜 A 见图 7-11。

集中接线柜A

跳线编号	跳线类型	装置光纤接口	信息传输方向	光配端口	功能说明
TX-1GIR(B)-01			→	A01	合智一体A套对时
				A02	备用
				A03	备用
				A04	备用
TX-SV-TP-01			←	A05	合智一体A套SV点对点(主变压器保护A)
				A06	备用
TX-GOOSE-TP-01			←	A07	合智一体A套GOOSE点对点(主变压器保护A)
TX-GOOSE-TP-02			→	A08	合智一体A套GOOSE点对点(主变压器保护A)
				A09	备用
				A10	备用
				A11	备用
				A12	备用

跳线编号	跳线类型	装置光纤接口	信息传输方向	光配端口	功能说明
				B01	备用
				B02	备用
				B03	备用
				B04	备用
TX-SG-MT-A-01			←	B05	合智一体A套SV/GOOSE组网(发)
TX-SG-MT-A-02			→	B06	合智一体A套SV/GOOSE组网(收)
				B07	备用
				B08	备用
				B09	
				B10	
				B11	
				B12	

左侧连接：
- WL-#B-231A 至同步对时扩展时钟柜（端口 1、2、3、4）
- WL-#B-232A 至B号主变压器保护柜（端口 1、2、3、4）
- WL-#B-235A 至B号主变压器保护柜(交换机)（端口 1、2、3、4）

右侧连接：
- GL-#B-201A 至35kV B号中压侧开关柜（端口 1～12）
- GL-#B-202B 至35kV B号中压侧开关柜（端口 1～12）

图 7-11 35kV 主变压器中压侧集中接线柜 A

第十二节 35kV 主变压器中压侧集中接线柜 B

35kV 主变压器中压侧集中接线柜 B 见图 7-12。

集中接线柜B

跳线编号	装置光纤接口	跳线类型	信息传输方向	光配端口	功能说明	
TX-IGIR(B)-02			←	A01	合智一体BW套对时	1
				A02	备用	2
				A03	备用	3
				A04	备用	4
TX-SV-TP-02			→	A05	合智一体B套SV点对点(主变压器保护B)	5
				A06	备用	6
TX-GOOSE-TP-03			→	A07	合智一体B套GOOSE点对点(主变压器保护B)	7
TX-GOOSE-TP-04			←	A08	合智一体B套GOOSE点对点(主变压器保护B)	8
				A09	备用	9
				A10	备用	10
				A11	备用	11
				A12	备用	12

GL-#B-201B 至35kV B号中压侧开关柜

跳线编号	装置光纤接口	跳线类型	信息传输方向	光配端口	功能说明	
TX-SV-DM-01			→	B01	合智一体B套SV点对点(计量)	1
				B02	备用	2
				B03	备用	3
				B04	备用	4
TX-SG-MT-B-01			↕	B05	合智一体套B套SV/GOOSE组网(发)	5
TX-SG-MT-B-02				B06	合智一体套B套SV/GOOSE组网(收)	6
				B07	备用	7
				B08	备用	8
				B09		9
				B10		10
				B11		11
				B12		12

GL-#B-202B 至35kV B号中压侧开关柜

WL-#B-231B 至同步对时扩展时钟柜

WL-#B-232B 至B号主变压器保护柜

WL-#B-234 至主变压器电能计量柜

WL-#B-235B 至B号主变压器保护柜(交换机)

图 7-12 35kV 主变压器中压侧集中接线柜 B

第十三节 10kV 主变压器低压侧开关柜（光纤配线架1）

10kV 主变压器低压侧开关柜（光纤配线架1）见图7-13。

10kV B号低压侧开关柜(光纤配线架1)

跳线编号	跳线类型	装置光纤接口	信息传输方向	光配端口	功能说明	光配端口(GL-#B-301A 至集中接线柜A)
TX-1GIR(B)-01		装置14n ××板卡光口1GIR(B)	←	A01	合智一体A套对时	1
				A02	备用	2
				A03	备用	3
				A04	备用	4
TX-SV-TP-01		装置14n ××板卡光口TX:**	→	A05	合智一体A套SV点对点(主变压器保护A)	5
				A06	备用	6
TX-GOOSE-TP-01		装置14n ××板卡光口TX:**	→	A07	合智一体A套GOOSE点对点(主变压器保护A)	7
TX-GOOSE-TP-02		装置14n ××板卡光口RX:**		A08	合智一体A套GOOSE点对点(主变压器保护A)	8
				A09	备用	9
				A10	备用	10
				A11	备用	11
				A12	备用	12

跳线编号	跳线类型	装置光纤接口	信息传输方向	光配端口	功能说明	光配端口(GL-#B-302A 至集中接线柜A)
				B01	备用	1
				B02	备用	2
				B03	备用	3
				B04	备用	4
TX-SG-MT-A-01		装置14n ××板卡光口TX:**	→	B05	合智一体A套SV/GOOSE组网(发)	5
TX-SG-MT-A-02		装置14n ××板卡光口RX:**		B06	合智一体A套SV/GOOSE组网(收)	6
				B07	备用	7
				B08	备用	8
				B09		9
				B10		10
				B11		11
				B12		12

图7-13 10kV主变压器低压侧开关柜（光纤配线架1）

第十四节 10kV 主变压器低压侧开关柜（光纤配线架 2）

10kV 主变压器低压侧开关柜（光纤配线架 2）见图 7-14。

10kV B号压低压侧开关柜(光纤配线架2)

跳线编号	跳线类型	装置光纤接口	信息传输方向	光配端口	功能说明		
TX-IGIR(B)-02	装置14n ××板卡 光口IGIR(B)		⟶	A01	合智一体B套一套对时		1
				A02	备用		2
				A03	备用		3
				A04	备用		4
TX-SV-TP-02	装置14n ××板卡 光口TX:**		⟶	A05	合智一体B套SV点对点(主变压器保护B)		5
				A06	备用		6
TX-GOOSE-TP-03	装置14n ××板卡 光口TX:**		⟶	A07	合智一体B套GOOSE点对点(主变压器保护B)		7
TX-GOOSE-TP-04	装置14n ××板卡 光口RX:**		⟶	A08	合智一体B套GOOSE点对点(主变压器保护B)		8
				A09	备用		9
				A10	备用		10
				A11	备用		11
				A12	备用		12

GL-#B-301B → 至集中接线柜B

跳线编号	跳线类型	装置光纤接口	信息传输方向	光配端口	功能说明		
TX-SV-DM-01	装置14n ××板卡 光口RX:**		⟶	B01	合智一体B套SV点对点(计量)		1
				B02	备用		2
				B03	备用		3
				B04	备用		4
TX-SG-MT-B-01	装置14n ××板卡 光口TX:**		⟶	B05	合智一体B套SV/GOOSE组网(发)		5
TX-SG-MT-B-02	装置14n ××板卡 光口RX:**		⟶	B06	合智一体B套SV/GOOSE组网(收)		6
				B07	备用		7
				B08	备用		8
				B09			9
				B10			10
				B11			11
				B12			12

GL-#B-302B → 至集中接线柜B

图 7-14 10kV 主变压器低压侧开关柜（光纤配线架 2）

323

第十五节　10kV 主变压器低压侧集中接线柜 A

10kV 主变压器低压侧集中接线柜 A 见图 7-15。

集中接线柜A

跳线编号	跳线类型	装置光纤接口	信息传输方向	光配端口	功能说明
TX-IGIR(B)-01			→	A01	合智一体A套对时
				A02	备用
				A03	备用
				A04	备用
TX-SV-TP-01			→	A05	合智一体A套SV点对点(主变压器保护A)
				A06	备用
TX-GOOSE-TP-01			→	A07	合智一体A套GOOSE点对点(主变压器保护A)
TX-GOOSE-TP-02			→	A08	合智一体A套GOOSE点对点(主变压器保护A)
				A09	备用
				A10	备用
				A11	备用
				A12	备用

跳线编号	跳线类型	装置光纤接口	信息传输方向	光配端口	功能说明
				B01	备用
				B02	备用
				B03	备用
				B04	备用
TX-SG-MT-A-01			→	B05	合智一体A套SV/GOOSE组网(发)
TX-SG-MT-A-02			→	B06	合智一体A套SV/GOOSE组网(收)
				B07	备用
				B08	备用
				B09	
				B10	
				B11	
				B12	

至同步对时扩展时钟柜　WL-#B-331A

至B号主变压器保护柜　WL-#B-332A

至B号主变压器保护柜(交换机)　WL-#Y-335A

至10kV B号低压侧开关柜　GL-#B-301A

至10kV B号低压侧开关柜　GL-#B-302A

图 7-15　10kV 主变压器低压侧集中接线柜 A

第十六节 10kV 主变压器低压侧集中接线柜 B

10kV 主变压器低压侧集中接线柜 B 见图 7-16。

集中接线柜B

跳线编号	跳线类型	装置光纤接口	信息传输方向	光配端口	功能说明
TX-IGIR(B)-02			←	A01	合智一体B套对时
				A02	备用
				A03	备用
				A04	备用
TX-SV-TP-02			→	A05	合智一体B套SV点对点(主变压器保护B)
				A06	备用
TX-GOOSE-TP-03			→	A07	合智一体B套GOOSE点对点(主变压器保护B)
TX-GOOSE-TP-04			←	A08	合智一体B套GOOSE点对点(主变压器保护B)
				A09	备用
				A10	备用
				A11	备用
				A12	备用

跳线编号	跳线类型	装置光纤接口	信息传输方向	光配端口	功能说明
TX-SV-DM-01			→	B01	合智一体B套SV点对点(计量)
				B02	备用
				B03	备用
				B04	备用
TX-SG-MT-B-01			→	B05	合智一体B套SV/GOOSE组网(发)
TX-SG-MT-B-02			←	B06	合智一体B套SV/GOOSE组网(收)
				B07	备用
				B08	备用
				B09	
				B10	
				B11	
				B12	

至同步对时扩展时钟柜 WL-#B-331B
至B号主变压器保护柜 WL-#B-332B
至主变压器电能计量柜 WL-#B-334
至B号主变压器保护柜(交换机) WL-#B-335B

GL-#B-301B 至10kV B号低压侧开关柜
GL-#B-302B 至10kV B号低压侧开关柜

图 7-16 10kV 主变压器低压侧集中接线柜 B

325

第十七节 主变压器本体智能汇控柜（光纤配线架1）

主变压器本体智能汇控柜（光纤配线架1）见图7-17。

B号本体智能控制柜（光纤配线架1）

跳线编号	跳线类型	装置光纤接口	信息传输方向	光配端口	功能说明	端口
TX-1GIR(B)-01		装置1-13n ××板卡 光口1GIR(B)	→	A01	合并单元A套对时	1
				A02	备用	2
TX-1GIR(B)-02		装置4n ××板卡 光口1GIR(B)	↓	A03	智能终端对时	3
				A04	备用	4
TX-SV-TP-01		装置1-13n ××板卡 光口TX.**	→	A05	合并单元A套SV点对点(主变压器保护A)	5
				A06	备用	6
				A07	备用	7
				A08	备用	8
TX-SG-MU-A-01		装置1-13n ××板卡 光口TX.**	→	A09	合并单元A套SV/GOOSE组网(发)	9
				A10	备用	10
TX-GOOSE-IT-A-01		装置4n ××板卡 光口TX.**	→	A11	智能终端SV/GOOSE组网(发)	11
TX-GOOSE-IT-A-02		装置4n ××板卡 光口RX.**	←	A12	智能终端SV/GOOSE组网(收)	12

（GL-#B-401A 至集中接线柜A）

跳线编号	跳线类型	装置光纤接口	信息传输方向	光配端口	功能说明	端口
TX-1GIR(B)-03		装置2-13n ××板卡 光口1GIR(B)	→	B01	合并单元B套对时	1
				B02	备用	2
				B03	备用	3
				B04	备用	4
TX-SV-DM-01		装置4n ××板卡 光口RX.**	←	B05	合智一体B套SV点对点(计量)	5
				B06	备用	6
				B07	备用	7
				B08	备用	8
TX-SG-MU-B-01		装置2-13n ××板卡 光口TX.**	→	B09	合并单元B套SV/GOOSE组网(发)	9
TX-SG-MU-B-02		装置2-13n ××板卡 光口RX.**	←	B10	合并单元B套SV/GOOSE组网(收)	10
				B11	备用	11
				B12	备用	12

（GL-#B-401B 至集中接线柜B）

图7-17 主变压器本体智能汇控柜（光纤配线架1）

第十八节 主变压器本体集中接线柜 A

主变压器本体集中接线柜 A 见图 7-18。

跳线编号	跳线类型	装置光纤接口	信息传输方向	光配端口	功能说明	
					集中接线柜 A	
TX-IGIR(B)-01				A01	合并单元A套对时	1
			←	A02	备用	2
TX-IGIR(B)-02				A03	智能终端对时	3
			→	A04	备用	4
TX-SV-TP-01				A05	合并单元A套SV点对点(主变压器保护A)	5
			↑	A06	备用	6
				A07	备用	7
				A08	备用	8
TX-SG-MU-A-01				A09	合并单元A套SV/GOOSE组网(发)	9
			←	A10	备用	10
TX-GOOSE-IT-A-01				A11	智能终端SV/GOOSE组网(发)	11
TX-GOOSE-IT-A-02			↓	A12	智能终端SV/GOOSE组网(收)	12

图 7-18 主变压器本体集中接线柜 A

B号本体智能控制柜

GL-#B-401A

至同步对时扩展时钟柜 WL-#B-431A

至B号主变压器保护柜 WL-#B-432

至B号主变压器保护柜(交换机) WL-#B-433A

第十九节　主变压器本体集中接线柜 B

主变压器本体集中接线柜 B 见图 7-19。

集中接线柜B

跳线编号	跳线类型	装置光纤接口	信息传输方向	光配端口	功能说明
TX-IGIR(B)-03			→	B01	合并单元B套对时
				B02	备用
				B03	备用
				B04	备用
TX-SV-DM-01			→	B05	合并单元B套SV点对点(计量)
				B06	备用
				B07	备用
				B08	备用
TX-SG-MU-B-01			→	B09	合并单元B套SV/GOOSE组网(发)
TX-SG-MU-B-02			←	B10	合并单元B套SV/GOOSE组网(收)
				B11	备用
				B12	备用

至同步对时扩展时钟柜 WL-#B-431B
至主变压器电能计量柜 WL-#B-434
至B号主变压器保护柜(交换机) WL-#B-433B

GL-#B-401B　B号本体智能控制柜

图 7-19　主变压器本体集中接线柜 B

第二十节 110kV 线路智能汇控柜（光纤配线架 1）

110kV 线路智能汇控柜（光纤配线架 1）见图 7-20。

110kV Y 号线路智能汇控柜（光纤配线架1）

跳线编号	跳线类型	装置光纤接口	信息传输方向	光配端口	功能说明	
TX-IGIR(B)-01		装置14n ××板卡 光口IGIR(B)	→	A01	合智一体对时	1
				A02	备用	2
				A03	备用	3
				A04	备用	4
TX-SV-LP-01		装置14n ××板卡 光口TX:**	→	A05	合智一体SV点对点(线路保护)	5
				A06	备用	6
TX-GOOSE-LP-01		装置14n ××板卡 光口TX:**	→	A07	合智一体GOOSE点对点(线路保护)	7
TX-GOOSE-LP-02		装置14n ××板卡 光口RX:**	←	A08	合智一体GOOSE点对点(线路保护)	8
TX-SV-BP-01		装置14n ××板卡 光口TX:**	→	A09	合智一体SV点对点(母线保护)	9
				A10	备用	10
TX-GOOSE-BP-01		装置14n ××板卡 光口TX:**	→	A11	合智一体GOOSE点对点(母线保护)	11
TX-GOOSE-BP-02		装置14n ××板卡 光口RX:**	←	A12	合智一体GOOSE点对点(母线保护)	12
跳线编号	跳线类型	装置光纤接口	信息传输方向	光配端口	功能说明	
TX-SV-DM-01			→	B01	合智一体SV点对点(计量)	1
				B02	备用	2
				B03	备用	3
				B04	备用	4
TX-SG-MT-A-01		装置14n ××板卡 光口TX:**	→	B05	合智一体SV/GOOSE组网A(发)	5
TX-SG-MT-A-02		装置14n ××板卡 光口RX:**	←	B06	合智一体SV/GOOSE组网A(收)	6
				B07	备用	7
				B08	备用	8
				B09		9
				B10		10
				B11		11
				B12		12

GL-#Y-101A 至集中接线柜#

GL-#Y-101B 至集中接线柜#

图 7-20 110kV 线路智能汇控柜（光纤配线架 1）（一）

跳线编号	跳线类型	装置光纤接口		信息传输方向	光配端口	功能说明	
					C01	110kV Y号线路合智一体母线电压级联(9-2)	1
TX-(9-2)-01		装置14n××板卡光口RX:**		→	C02	备用	2
					C03	备用	3
					C04	备用	4
					C05		
					C06		
					C07		
					C08		
					C09		
					C10		
					C11		
					C12		

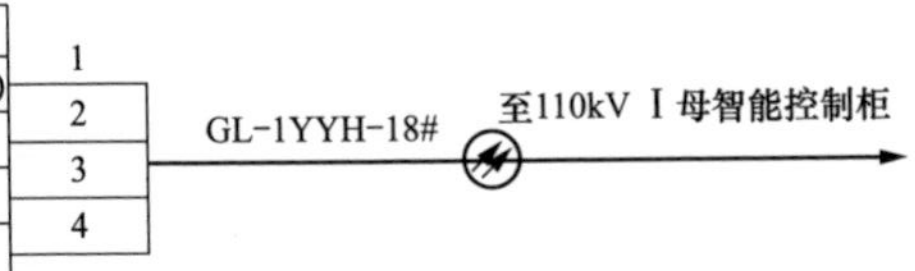

GL-1YYH-18#　至110kV Ⅰ母智能控制柜

图 7-20　110kV 线路智能汇控柜（光纤配线架 1）（二）

第二十一节 110kV 线路集中接线柜（或 110kV Y 号线路保护测控屏）

110kV 线路集中接线柜（或 110kV Y 号线路保护测控屏）见图 7-21。

集中接线柜(或110kV Y号线路保护测控屏)

GL-#Y-101A　至110kV Y号线路智能汇控柜

跳线编号	跳线类型	装置光纤接口	信息传输方向	光配端口	功能说明	
TX-IGIR(B)-01		装置14n ××板卡 光口IGIR(B)	→	A01	合智一体对时	1
				A02	备用	2
TX-SV-LP-01		装置14n ××板卡 光口TX:**	→	A03	合智一体SV点对点(线路保护)	3
				A04	备用	4
TX-GOOSE-LP-01		装置14n ××板卡 光口TX:**	→	A05	合智一体GOOSE点对点(线路保护)	5
TX-GOOSE-LP-02		装置14n ××板卡 光口RX:**	←	A06	合智一体GOOSE点对点(线路保护)	6
				A07	备用	7
				A08	备用	8
TX-SV-BP-01		装置14n ××板卡 光口TX:**	→	A09	合智一体SV点对点(母线保护)	9
				A10	备用	10
TX-GOOSE-BP-01		装置14n ××板卡 光口TX:**	→	A11	合智一体GOOSE点对点(母线保护)	11
TX-GOOSE-BP-02		装置14n ××板卡 光口RX:**	←	A12	合智一体GOOSE点对点(母线保护)	12

GL-#Y-101B　至110kV Y号线路智能汇控柜

跳线编号	跳线类型	装置光纤接口	信息传输方向	光配端口	功能说明	
TX-SV-DM-01		装置14n ××板卡 光口TX:***	→	B01	合智一体SV点对点(计量)	1
				B02	备用	2
				B03	备用	3
				B04	备用	4
TX-SG-MT-A-01		装置14n ××板卡 光口TX:***	→	B05	合智一体SV/GOOSE组网A(发)	5
TX-SG-MT-A-02		装置14n ××板卡 光口RX:***	←	B06	合智一体SV/GOOSE组网A(收)	6
				B07	备用	7
				B08	备用	8
				B09		9
				B10		10
				B11		11
				B12		12

左侧端子：

- 至同步对时扩展时钟柜　WL-#Y-131
- 至110kV线路保护测控柜　WL-#Y-132
- 至110kV母线保护柜　WL-#Y-133
- 至110kV线路电能计量柜　WL-#Y-134
- 至110kV线路保护测控柜(交换机)　WL-#Y-135

图 7-21　110kV 线路集中接线柜（或 110kV Y 号线路保护测控屏）